PARÁSITOS SIN FIN

Últimos títulos publicados en esta colección:

K. Kirkpatrick, *Convertirse en Beauvoir*
E. Young-Bruehl, *Hannah Arendt*
M. Rovere, *¿Qué hacemos con los idiotas?*
S. Žižek, *El sexo y el fracaso del absoluto*
Dr. S. Novella, *Guía del Universo para escépticos*
A. García Ortega, *Abecedario de lector*
I. Crespo, *Una selva de sinapsis*
E. Safran Foer, *Todavía seguimos aquí*
H. Jahren, *El afán sin límite*
C. López-Otín y G. Kroemer, *El sueño del tiempo*
M. Onfray, *Sabiduría*
E. R. Kandel, *La era del inconsciente*
b. hooks, *Todo sobre el amor*
V. Hansen, *El año 1000*
L. Feldman Barrett, *Siete lecciones y media sobre el cerebro*
A. Rutherford, *Cómo rebatir a un racista*
A. Poirier, *La Rive Gauche*
Z. D. Carter, *El precio de la paz*
A. David, *El cerebro es más profundo que el mar*
AA. VV., *Las preguntas siguen*
J. LeDoux, *Una historia natural de la humanidad*
S. Seager, *Las luces más diminutas del universo*
I. Wilkerson, *Casta*
S. Simard, *En busca del Árbol Madre*
J. Lovelock, *Novaceno*
E. Weiner, *El expreso de Sócrates*
S. Pinker, *Racionalidad*
C. López-Otín, *Egoístas, inmortales y viajeras*
E. Kross, *Cháchara*
J. Goodall, *El libro de la esperanza*
I. Wagner, Bauman N. de Grasse Tyson, *Astrofísica para jóvenes con prisas*
L. Nochlin, *Mujeres, arte y poder y otros ensayos*
E. Cleghorn, *Enfermas*
C. Cassidy, *¿Quién se comió la primera ostra?*
M. Onfray, *El cocodrilo de Aristóteles*
P. Grimal, *La vida en la Roma antigua*
G. Bronner, *Apocalipsis cognitivo*
T. Arnandis, *¡Eres un milagro andante!*
b. hooks, *Respondona*
T. Phillips, Verdad J. Pereyra, *Guía para sobrevivir en el espacio*
J. McFadden, *La vida es simple*
P. Bren, *El hotel Barbizon*
E. Fromm, *La atracción de la vida*
J. Galef, *La mentalidad del explorador*
R. Salecl, *Pasión por la ignorancia*
T. Aivelo, *Parásitos sin fin*

TUOMAS AIVELO

PARÁSITOS SIN FIN

Un viaje fascinante por tu cuerpo y los microorganismos que lo habitan

Traducción de Laura Pascual

PAIDÓS Contextos

Título original: *Loputtomat Loiset*, de Tuomas Aivelo
Publicado originalmente por Like Kustannus, Finlandia, en 2018.
Esta edición ha sido publicada por acuerdo con Kontext Agency a través de Oh!Books Literary Agency.

La publicación de este libro ha sido posible gracias al apoyo de FILI, Intercambio de Literatura Finlandesa

1.ª edición, enero de 2023

Paidós es un sello editorial de Editorial Planeta, S. A.
Avda. Diagonal, 662-664
08034 Barcelona, España
www.paidos.com
www.planetadelibros.com

ISBN 978-84-493-4030-7
Maquetación: Realización Planeta
Depósito legal: B. 22.063-2022
Impresión y encuadernación en Huertas Industrias Gráficas, S. A.

Impreso en España – *Printed in Spain*

Certificado PEFC
Este libro procede de bosques gestionados de forma sostenible y fuentes controladas
PEFC/14-38-00305
www.pefc.es

SUMARIO

INTRODUCCIÓN

Perspectiva de la biología evolutiva sobre las enfermedades infecciosas y los parásitos

El viaje a mi zona de investigación en Madagascar es al mismo tiempo estimulante y angustioso. La carretera que une Antananarivo y Ranomafana está en buen estado, por lo que el viaje solo dura unas diez horas. Estoy entusiasmado por volver a la selva a recoger nuevo material para mi tesis. Aprovecho para observar el paisaje por la ventanilla del coche. El suelo rojo está cubierto por una fina capa de vegetación. En algunas laderas son visibles los efectos de la erosión y de los flujos de lodo. El paisaje parece un desierto: justo lo que es en su mayor parte.

En el siglo XIX, los franceses llamaban a Madagascar la Grande Île Rouge (la Gran Isla Roja). El nombre es una trágica señal de su pasado reciente. Hace mil quinientos años, el ser humano todavía no había pisado la isla, que estaba casi completamente cubierta de bosque. Las altas selvas de las tierras bajas, las selvas de montaña cubiertas de nubes, las llanuras del sur con su escuálida vegetación y los secos bosquecillos de baobabs en el este cubrían las distintas zonas de la isla. Esos bosques estuvieron habitados por la variedad de fauna más extraña sobre la faz de la Tierra: el ave elefante de tres metros, el lémur del tamaño de un gorila con aspecto de perezoso, el hipopótamo enano de tan solo setenta centímetros y la fosa gigante, que parecía, más que nada, una enorme mangosta. Según las antiguas narraciones orales, con el descomunal huevo del ave elefante se podía hacer una tortilla para un pueblo de doscientos habitantes. El ave elefante se extinguió hace quinientos años, probablemente debido a un exceso de tortillas: el torpe y gran pájaro no sabía defenderse contra el hombre.

Madagascar sigue siendo notable por su diversidad de especies. Los lémures son un particular grupo de primates que habita únicamente en esta isla. La mayor parte de las especies de camaleón del mundo son endémicas de Madagascar. En la isla también hay muchas especies de aspecto conocido, pero suelen ser versiones endémicas. Tomé por costumbre nombrar con el apellido *malgache* todas las especies de aves que me encontraba con aspecto de estar como en casa. Con sorprendente frecuencia, acerté con el nombre, como es el caso de la lavandera malgache y la alondra malgache.

La mayor parte de la historia de Madagascar es la historia de las tribus guerreras. En el siglo XIX, se unificó toda la isla bajo el Reino de Imerina, aunque de forma pasajera e inestable. El reino requería madera como material de construcción y arroz como alimento, por lo que hubo que renunciar a los bosques. Durante varias décadas, se talaron amplias zonas de árboles hasta dejarlas vacías.

A finales del siglo XIX, los británicos tomaron la isla, según la costumbre de la época. Posteriormente, hicieron un intercambio y les cedieron el control a los franceses a cambio del centro de comercio de especias de Zanzíbar. La deforestación no se detuvo durante el periodo colonial francés y mucho menos durante la época de independencia de Madagascar, en la década de 1960. En este momento, solo queda en Madagascar un 13 % de la superficie forestal original. Afortunadamente, la mayor parte es zona protegida, al menos sobre el papel.

Viajo a una de las últimas grandes zonas forestales, el Parque Nacional de Ranomafana. Ranomafana es mi destino porque tiene un centro de investigación y por el diminuto primate que habita en el bosquecillo adyacente, el lémur ratón.

Un biólogo quiere explicar algo general sobre el funcionamiento del mundo y de la vida. Elige una pregunta amplia que le interesa y la divide en trozos tan pequeños que puede explicar el funcionamiento de uno de esos trozos cada vez. Cuanto menor es el trozo que escoge, más sencillo es encontrar una respuesta, aunque interpretar la imagen general se vuelve más complicado.

Cuando le preguntas a un biólogo qué investiga, suele dar una respuesta algo extensa y grandilocuente, como «quiero determinar por qué algunos parásitos son más peligrosos que otros». Si continúas insistiendo y preguntas en qué consiste la jornada laboral de un biólogo, la respuesta es bastante rutinaria: «Me paso varios meses en la selva recogiendo excrementos de lémur ratón».

La vida es diversa, para la eterna tentación y alegría del biólogo. En el mundo hay más de un millón de especies de organismos con diferentes hábitats, modos y cursos de vida. Tienen estructuras diferentes y se reproducen de formas distintas. Por supuesto, un investigador no puede estudiarlas todas, sino que tiene que elegir una o varias especies en las que centrarse. La pregunta de investigación tiene un papel clave: de entre todas las especies, ¿cuál es la más adecuada para mi pregunta de investigación? ¿Qué trabajo rutinario tengo que hacer durante años, día tras día, para poder esbozar la respuesta, al menos, a una parte de mi gran pregunta?

Cuando empecé a escribir mi tesis, decidí que quería investigar cómo cambia la comunidad de gusanos intestinales a lo largo de la vida de un animal hospedante salvaje individual. El tema de la investigación no es nada fácil. En primer lugar, debería tener una especie de investigación de la que pudiera seguir una cantidad lo suficientemente grande de ejemplares conocidos durante varios años. Mi proyecto de investigación es a pequeña escala, por lo que debería tratarse de una especie de la que pudiera recabar material yo solo. Además, los ejemplares de la especie deberían permanecer en la misma zona para poder recopilar material a pie y en una sola zona.

El primate más pequeño del mundo, el lémur ratón, vive en la misma área durante su vida, que tiene un promedio de hasta unos diez años. Debido a su pequeño tamaño, hay muchos animales en una zona reducida. A los lémures ratón les encantan los plátanos, por lo que es sencillo atraerlos a las trampas. Además, el lémur ratón es uno de los animales más bonitos del mundo. Es una especie de investigación perfecta. Así que me quedo mirando el deprimente paisaje malgache mientras pienso en mis lémures ratón. ¿Seguirá vivo Napolean? ¿Seguirá estando el nido de Juliet en la cica al lado de mi tienda de campaña? ¿No se habrá metido Rajao en líos debido a su carácter violento?

A la biología no le interesan las especies individuales, ya que las ciencias naturales tratan de explicar las cosas en términos generales. Sin embargo, esto no significa que un biólogo no pueda desarrollar un apego especial por su objeto de investigación. Los biólogos tienden a especializarse en determinadas especies a las que intentan comprender lo mejor posible. En cualquier caso, un biólogo también espera que su especie elegida le revele algo sobre el funcionamiento de todas las especies.

Este libro tiene su origen en mi blog *Kaiken takana on loinen [Detrás de todo hay un parásito]*, alojado en el sitio web de la revista *Tiede*. Aunque el nombre del blog puede parecer un poco pomposo, creo firmemente en ello. Los parásitos son una fuerza evolutiva que no debemos tomarnos a broma. Este libro amplía un poco más la imagen: los parásitos también son una fuerza significativa en la historia de la humanidad. Nuestra relación ha sido de doble sentido: el desarrollo cultural humano ha significado cambios en nuestros tipos de enfermedades, pero, con frecuencia, los parásitos también han influido en las condiciones de vida de los humanos.

Escribir sobre parásitos y enfermedades infecciosas en el blog ha sido muy instructivo. He aprendido que los temas que no considero interesantes para un público amplio son los que tienen más lectores. En relación con los parásitos, a la gente le interesan principalmente dos cuestiones: cuáles son los más peculiares del mundo parasitario y las enfermedades humanas y los parásitos. En este libro profundizo, sobre todo, en la segunda, pues creo que es un marco magnífico para la historia de la evolución y la ecología de los parásitos.

En este libro hablo tanto de parásitos como de los causantes de enfermedades infecciosas, los patógenos. Considero parásitos todos los patógenos, independientemente de su tamaño. Por el contrario, no todos los parásitos provocan necesariamente enfermedades infecciosas, como los mosquitos, las pulgas y demás ectoparásitos. Es cierto que los ectoparásitos pueden propagar enfermedades infecciosas, es decir, pueden funcionar como vectores.

El enfoque principal de este libro está en los humanos y en la historia de las enfermedades humanas. Sin embargo, yo no soy médico, sino biólogo evolutivo y ecólogo. Por lo tanto, mi punto de vista también es el de un biólogo evolutivo y un ecólogo. Como objeto de estudio, el ser humano ofrece dos ventajas a un libro como este. En primer lugar, el cambio en la cultura humana ha sido considerable. Mediante sus propias acciones, el ser humano ha modificado su hábitat de forma tan drástica que su actividad también ha modificado la carga de enfermedades humanas de manera fundamental. Mediante el estudio de la historia humana, también se pueden abrir muchos conceptos sobre la ecología y la evolución de las enfermedades. Al principio, el cambio se producía a pequeña escala y afectaba al entorno cercano. Durante los últimos dos siglos, el ser humano ha empezado a modificar también la estructura terrestre: la concentración de dióxido de carbono en la atmósfera ha alcanzado un crecimiento extremo y las acciones de los humanos hacen desplazar las masas de tierra más que los fenómenos geológicos. En segundo lugar, el ser humano es la especie más conocida. La inversión de miles de millones de euros en la investigación de las enfermedades humanas desde diferentes enfoques ha producido una cantidad inmensa de información que constituye una sólida base para este libro.

Ante todo, soy investigador, por lo que mis conocimientos no se deben únicamente a la lectura de cientos y cientos de publicaciones y libros. El conocimiento científico se adquiere, sobre todo, a través de la acción. Solo haciendo experimentos y creando nueva información se puede llegar a un nivel más avanzado de comprensión. Por consiguiente, en este libro también pasaremos mucho tiempo en Madagascar, en las selvas del Parque Nacional de Ranomafana, donde yo mismo he recibido mi formación básica como investigador del lémur ratón.

Claro que los lémures ratón que investigo no son seres humanos, pero tuvimos un antepasado común hace cincuenta millones de años. Se sospecha que este primate ancestral era un animal similar al lémur ratón; sin embargo, durante millones de años el lémur ratón y el ser humano nos hemos ido desarrollando en diferentes direcciones y en diferentes entornos hasta convertirnos en especies muy distintas. Aunque solo seamos primos lejanos, tenemos mucho en común y los lémures ratón también pueden desvelar algo sobre el ser humano.

Empiezo contando información básica sobre la evolución y la influencia entre las especies. Muchos ejemplos de los siguientes capítulos serán variaciones de estas leyes fundamentales de la ecología y la evolución. La formación de las cepas de enfermedades humanas se rige por las mismas reglas que afectan, por ejemplo, a la comunidad intestinal del lémur ratón. El ser humano tiene rasgos característicos y costumbres de determinados tipos de especies (como la preparación y el uso de medicamentos), pero tampoco es extraño que los lémures utilicen plantas con objetivo medicinal.

A partir del tercer capítulo, repaso las cuestiones comunes entre la ecología de las enfermedades y la biología evolutiva, y las emplazo en un contexto razonable en relación con la historia de la humanidad. A la vez que analizamos cómo han nacido las nuevas enfermedades y cómo han muerto las viejas, vemos cómo el desarrollo cultural humano está relacionado con el cambio en nuestro repertorio de enfermedades. No se trata, en absoluto, de una pequeña transformación: el viaje de cazador recolector de la sabana a trabajador del conocimiento ha comprendido muchos cambios drásticos. El efecto tampoco tiene un solo sentido: no solo nuestro modo de vida ha moldeado nuestro conjunto de especies parasitarias, sino que nuestras especies parasitarias también han transformado nuestra sociedad.

Como bien corresponde a la biología evolutiva, observamos que el proceso de desarrollo todavía no ha terminado. Por ejemplo, como personas occidentales acomodadas, raramente tenemos que enfrentarnos a parásitos intestinales y nuestra gama de enfermedades infecciosas es significativamente distinta a la de los habitantes de los países en vías de desarrollo. En cualquier caso, nuestra carrera contra las enfermedades continúa y solo podremos tomar ventaja si comprendemos las reglas del juego. Conviene recordar que la sociedad del bienestar requiere una inmensa cantidad de personal para mantener las enfermedades bajo control: médicos, enfermeros, autoridades sanitarias e investigadores vigilan constantemente la aparición de nuevas y antiguas enfermedades y hacen planes teniendo en cuenta el peor resultado posible.

Cuanto más sabemos sobre las enfermedades infecciosas, mejor comprendemos cómo nuestro modo de vida actual nos expone a la amenaza constante de las enfermedades. El de *desarrollo sostenible* es un concepto que defiende su lugar incluso en relación con las enfermedades infecciosas. En primer lugar, muchos de los nuevos problemas con las enfermedades probablemente se generalicen debido a los cambios en el entorno (por ejemplo, las zoonosis o los parásitos que se contagian de los animales a los humanos, como el virus del Ébola, o los agentes patógenos transmitidos por mosquitos, como el Zika). La deforestación aumenta las probabilidades de que el Ébola pase a los seres humanos. Por otra parte, las enfermedades desarrollan inmunidad frente a los medicamentos. No podemos hacer nada al respecto porque así es como funciona la evolución. Por ese motivo, debemos utilizar los medicamentos de forma razonable, para poder beneficiarnos de ellos durante el mayor tiempo posible. En tercer lugar, muchos de los factores que mejoran la calidad de vida del ser humano, desde el bienestar económico hasta el espacio vital, nos protegen de las enfermedades infecciosas. Una persona sana evita la propagación de enfermedades y una naturaleza próspera a su alrededor evita la aparición de enfermedades en el ser humano.

La idea central del libro es que, una vez que conocemos los mecanismos de evolución de las enfermedades infecciosas y de los parásitos, podemos continuar al frente en la carrera. Analizaremos la evolución de las enfermedades infecciosas poco a poco: mediante la investigación de la historia humana, la vida de nuestros animales domésticos y mascotas y otros sistemas biológicos adecuados para este fin, como los lémures ratón.

Al final del libro encontrarás comentarios sobre las fuentes que he utilizado, lecturas complementarias que recomiendo e información adicional interesante que no era pertinente incluir en los capítulos previos.

CAPÍTULO 1

¿Por qué existen las enfermedades infecciosas?

Las especies longevas, como el ser humano, se encuentran con una cantidad innumerable de parásitos durante su vida. Muchos de ellos consiguen atravesar nuestros mecanismos de defensa y provocarnos enfermedades. Una persona puede dar sustento a decenas de helmintos, cientos de ectoparásitos y millones o miles de millones de bacterias y virus. Es decir, que el parasitismo es una clara estrategia vencedora desde el punto de vista de la historia de la vida. No se puede exagerar la importancia que tienen los parásitos para el mundo: la mayoría de las especies son parásitos y todas las especies del mundo tienen parásitos. Esto significa que los parásitos perjudican a todas las especies y todas las especies tienen que estar de algún modo adaptadas a su presencia.

Cuando nos paramos a pensarlo, estas afirmaciones resultan sobrecogedoras. Si todas las especies tienen parásitos, ¿significa esto que los parásitos también tienen parásitos? Efectivamente, eso es justo lo que significa. Los parásitos de los parásitos se denominan con el término científico de *hiperparásitos*. Jonathan Swift escribió la siguiente poesía en el siglo XVIII:

> Así observan los naturalistas, una pulga
> es presa de otras pulgas más pequeñas,

a las que muerden pulgas aún más pequeñas,
y esto continúa *ad infinitum.**

Jonathan Swift
Sobre la poesía: una rapsodia

Las cadenas de parásitos pueden ser largas. La mariposa doncella punteada es un herbívoro en cuyo ciclo vital habitual el adulto pone huevos en verano. Las larvas que salen de esos huevos se alimentan de plantas de llantén menor o verónica espigada, hibernan en nidos comunes y continúan alimentándose en primavera. Después de esto, la larva se convierte en crisálida y de la crisálida nace una mariposa adulta que copula y pone huevos en la superficie inferior de las hojas de estas plantas. De estos huevos salen nuevas larvas. Sin embargo, a veces la avispa parasitoide *Hyposoter horticola* (que no tiene nombre en español, por lo que se utiliza su nombre científico) puede aovar dentro de un huevo de mariposa. Las avispas parasitoides viven dentro de la especie hospedante, donde crecen y experimentan la metamorfosis, hasta que salen del huésped y, en la mayoría de los casos, lo matan. La *Hyposoter* puede poner huevos únicamente en la etapa final del huevo de la mariposa, cuando la larva ya está muy desarrollada. Si la avispa parasitoide elige un huevo de mariposa como huésped, la larva de mariposa sale del huevo de forma habitual, hiberna y, en primavera, se alimenta con entusiasmo sin saber que nunca llegará a convertirse en adulta, sino que el alimento recogido por la larva se destinará a la madurez de la avispa parasitoide.

La *Hyposoter horticola* tampoco está a salvo, porque la *Mesochorus stigmaticus*, de menor tamaño, puede aovar dentro de la larva de *Hyposoter*. La *Mesochorus* adulta acude a olfatear la larva

* En el original: *So nat'ralists observe, a flea / Hath smaller fleas that on him prey; / And these have smaller fleas to bite 'em. / And so proceeds ad infinitum. [N. de la T.]*

de doncella punteada y, si percibe que una *Hyposoter* ha aovado dentro de la larva, la *Mesochorus* deposita sus propios huevos detrás. Cuando sale del huevo, la larva de *Hyposoter* se alimenta ávidamente de las entrañas de la larva de mariposa, sin saber que nunca se convertirá en adulta, puesto que la larva que hay en su interior se comerá sus entrañas. La cadena no necesariamente termina aquí. Sin embargo, la *Mesochorus* es un insecto de varios milímetros de largo, por lo que es muy probable que contenga un montón de parásitos unicelulares. El destino de la pulga también es ser atacada por una pulga más pequeña.

Además, las cadenas suelen ser más bien entramados. La doncella punteada también puede albergar al parasitoide *Cotesia*, que a su vez puede estar infectado por *Mesochorus*. Las distintas especies o individuos parasitoides pueden competir dentro de la larva de mariposa para ver cuál de ellas se convierte finalmente en adulta.

No hay cadenas interminables; sin embargo, todos los organismos tienen parásitos. El motivo es que los parásitos más pequeños, los virus, no son propiamente seres vivos, por lo que tampoco son organismos. Sin tomar partido por el carácter de organismo de los virus, estos son completamente dependientes de su célula huésped, ya que no tienen un metabolismo propio. Tampoco se sabe si los virus pertenecen a la misma familia que todos los organismos conocidos, como tú, yo, los lémures ratón y las bacterias. En cualquier caso, todos los organismos, e incluso los virus, tienen otras especies molestas que intentan aprovecharse de sus especies hospedantes.

La interminable cadena de parásitos ofrece a la medicina oportunidades de luchar contra los parásitos. Para el tratamiento de enfermedades bacterianas humanas, en los últimos tiempos se han intentado desarrollar nuevos medicamentos más eficaces: los virus. Si queremos erradicar las bacterias que campan por el cuerpo humano, lo más práctico sería azuzarles los parásitos de esas bacterias. En ecología, el enemigo de mi enemigo es, claramente, mi aliado. El uso de virus vivos tiene una ventaja enorme: por lo general, solo atacan a determinadas especies de bacterias. Por eso, un virus sería un medicamento considerablemente más preciso que un antibiótico, pues suele ser de amplio espectro.

Parasitismo

El argumento básico de mi trabajo de campo es muy sencillo. Un par de horas antes de la puesta de sol, voy a la selva, coloco las trampas en las ramas de los arbustos a la altura de los ojos, pongo en ellas un trocito de plátano como cebo y vuelvo a comprobar las trampas un par de horas después de la puesta de sol. Mido y marco a todos los lémures ratón que haya atrapado. Les coloco un microchip en la nuca para identificar a cada ejemplar cuando vuelva a la trampa. Pongo nombre a cada individuo porque es más fácil hablar de nombres que de códigos de trece dígitos.

Durante mi vida, he puesto nombre a unos ciento cincuenta lémures ratón. Les he puesto los nombres de cada una de las personas que aparecen en los agradecimientos de mi tesis, por lo que por los bosques de Ranomafana deambulan lémures llamados Jukka, Heikki o Alan. Algunos lémures deben su nombre a un rasgo característico o a su apariencia, como el jactancioso pero pequeño Napolean, el tranquilo pero insidioso Obama, la desvergonzada y dadivosa Queenie o el intrépido e inquieto Rambo. Con frecuencia, los investigadores que visitaban el centro acababan teniendo su tocayo lémur, por lo que en la selva también residen Stefan, Jürgen y Rafi.

Por la noche, trabajo con los lémures, mido su condición física, cuento los ectoparásitos y recojo muestras de excrementos; durante el día, cuento sus gusanos. Sería un trabajo aburrido si la selva no fuera tan fascinante y los lémures ratón no fueran los animales más monos del mundo. Nunca sabemos cuántos gusanos hay realmente en los intestinos de un lémur ratón porque no llegamos a sus intestinos. Solo sabemos, de forma indirecta, cuántos gusanos en el interior de los lémures ponen huevos, ya que cuento la cantidad de huevos de los nematodos que salen con los excrementos. Para ser más exacto, los huevos ya han eclosionado cuando los cuento, por lo que cuento la cantidad de nematodos que serpentean en la muestra del microscopio.

Los gusanos intestinales de los lémures ratón son muy eficaces a la hora de reproducirse. La cantidad de nematodos en una muestra de excrementos puede ser desorbitada: por lo general, en un gramo de excrementos puede haber miles de nematodos. Contarlos es un proceso laborioso, sobre todo porque es necesario contar dos veces los nematodos de cada muestra para que las cifras sean lo suficientemente precisas. Los lémures ratón también tienen muchos parásitos. Cuando comienza la temporada de lluvias, prácticamente todos los lémures ratón tienen gusanos intestinales, lo que supone una cantidad curiosamente elevada.

Algunos investigadores también se han planteado si sería posible que los nematodos de los lémures ratón no fueran propiamente parásitos, sino de efecto neutral o, incluso, beneficiosos. Hasta ahora, he salido adelante con una explicación sencilla: todos los nematodos intestinales son perjudiciales, por lo que es muy probable que los gusanos de los lémures ratón también sean parásitos.

Todos los organismos intentan recoger de su entorno la energía y los materiales de construcción necesarios para vivir. Algunos organismos son productores de compuestos orgánicos complejos con ayuda de la luz solar o de la quimiosíntesis. La hierba, los abedules o las plantas de cultivo aprovechan el dióxido de carbono, el agua y los rayos del sol para producir azúcar para su uso y oxígeno para la atmósfera. La mayor parte de los organismos que viven en la Tierra dependen de estas plantas y de las algas asociadas. Otros organismos, como los humanos, son consumidores que se alimentan de productores o de otros consumidores para vivir.

Los parásitos también son consumidores, ya que se aprovechan de los nutrientes que ofrecen otras especies. Ellos mismos no producen porque no se asocian. Un gusano ancho de los peces que reside en el intestino humano recibe la energía que necesita de su huésped. Por lo tanto, los parásitos son prácticamente el siguiente eslabón de la cadena alimentaria; los humanos tienen una cantidad extrañamente reducida de depredadores naturales, pero también cuentan con parásitos naturales.

Las diferentes especies de organismos influyen continuamente unas en otras. Cuando una persona come una lechuga, la lechuga y la persona tienen una interacción ecológica cuyo resultado es beneficioso para la persona y perjudicial para la lechuga. Para el ser humano, la obtención de otros alimentos supone el mismo tipo de depredación: cuando comemos jamón, el acto supone un perjuicio para el cerdo y un beneficio para nosotros.

Por definición, los parásitos son especies que se benefician de su especie hospedante y la perjudican. Es decir, en cierto modo, son depredadores. La diferencia entre un parásito y un depredador es, principalmente, la intimidad de la interacción. Mientras que el depredador y la presa se encuentran una vez (imagina el dramático encuentro entre un león y un ñu en un documental de naturaleza), el parásito está continuamente en contacto con su individuo hospedante y es dependiente de él. El gusano ancho de los peces se mantiene en tu interior y adquiere los nutrientes que necesita poco a poco. Naturalmente, no se trata de una distinción absoluta: la larva de mariposa que come su planta hospedante ¿es un parásito o un depredador? En cualquier caso, en este libro trato, principalmente, los parásitos de los humanos, con los que es más sencillo determinar qué especie es un parásito y cuál no. Aunque esto no siempre es posible.

¿Por qué existen los parásitos? La respuesta corta es «porque los organismos son una enorme mesa de bufé para quienes saben aprovecharse de ellos». Evolutivamente, los parásitos son la consecuencia lógica a la existencia de organismos de vida libre, es decir, fuentes de nutrientes que se pueden aprovechar.

Hablar de parasitismo es solo una forma de interpretar las relaciones de interacción entre los organismos. Por supuesto, nuestra respuesta corta es una mera simplificación, ya que no se trata únicamente de explotación. En el mundo también hay lugar para la colaboración y la asistencia. Además de los parásitos, el ser humano está acompañado de una gran cantidad de especies que nos resultan beneficiosas: por ejemplo, muchas bacterias de nuestros intestinos son imprescindibles para la digestión de la comida.

A fin de cuentas, la mayor parte de las interacciones entre especies son insignificantes o su importancia es casi inexistente. La mayor parte de los organismos, incluidas las bacterias intestinales, son comensales o convidados, especies que pueden beneficiarse de otra especie, pero no le producen daños. Para ellos, el ser humano es una inmensa mesa de bufé, pero nunca comen hasta dejarla vacía.

Un ecosistema dentro del ser humano

El ser humano es un animal inmensamente grande. Una biomasa de entre cincuenta y cien kilos sitúa al ser humano entre los grandes animales del planeta. La mayoría de los demás mamíferos son notablemente más pequeños, como los roedores o los murciélagos. La mayor parte de las especies animales pertenecen a la clase de los insectos; los más grandes solo miden unos pocos centímetros. Los organismos más pequeños o bacterias suelen medir alrededor de un micrómetro, es decir, la milésima parte de un milímetro, la millonésima parte de un metro. Por lo tanto, deberían amontonarse dos millones de bacterias al lado de una persona de dos metros para que la montaña de bacterias superase las medidas humanas.

Cuando en este libro hablo de nuestras especies acompañantes, me refiero a los organismos con los que compartimos nuestro cuerpo. Debido a su gran tamaño, el ser humano proporciona un hogar a una gran cantidad de microorganismos. Se estima que en el cuerpo humano hay el doble de células bacterianas (dependiendo de la hora de la última visita al baño) que de células propias. En este caso, las visitas al baño tienen una importancia real, ya que la mayor parte de las bacterias compañeras viven en nuestro intestino. La masa fecal se compone en un 75 % de agua, y el resto, aproximadamente la mitad, son bacterias. Puede que no queramos considerar los desperdicios que desaparecen por el váter al tirar de la cadena como la culminación de la diversidad de la naturaleza, pero lo son. No hay en el mundo una biocenosis más compacta y diversa (suponiendo que el intestino funcione estupendamente; de ahí se puede inferir que el excremento está en la categoría «con forma de morcilla con grietas en la superficie» o «como una salchicha o serpiente, lisa y blanda» en la escala de Bristol).

En tus intestinos habitan treinta trillones de bacterias, de las cuales casi la mitad desaparecen con las deposiciones. Las especies de virus intestinales todavía no se conocen muy bien, pero es probable que su cantidad sea notablemente mayor a la de bacterias. En el intestino hay relativamente pocos microbios eucariotas, como los protistas. Aparte de los organismos que causan problemas intestinales, como las amebas y la *Giardia*, estos tampoco son muy conocidos. Lo más probable es que nos topemos con estos organismos en la comida sin cocinar o en cubitos de hielo durante un viaje turístico.

Aunque la mayoría de los parásitos intestinales de mayor tamaño son un fastidio en los países en vías de desarrollo, también pueden encontrarse en Finlandia. El gusano parásito más común del mundo, el oxiuro, es algo común en nuestro país, sobre todo entre los niños: se estima que entre un 5 y un 10 % de los niños en las guarderías de Helsinki tiene oxiuros.* Unos trescientos mi-

* Según la Asociación Española de Pediatría, la infección por lombrices (u

llones de personas tienen al nematodo *Strongyloides stercoralis* en el intestino. En Finlandia, las personas que tienen gusanos son, principalmente, aquellas que han pillado una infección en el extranjero. Los gusanos en sí no son dañinos, por lo que tampoco se detectan ni es posible conocer su presencia real entre los finlandeses. En los trasplantes de órganos se comprueba de forma rutinaria la presencia de *Strongyloides*, puesto que la medicación que debilita el sistema inmunitario puede hacer que el gusano se descontrole y produzca un fallo multiorgánico.

Cuando hablamos de parásitos intestinales, la mayoría de los finlandeses piensa inmediatamente en algún tipo de cestodo, como el gusano ancho de los peces o las tenias. A escala mundial, se estima que unos doscientos millones de personas tienen un cestodo en el intestino en este momento.

El hábitat más importante para nuestras especies acompañantes es el intestino, pero habitan por todo nuestro cuerpo. En la piel, en la retina de los ojos o en distintas mucosas viven diversos conjuntos de especies bacterianas que se han adaptado a esos entornos. La mayor parte de estas especies son comensales, es decir, no son perjudiciales, pero tampoco beneficiosas. Por lo general, este tipo de bacterias de las mucosas nos protegen de los agentes patógenos. Mientras que en nuestras mucosas habiten especies que no nos causen molestias, las especies perjudiciales no tendrán espacio para reproducirse. Esto se observa cuando hay que recurrir a un tratamiento con antibióticos: en ese caso, las especies bacterianas de las mucosas también disminuyen, lo que hace que el ser humano esté más expuesto, por ejemplo, a la candidiasis.

Es posible que la microbiota bucal sea la más problemática para nosotros. Las especies de la boca se adhieren a los dientes y a las encías, de modo que las bacterias no son arrastradas hacia el estómago junto con la comida y la bebida. Las bacterias de la ca-

---

oxiuriasis) afecta a entre el 40 % y el 50 % de los niños en edad escolar. Véase <https://cinfasalud.cinfa.com/p/lombrices-intestinales/>. *[N. de la T.]*

ries viven en la misma comunidad: corroen lentamente los minerales de los dientes utilizando el azúcar que llega a la boca como alimento.

Por tanto, no vivimos solos en nuestro cuerpo y, sobre todo, nunca hemos vivido solos. Los organismos pluricelulares siempre han tenido como compañía organismos unicelulares más pequeños que se han aprovechado de la protección y del alimento ofrecido por la especie mayor. No sabemos cuándo surgieron los primeros organismos unicelulares, pero los antepasados de todos los grupos de animales actuales ya existían hace seiscientos millones de años. Por tanto, el ser humano también se ha desarrollado durante los últimos casi mil millones de años hombro con hombro, de forma bastante literal, con sus microbios acompañantes.

Para este modo de vida cercano existe un bonito y descriptivo término: *simbiosis*. La palabra *simbiosis* procede del griego *symbíōsis*, que describe la convivencia. Como consecuencia de la simbiosis, nuestras bacterias intestinales realizan muchas funciones fundamentales para nosotros: descomponen los hidratos de carbono y facilitan la recuperación de calcio, magnesio, hierro y vitaminas. La *Bacteroides vulgatus* produce enzimas que ayudan a destruir la pectina, es decir, el hidrato de carbono de las paredes celulares de bayas y frutas. Por su parte, la *Ruminococcus bromii* produce enzimas que descomponen el almidón. Las especies del género *Bifidobacterium* descomponen de forma eficaz algunos azúcares de la leche. Sin embargo, son principalmente importantes en relación con nuestro desarrollo individual: muchas sustancias producidas por las bacterias intestinales son necesarias para que las paredes del intestino y el sistema inmunitario se desarrollen con normalidad.

El hombre comparte su existencia carnal con una cantidad inmensa de organismos. Vivimos juntos, para lo bueno y para lo malo. La idea es relativamente nueva en la historia de la ciencia y puede tener un efecto revolucionario. En la actualidad, también se habla del microbioma humano, es decir, la totalidad de especies con las que convivimos. Se está investigando con gran interés debido a que el desarrollo de la ingeniería genética ha facilitado la identificación de nuestras especies acompañantes.

El genoma de todos los organismos está compuesto de ADN. Debido a que todos los organismos se han desarrollado, presumiblemente, a partir de un genoma inicial que se replica, mediante las diferencias encontradas entre los genomas pueden estimarse las relaciones de parentesco entre especies. Si dos individuos tienen un genoma muy similar, es muy probable que pertenezcan a la misma especie.

La secuencia de bases del genoma se puede determinar de forma muy eficaz mediante los nuevos procedimientos de secuenciación. Sin grandes esfuerzos, podemos analizar las especies bacterianas presentes en una muestra de excrementos. Para su identificación, se utilizan genes que sabemos que varían relativamente poco entre especies. En las bacterias se trata del gen 16S rRNA, fundamental para la producción de proteínas. En la práctica, la investigación se lleva a cabo aislando el ADN de las bacterias de la muestra de excrementos, para lo que se utiliza una serie de reactivos ya preparada. Posteriormente, se reproduce la secuencia de bases del gen deseado de cada especie bacteriana en una máquina de reacción en cadena de la polimerasa (PCR, por sus siglas en inglés). Entonces, el producto genético reproducido puede secuenciarse, es decir, se puede leer su secuencia de bases en el dispositivo. Todo el procedimiento para cien muestras, que contienen miles de especies bacterianas, puede realizarse en un plazo mínimo de veinticuatro horas. Se trata de un desarrollo técnico espectacular, si tenemos en cuenta que la primera secuenciación del gen 16S de una bacteria llevó un mes de trabajo a principios de la década de los ochenta. Ahora, el proceso es más de un millón de veces más rápido.

Aunque el entusiasmo por el microbioma es, claramente, la moda del momento, la importancia de los microbios ya se conoce desde hace tiempo. Por ejemplo, las bacterias del ácido láctico llevan usándose miles de años para equilibrar el intestino en diferentes productos. En la antigua Roma, se comía repollo fermentado con ácido láctico y, en la actualidad, los coreanos lo toman con el nombre de *kimchi*. El yogur se inventó en Oriente Próximo y, en el norte de Europa, las bacterias del ácido láctico se usaban especialmente en la preparación de pan de masa madre y cerveza. En un principio, los productos fermentados se crearon, sobre todo, con fines de conservación, pero también son bien conocidos sus efectos sobre la salud.

La levadura también se ha utilizado durante miles de años para producir la fermentación alcohólica. El ser humano lleva mucho tiempo aprovechando los procesos ecológicos, como la competencia entre especies. La ventaja de la fermentación de cerveza o de vino era que morían los agentes patógenos presentes en el agua. Por tanto, la cerveza era una bebida más segura que el agua, que era transmisora de enfermedades.

Hace varias décadas surgió el interés por los probióticos, los microbios que afectan a la salud. El concepto fue desarrollado en el año 1905 por Iliá Metchnikoff, padre de la gerontología y ganador del Premio Nobel. Metchnikoff declaró que una dieta correcta fomenta el crecimiento de las bacterias del intestino, de modo que las bacterias perjudiciales son reemplazadas por bacterias beneficiosas; un intestino equilibrado aumenta de forma significativa la esperanza de vida. Empezó a hablarse de la palabra *probiótico* en la década de 1950 como lo opuesto al antibiótico: la idea no era matar a las bacterias perjudiciales, como hacían los antibióticos, sino promover el crecimiento de las bacterias beneficiosas.

La importancia real de los probióticos todavía no se conoce en profundidad. La Autoridad Europea de Seguridad Alimentaria (EFSA, por sus siglas en inglés) establece que la consideración de un producto como probiótico está relacionada con la salud y no con el valor nutricional, y que los productos alimenticios probióticos deben evaluarse como medicamentos. Por este motivo, desde el año 2012 en el territorio de la Unión Europea ha estado prácticamente prohibido considerar los productos alimenticios como probióticos, ya que la EFSA no ha aprobado ninguna declaración de salud relacionada con los probióticos.

Beneficio perjudicial

Hace al menos unos setecientos millones de años que tenemos acompañantes, desde que nuestros antepasados se desarrollaron como organismos pluricelulares. Durante millones de años, tanto nosotros como nuestras especies acompañantes hemos sufrido cambios. Los cambios sufridos por las especies de organismos se conocen como evolución y pueden deberse a la selección natural o a sucesos circunstanciales.

El principio de la selección natural se refiere a la idea planteada por Charles Darwin y Alfred Wallace de que el éxito reproductivo de los diferentes individuos conduce a un cambio lento pero significativo con el transcurso del tiempo. Debido a las diferencias existentes en el éxito reproductivo entre individuos y el carácter hereditario de los genes de una generación a otra, los genes de los individuos mejor reproducidos se generalizan en las poblaciones de organismos. Esto produce un cambio en las relaciones genéticas de la población de organismos y en las propiedades basadas en ellas. Con el tiempo, la población se adapta a su entorno; cuando se seleccionan los mejores reproductores de cada generación, la especie sabe aprovechar mejor la oferta del entorno.

Un ejemplo sencillo es la cantidad de genes de la amilasa de un ser humano. La amilasa es una enzima que se produce con la saliva y que ayuda a descomponer el almidón en azúcares más simples. Al principio, el ser humano probablemente tenía el gen de la amilasa en un solo punto del cromosoma 1. Debido a que cada cromosoma siempre es un par, un ser humano tiene dos genes que pueden producir la enzima amilasa. Sin embargo, con el inicio de la agricultura, el ser humano empezó a consumir compuestos de azúcar cada vez más complejos. Entonces, el gen de la amilasa se duplicó en otro punto del genoma. Los humanos, que ahora tenían cuatro genes de la amilasa funcionales, podían utilizar de forma notablemente más eficaz nuevas fuentes de alimento, como los cereales. Así, estos humanos eran capaces de criar más niños y, en las futuras generaciones, empezó a haber cada vez más humanos con cuatro genes de la amilasa.

Sin embargo, la evolución no va en ninguna dirección determinada. En cada generación, maximiza únicamente la capacidad reproductiva en determinados hábitats. El entorno, a su vez, suele cambiar rápidamente, por lo que un individuo que se ha adaptado a la perfección al entorno de sus antepasados puede que no se las arregle tan bien después de un cambio en el entorno. Para nuestras especies acompañantes, este tipo de cambios en el entorno pueden deberse a un cambio de dieta, al traslado al extranjero o, incluso, a una diarrea.

Los ciclos vitales de vida del ser humano y de nuestras especies acompañantes son bastante desproporcionadas. Como especie, el ser humano cambia de forma muy lenta; en Finlandia hay actualmente más de treinta años de diferencia entre generaciones. Por el contrario, la diferencia entre las generaciones de nuestras bacterias intestinales puede estar más cerca de los treinta minutos. Durante la vida de un individuo hospedante, las especies acompañantes pueden experimentar una evolución relativamente larga, lo que tiene un impacto claro y directo. Nuestras especies acompañantes pueden adaptarse a nosotros de una forma muy personal: se adaptan a nosotros como individuos. Los seres humanos no gozamos de la misma ventaja y nuestra adaptación es mucho más lenta.

Por otra parte, el cambio evolutivo del ser humano también puede ser más rápido de lo que generalmente se piensa. Nuestra capacidad de beneficiarnos de la leche es buena muestra de ello. La leche materna contiene lactosa en abundancia y su descomposición requiere una enzima propia. Cuando un mamífero se desteta, ya no necesita descomponer la lactosa y se interrumpe la producción de la enzima lactasa. Un mamífero adulto se vuelve intolerante a la lactosa y ya no es capaz de descomponerla. Sin embargo, en muchos lugares, el ser humano tiene tolerancia a la lactosa, es decir, la posibilidad de beneficiarse de la leche también en la edad adulta. La capacidad de consumo de lactosa en la edad adulta surgió hace tan solo algunos miles de años en zonas independientes en las que se utiliza mucho la leche como alimento. Aunque la mutación solo se produjo hace varios cientos de generaciones, en la actualidad, la mayoría de la población cuenta con esta mutación. La capacidad de beneficiarse de la leche suponía una ventaja tan grande que la selección natural se apresuró a deshacerse de la mayor parte de aquellos individuos que no eran capaces de hacerlo.

No obstante, *evolución* no significa que cualquier nueva propiedad pueda desarrollarse libremente. La tolerancia a la lactosa surge con facilidad porque su único requisito es que el gen responsable de la producción de lactasa no quede inactivo en la edad adulta. Las propiedades un poco más complejas, como la sociabilidad o la capacidad de aprovechamiento de la celulosa de las plantas, son mucho más difíciles de desarrollar porque requieren más mutaciones. La evolución también está limitada por la historia y por las propiedades ya acumuladas: un ser humano no puede desarrollar la capacidad de volar porque es demasiado pesado. Por otra parte, la evolución también puede llevar al estancamiento a las especies que se han especializado demasiado, lo que dificulta el cambio evolutivo. Cuando se producen cambios en el entorno, estas especies pueden llegar a extinguirse.

Un buen ejemplo de estancamiento es el de una especie de piojo que parasitaba a la paloma migratoria. Las palomas migratorias son una especie de América del Norte con una cantidad inmensa de individuos: miles de millones de palomas migratorias recorren las praderas norteamericanas. Era la especie ideal para los parásitos: abundante, se reproducía y se movía rápidamente, y era capaz de alimentar a una cantidad inmensa de individuos parásitos. Sin embargo, el rápido cambio medioambiental y la caza eficiente mataron a todas las palomas migratorias en varias décadas. Cuando las palomas migratorias se extinguieron, a principios del siglo XX, también se extinguió el piojo de la paloma migratoria, que no había conseguido vivir en ninguna otra especie hospedante. Al menos, eso se creía, hasta que en 1999 se volvió a encontrar dicha especie de piojo en una especie cercana, la paloma de collar.

La adaptación no siempre garantiza el éxito, ya que también se producen hechos circunstanciales que influyen en la evolución. Cuanto más pequeña es una población de organismos, más débil es su selección natural y con más frecuencia el éxito de los individuos depende de la suerte. Los genes no determinan el número de descendientes de un organismo individual, pues el éxito de un individuo depende de muchos hechos circunstanciales. Un individuo dentro de un grupo de hermanos puede acabar en las garras de un depredador, morir de frío o perderse por accidente. La utilidad de determinados genes y propiedades solo se manifiesta en grandes poblaciones. Se trata del mismo fenómeno que cuando se tira un dado. Lanzando un dado diez veces, no se puede saber qué tipo de distribución de números va a tener lugar. Si se aumenta la cantidad de lanzamientos, la distribución de los puntos se equilibra de tal forma que cada cara aparece el mismo número de veces.

¿Y si el dado está cargado de manera que el número 1 sale con una frecuencia 1,06 veces mayor que las demás caras? No parece haber una gran diferencia entre 1 y 1,06, pero es la mayor ventaja de elección conocida que le ha surgido al ser humano debido al desarrollo de una nueva característica. Hace ocho mil años, se estimaba que los individuos con tolerancia a la lactosa tenían 1,06 veces más descendientes que los intolerantes a la lactosa. La diferencia es tan pequeña que será necesario lanzar el dado muchas veces antes de poder empezar a sospechar con un fundamento sólido que se trata de un dado cargado. Sin embargo, la población del norte de Europa ya contaba entonces con miles de individuos, por lo que la selección natural podía permitirse actuar. De nuevo, se trata de una ventaja tan grande que, en varias decenas de generaciones, casi todos tenían tolerancia a la lactosa.

Junto con la evolución se suele hablar de dos sucesos específicos de deriva genética, el fenómeno del cuello de botella y el efecto fundador. El fenómeno del cuello de botella hace referencia a la situación en la que la población de la especie ha experimentado un suceso que ha matado a los individuos (en su mayor parte) con independencia de sus genes, es decir, de forma aleatoria. En los libros de biología se suele hablar de erupción volcánica: cómo los organismos, en ese caso, mueren de forma más o menos aleatoria. El ser humano pasó por un fenómeno de cuello de botella hace unos setenta mil años, cuando el cambio medioambiental producido por la erupción del volcán Toba redujo de forma significativa la cantidad de seres humanos. Al parecer, el humano moderno de aquellos tiempos se limitaba únicamente al continente africano y el cambio medioambiental redujo el tamaño de la población humana hasta tan solo varios miles de individuos. En consonancia con los temas de este libro, la diarrea constituye un buen ejemplo: el aceleramiento de la actividad intestinal destruye el ecosistema del intestino de tal modo que las especies bacterianas que quedan son más o menos una colección aleatoria. Un cóctel de gambas en Tailandia puede ser tu propio volcán para las especies acompañantes.

La mayor parte de los casos de cuello de botella son notablemente menos drásticos y de menor duración que las erupciones volcánicas. Un cuello de botella conocido para la naturaleza finlandesa es la fluctuación de los periodos glaciales. A medida que el clima se enfriaba, las poblaciones de especies se veían obligadas a abandonar sus hábitats originarios, lo que, por lo general, hacía reducir bruscamente el tamaño de las poblaciones. Estas circunstancias dieron lugar al surgimiento de los refugios, es decir, zonas en las que las especies consiguieron sobrevivir durante el periodo de la estación fría y, desde allí, se propagaron una vez que el clima volvía a calentarse. Cuando la capa de hielo era más extensa, la gran mayoría de los humanos europeos se retiraron a diversos refugios, como las zonas de la cultura solutrense occidental y la cultura gravetiense oriental.

Por su parte, se llama efecto fundador a la situación en la que un pequeño grupo de la población se muda a una nueva zona o se ve repentinamente aislado y funda una nueva población. En ese caso, la diversidad genética de la nueva población es una muestra mucho menor, casi fortuita, de la diversidad de la población original. Los finlandeses son un buen ejemplo de este fenómeno: la región de Finlandia ha estado habitada por un grupo relativamente pequeño de personas y, en particular, las comunidades del norte del país han podido surgir a partir de un número muy reducido de pobladores originarios. Las enfermedades de herencia finlandesa son un gran grupo de afecciones prácticamente inexistentes en el resto del mundo, lo que se debe, precisamente, al efecto fundador. Una de ellas es la enfermedad de Salla, un trastorno del desarrollo psicomotor que suele derivar en una discapacidad grave del desarrollo. El nombre de la enfermedad se debe a que se presenta en el mundo casi únicamente en personas con ascendencia en el municipio finlandés de Salla. Los antepasados de Salla sufrieron las mutaciones genéticas responsables de la enfermedad, que se han generalizado a toda la población de Salla. Nuestras especies acompañantes sufren el efecto fundador al menos una vez en la vida: un bebé recién nacido es un lienzo en blanco en relación con las bacterias intestinales, pero el intestino y las mucosas reciben rápidamente las primeras especies, especialmente procedentes de las mucosas y de la piel de la madre.

Por tanto, nuestra relación con nuestras especies acompañantes ha ido tomando forma a lo largo de mucho tiempo, durante el cual tanto los eventos circunstanciales como la adaptación han moldeado la relación. Las bacterias beneficiosas para nosotros lo son porque las propias bacterias también son beneficiosas para ellas mismas. Asimismo, las bacterias perjudiciales para nosotros se benefician de serlo. La selección natural mantiene la relación entre nosotros y nuestros acompañantes.

Debido a que la evolución de las especies acompañantes es rápida en comparación con la evolución humana, los efectos que tienen en nosotros también pueden cambiar con relativa rapidez. El efecto más típico son los cambios en la peligrosidad de las nuevas enfermedades infecciosas. Con frecuencia, una enfermedad muy peligrosa en sus inicios puede evolucionar en una enfermedad menos peligrosa a lo largo de los años. Sin embargo, también pueden producirse cambios mayores y nuestras especies acompañantes pueden transformarse de perjudiciales a beneficiosas. Por ejemplo, la bacteria común del intestino humano *Bacteroides thetaiotaomicron* era, inicialmente, un agente patógeno. Ahora tiene especial importancia en la descomposición del almidón y otras sustancias vegetales complejas en nuestro intestino.

En principio, de esto se puede deducir que, si una especie bacteriana beneficiosa para nosotros prospera en el intestino, también puede transformarse en perjudicial. Desde el punto de vista de la evolución, el éxito relativo es importante: si en la población se desarrolla una cepa bacteriana que prospera mejor que las demás, naturalmente empezará a reproducirse y puede propagar rápidamente sus genes a toda la población. Si un individuo de una especie beneficiosa para nosotros se transforma en perjudicial y, además, prospera mejor que una cepa beneficiosa, podemos perder rápidamente la cepa beneficiosa y obtener, en su lugar, una cepa perjudicial. Sin embargo, esto no parece estar muy generalizado, ya que no se conoce ningún ejemplo. Otra opción más probable es que el cambio en este sentido sea evolutivamente desequilibrado y la cepa bacteriana que ha empezado a buscar pelea se extinga rápidamente.

La evolución de la patogenicidad también puede ocasionar,

de forma relativamente rápida, que la especie perjudicial se transforme en una especie fugitiva de la evolución. En ese caso, el agente patógeno rápidamente se vuelve aún más perjudicial y peligroso para su huésped. Cuantas más sustancias necesarias pueda recoger la bacteria en el intestino y más pueda beneficiarse de su huésped, mejor prosperará. Cuantas más sustancias recoge la bacteria, más perjudicial es para nosotros. Es decir, una bacteria puede volverse cada vez más perjudicial a medida que evoluciona. La evolución puede continuar durante tanto tiempo que la bacteria perjudicial pierda la competición con las demás especies del intestino y nuestro sistema inmunitario logre controlar la especie, o la gane y la bacteria consiga matar al ser humano. Por lo tanto, una especie fugitiva puede acabar extinguiéndose con facilidad.

Por lo tanto, nuestras especies acompañantes no siempre evolucionan hacia una convivencia más armoniosa con nosotros. Los beneficios a corto y largo plazo producidos por la evolución pueden ser dos cosas diferentes, pero el proceso evolutivo siempre empieza allá donde la barrera es más baja. Desde el punto de vista de la selección natural, solo tiene importancia aquello que haga más eficiente la reproducción a corto plazo.

Viene la enfermedad... o no

En el año 1854, estalló una horrible epidemia de cólera en la zona del Soho de Londres. Hasta el 15 % de los residentes de la zona de Broad Street murió en un periodo de dos semanas. Entonces, todavía no se conocía cómo se contagiaba el cólera, aunque se suponía que el aire contaminado contribuía a la propagación de la enfermedad. Sin embargo, el médico John Snow dudaba de la teoría imperante y consideraba el agua contaminada como una fuente de contagio mucho más probable. Para probar su teoría, Snow entrevistó a los residentes del Soho, marcó todos los casos de cólera de la zona en un mapa y se dio cuenta de que se agrupaban en el entorno del pozo de Broad Street. Snow examinó muestras de agua en el microscopio, pero no encontró el agente patógeno. Sin embargo, retiró la manivela del pozo para que la gente no pudiera seguir sacando agua de allí y la epidemia de cólera desapareció gradualmente. En investigaciones posteriores, se descubrió que en las cercanías del pozo de Broad Street había una letrina desde la que las bacterias del cólera habían pasado al agua potable del pozo. Tras los descubrimientos de Snow, poco a poco se empezó a organizar la red de alcantarillado de la ciudad de un modo más higiénico y, con la llegada del siglo XX, el cólera desapareció de los países occidentales. En la actualidad, sabemos que el cólera se contagia, principalmente, por medio de la comida o del agua potable contaminadas. A pesar de eso, todavía no se sabe a qué se debe realmente el inicio de la epidemia de cólera. El cólera se presenta ampliamente en las aguas, pero parece que solo causa epidemias en humanos con muy poca frecuencia.

En el capítulo anterior analizamos la importancia de la evolución y cómo los cambios en la cantidad de genes de una población entre generaciones afectan a la evolución del ser humano y de nuestras especies acompañantes. Sin embargo, la mera comprensión de los genes no es suficiente para explicar por qué algunas bacterias son perjudiciales y otras no. Los genes no determinan las características de los organismos, sino que el desarrollo individual modifica las características del organismo en función de las pautas de los genes. El genoma y el fenotipo son dos cosas diferentes. En ocasiones, los genes ofrecen marcos muy estrechos para el desarrollo de una propiedad. Por el contrario, el entorno tiene un gran efecto sobre algunas propiedades.

Los gemelos idénticos suelen desarrollar una altura prácticamente idéntica. Esto se debe a que los genes determinan de forma relativamente exacta la altura que puede alcanzar un ser humano. Sin embargo, el entorno también puede influir en la altura: la desnutrición, el tabaquismo o los desequilibrios hormonales pueden ocasionar que un individuo acabe siendo mucho más bajo o más alto. La altura media del ser humano ha aumentado muchísimo en los últimos doscientos años: mientras que un holandés en 1850 medía unos 162 centímetros de media, la altura media de los holandeses en la actualidad es de 178 centímetros. La cuestión fundamental de la biología evolutiva es si este cambio se debe a la evolución, es decir, al hecho de que las personas más altas se las arreglan relativamente mejor y tienen más hijos, o a la influencia del entorno, es decir, a que el entorno hace posible un mejor desarrollo individual. Como suele suceder, la respuesta a esta pregunta es que tanto una cosa como la otra. Las investigaciones demuestran que, cuando mejora la situación nutricional, las personas altas sobreviven mejor por término medio. Por otra parte, la nutrición y la reducción de la cantidad de enfermedades posibilitan un desarrollo sin trastornos, lo que parece que hace crecer a las personas.

Las interacciones ecológicas siempre suceden en un determinado momento en un entorno determinado. La virulencia, la infecciosidad y la capacidad de propagación de los parásitos son propiedades que siempre se ven afectadas por los genes y el entorno. La misma cepa de agentes patógenos puede comportarse de distintas maneras dependiendo de su entorno. Aunque la mayor parte de los parásitos siempre son perjudiciales, algunos no siempre son peligrosos. Estos son oportunistas o agentes patógenos perjudiciales. Los organismos que pueden reproducirse únicamente cuando causan una enfermedad se llaman *agentes patógenos obligados*.

Las especies bacterianas suelen tener diversas cepas que pueden ser notablemente diferentes entre sí. *Escherichia coli* constituye, aproximadamente, un 1 ‰ de la flora normal del intestino y la mayor parte de sus cepas no causan enfermedades. Sin embargo, algunas cepas de *E. coli* producen diarrea y muchas otras enfermedades, como infecciones de orina. La *E. coli* enterotoxigénica (es decir, que segrega toxinas intestinales) causa cada año más de doscientos casos de diarrea en el mundo.

Una desagradable propiedad de las bacterias, a la que volveremos en el apartado de resistencia antibiótica, es la transferencia de material genético de una cepa a otra. Con frecuencia, la patogenicidad de las bacterias depende únicamente de una pequeña cantidad de genes. Si la bacteria que causa la enfermedad transfiere estos genes a otra bacteria, puede transferir al mismo tiempo la patogenicidad a cepas que anteriormente no eran perjudiciales. Por tanto, la evolución no está detrás de todos los patógenos, sino que la transferencia de genes entre bacterias también puede explicar este fenómeno.

Además de los agentes patógenos obligados, hay parásitos que a veces producen enfermedades y otras no. Una parte de ellos produce enfermedades de forma totalmente accidental: acaban en el lugar equivocado, por lo que pueden producir una enfermedad que, por otra parte, no favorece su propia supervivencia. Entre estas bacterias perjudiciales se encuentran la *Neisseria meningitidis*, causante de la meningitis en su cepa bacteriana humana normal, y la *Bacteroides fragilis*, causante típica de la sepsis intestinal. *N. meningitidis* puede producir meningitis si pasa a las proximidades del cerebro a través de las mucosas de la cabeza. Por su parte, *B. fragilis* es una bacteria que puede producir una infección mortal por apendicitis o por una herida de bala. Las bacterias viven de forma inocua en el intestino, pero si se filtran a las cavidades corporales, entre los órganos internos, producen una infección peligrosa y, naturalmente, ellas también mueren.

Para los agentes patógenos oportunistas, causar una enfermedad algunas veces es beneficioso y otras veces no. La bacteria del cólera es un temido agente patógeno oportunista. En el siglo XIX, el cólera era la enfermedad infecciosa más devastadora de las ciudades; aún en la década de los ochenta se sospecha que el cólera mataba a tres millones de personas al año. Actualmente, el cólera mata cada año entre cincuenta mil y cien mil personas. Las sustancias venenosas que segrega la bacteria del cólera, las toxinas, provocan diarreas y vómitos especialmente fuertes que conducen rápidamente a la deshidratación del organismo. Las muertes causadas por el cólera también se deben a la deshidratación.

Típicamente, el cólera habita en agua dulce y también puede encontrarse en el plancton, los crustáceos y los moluscos. Por lo general, el ser humano suele infectarse a través del agua o los alimentos contaminados; los contagios directos entre humanos son poco frecuentes. Sin embargo, solo algunas cepas de la bacteria del cólera, las *Vibrio cholerae*, son capaces de causar la enfermedad. Para que se produzca la enfermedad se necesitan dos estructuras: la cola bacteriana y la toxina. La estructura de la cola ayuda a la bacteria a infectar a otras bacterias y contribuye a la comunicación entre ellas. Por su parte, la toxina activa la diarrea. Algunas cepas de la bacteria del cólera carecen de los genes responsables de alguna de las dos construcciones o de ambas.

Las cepas que producen la enfermedad tampoco pueden afectar a todos los seres humanos. Tres cuartas partes de las personas infectadas por el cólera no llegan a padecer ningún síntoma, pero pueden propagar la cepa. En muchas zonas, el cólera se presenta de forma permanente o endémica, pero también se propaga como epidemia. El oportunismo consiste precisamente en esto: el cólera puede estar presente en el entorno de forma permanente, pero solo causa infecciones en el ser humano de vez en cuando.

Las epidemias provocadas por agentes patógenos oportunistas suelen estar relacionadas con cambios en el entorno, como precipitaciones extraordinarias o cambios de temperatura. Sin embargo, sabemos que con una buena higiene es posible reducir al mínimo las epidemias de cólera. Del mismo modo, el cólera nunca está lejos: las crisis humanitarias, como las guerras o los terremotos, que producen un desplome del nivel de higiene y de la nutrición, pueden llevar rápidamente a la mortalidad por cólera.

La enfermedad siempre está causada por la interacción entre un parásito y su huésped. En muchos casos, el ser humano puede contagiarse aunque no desarrolle nunca la enfermedad. En el caso del cólera, no se sabe por qué la enfermedad solo se activa en una parte de las personas infectadas, mientras la mayoría son asintomáticas. En algunos casos, la causa de la enfermedad es evidente: la proliferación desmesurada de agentes patógenos en el cuerpo humano.

Además de los obligados, los oportunistas y los perjudiciales, existe un grupo que puede denominarse *agentes patógenos relativos*. Estas bacterias no causan ninguna molestia mientras se mantengan bajo control. Por ejemplo, la *Clostridium difficile* es una parte habitual del microbioma humano, pero también puede producir diarrea. *C. difficile* suele constituir únicamente entre un 2 % y un 5 % de las bacterias del intestino; no obstante, tras un tratamiento con antibióticos puede ocupar más espacio vital y producir diarrea. Cuando las demás bacterias han muerto, *C. difficile* se reproduce y puede conformar hasta más de la mitad de la flora bacteriana del intestino. En ese caso, se desarrolla una diarrea crónica que es difícil de parar. Cuando la *C. difficile* ha ocupado su espacio vital, es difícil reducir su cantidad. En la actualidad, el tratamiento típico es el trasplante de heces: parece ser que plantar una nueva comunidad intestinal es la mejor forma de volver a controlar la *C. difficile.*

Nuestro cuerpo nos protege de los parásitos

Saco a Rafa de la trampa y lo observo subir corriendo por una rama. De pronto, parece sobresaltarse y mira hacia un arbusto cercano. Me doy cuenta de que allí hay otro lémur ratón, muy probablemente una hembra. Sé que a Rafa le interesa la hembra, ya que es la época de la reproducción y es muy probable que no tenga otra cosa en mente que el apareamiento.

Rafa salta de rama en rama para acercarse a la hembra, hasta que llega a la rama de al lado. El último salto viene precedido por una breve pausa. No se trata de muchos segundos, pero es obvio que Rafa está evaluando cómo conviene emprender el acercamiento. Como lémur macho de acción directa, Rafa salta al lado de la hembra y esta, sin dudarlo ni un momento, golpea a Rafa en la cara con el puño derecho. Rafa deja escapar un chillido y salta hacia atrás desde la rama mientras la hembra desaparece en la noche selvática.

En la batalla por la existencia, los machos quieren fecundar a las hembras y estas llevan la mayor responsabilidad en la reproducción. Por eso, las hembras suelen tener alternativas. En ese sentido, los lémures son un grupo extraño de primates, ya que la hembra es la dominante. Esto significa que, en el orden jerárquico, los machos están siempre por detrás de las hembras, ya se trate de la vida en manada o de encuentros individuales entre lémures vivos. El porrazo que se ha llevado Rafa también refleja el poder de las hembras.

Sin embargo, las hembras de lémur tampoco son demasiado quisquillosas. Por regla general, su mecanismo de elección es una competencia de esperma. *Competencia de esperma* es un término de biología evolutiva que significa lo que su propio nombre indica. Una hembra de lémur ratón puede copular durante una noche con veinte machos distintos. El padre será el macho cuyos espermatozoides logren ganar la competición contra los espermatozoides de los demás machos. Por supuesto, también es posible que, en una camada de tres crías, cada una sea de un padre diferente.

Los machos de lémur ratón se han preparado para la competición portando entre las piernas unos testículos impresionantes. La longitud corporal media de un lémur ratón es de diez centímetros y los testículos más largos que he medido tenían dos centímetros y medio. Por tanto, un testículo puede tener el mismo tamaño que la cabeza del lémur ratón. Los machos de lémur ratón están claramente preparados para producir todos los espermatozoides posibles. Para suerte de los machos, la época de reproducción solo dura unas dos semanas, por lo que no necesitan portar esos testículos durante todo el año. Tras la época de la reproducción, los testículos se atrofian lentamente y llegan a encogerse tanto que es difícil diferenciar a las hembras de los machos. Para determinar su sexo, no ayuda que las hembras tengan un pseudopene, una especie de elongación del clítoris.

Durante dos semanas, Rafa no tiene tiempo de comer, sino que se dedica, literalmente, a correr detrás de las hembras. Además de sus enormes testículos y su eficaz producción de esperma, los lémures macho también aumentan la producción de testosterona. Tanto el estrés como una mayor cantidad de testosterona causan una debilitación del sistema inmunitario. Durante la época de reproducción, la cantidad de parásitos aumenta de forma brusca en algunos machos, parece que especialmente en los más grandes y en los que tienen un estado físico más débil. El pobre Rafa es uno de ellos.

El ser humano no es impotente ante los parásitos y los agentes patógenos que nos amenazan. Tenemos muchas estructuras que, además de cumplir su actividad esencial, nos protegen de los intrusos. Nuestra piel se ocupa de que no se pueda penetrar fácilmente al interior de nuestro cuerpo. Las membranas mucosas segregan moco, que se desplaza en nuestro interior gracias a pequeños cilios, de modo que los agentes patógenos puedan salir al exterior. El microbioma que recubre la piel y las mucosas también nos protege. A las nuevas especies les resulta difícil penetrar, ya que nuestras especies acompañantes habituales han ocupado el espacio disponible.

Naturalmente, es más fácil introducirse en determinadas zonas de nuestro cuerpo. Por ejemplo, el intestino es un conducto abierto al que se puede entrar a través de la boca y del que se puede salir por el ano: en sentido estricto, ni siquiera está en el interior de nuestro cuerpo del mismo modo que los órganos internos y el torrente sanguíneo. Es, además, un buen punto de penetración para los agentes patógenos, ya que las paredes intestinales son más fáciles de atravesar que la piel. El intestino en sí mismo constituye un buen hábitat, puesto que las sustancias alimenticias en esa fase ya están digeridas y la temperatura del intestino se mantiene constante. En primer lugar, los parásitos tienen que conseguir penetrar en el estómago, donde el pH bajo mata la mayoría de los microorganismos. El intestino también está en constante movimiento, por lo que los parásitos tienen que estar adaptados a permanecer en el sitio.

La vulnerabilidad del intestino es fácil de demostrar: no hay más que viajar al extranjero, a algún lugar en el que el nivel de higiene no sea tan alto como en los países desarrollados, e intentar evitar una infección intestinal. Aunque un turista siga todas las indicaciones, evite los vegetales crudos y se asegure celosamente de que no le ponen hielo en el *gin-tonic*, la diarrea del turista es un problema general.

La zona mejor protegida es el interior de la piel y las membranas mucosas. Por lo general, se puede atravesar la piel a través de una herida, con ayuda de medios de penetración específicos, como las propias mandíbulas, o con ayuda de un animal chupasangre, como un insecto o un mamífero. Con bastante frecuencia, el parásito logra penetrar dentro del animal hospedante y se propaga por todo el cuerpo con el torrente sanguíneo. La sangre es un hábitat todavía más atractivo que el intestino, ya que, a través de ella, es posible propagarse por todo el cuerpo rápidamente. Además, en la sangre el alimento está mejor descompuesto que en el intestino y hay oxígeno disponible constantemente. No obstante, los parásitos que pasan a la sangre son atacados por la última y más activa línea de nuestras defensas: el sistema inmunitario.

Cuando un agente patógeno penetra en el cuerpo humano, el sistema inmunitario natural ataca, en primer lugar, a dicho agente patógeno. Se trata de un sistema de defensa de carácter general que ataca a todos los agentes patógenos en cuanto empieza la infección. La inmunidad natural no requiere experiencia previa con la enfermedad, sino que reconoce todos los posibles agentes patógenos. Entre las herramientas de defensa naturales se encuentran los fagocitos, que reconocen las células que han penetrado y las absorben; la reacción inflamatoria, que promueve la destrucción de los agentes patógenos; y la fiebre, que potencia la actividad del sistema inmunitario. En algunos casos (según las investigaciones, con muy poca frecuencia), la fiebre también ralentiza el crecimiento de los agentes patógenos. Además, el ser humano tiene un sistema inmunitario adquirido que recuerda a los viejos enemigos. Las células de este sistema recuerdan las estructuras externas de los agentes patógenos y, por tanto, son capaces de atacar con precisión al enemigo. Si un agente patógeno conocido de antemano penetra en el organismo humano, la inmunidad adquirida puede eliminar rápidamente dicho agente patógeno antes de que la enfermedad se ponga en marcha. El funcionamiento de las vacunas también se basa en el sistema inmunitario adquirido: se presenta un antígeno inocuo al sistema inmunitario para que, posteriormente, sea capaz de identificar al agente patógeno peligroso y eliminarlo antes de que pueda surgir la enfermedad.

Como cualquier ejército, el sistema inmunitario también tiene sus puntos débiles. Para el sistema inmunitario, es muy importante que las células identifiquen cuáles son las propias del cuerpo y las diferencien de las células externas que penetran a la fuerza. Las células del sistema inmunitario, por lo general, no atacan a las propias células del cuerpo porque reconocen las moléculas presentes en su superficie, es decir, los antígenos. Esta autoidentificación causa problemas, entre otras cosas, en los trasplantes de órganos, pues el sistema inmunitario percibe que el nuevo órgano no está compuesto del mismo tejido. Por su parte, el organismo reacciona a veces con demasiado entusiasmo y pone en marcha el sistema inmunitario contra sustancias que no son peligrosas. Por ejemplo, piensa que el polen de abedul es un agente patógeno peligroso y pone en marcha los mecanismos de defensa. Las sustancias inocuas que provocan falsas alarmas se denominan *alérgenos*. Aunque un alérgeno no sea peligroso, la reacción alérgica sí puede serlo; la acción del sistema inmunitario en el punto equivocado puede llevar incluso a la muerte.

Por lo general, el sistema inmunitario causa molestias en el propio cuerpo del ser humano con cualquier respuesta inmune, pero las molestias suelen ser pequeñas y rápidamente reversibles. Por el contrario, las reacciones autoinmunes son las peores: en ellas, el sistema inmunitario se ha vuelto más sensible hacia alguna estructura superficial de las células del propio cuerpo que, en condiciones normales, no deberían desencadenar una respuesta inmune. Por ejemplo, la diabetes tipo 1 se desarrolla cuando el sistema inmunitario cree que las células productoras de insulina pancreática son extrañas.

Una interminable carrera armamentística

El ser humano vive en una batalla continua contra los microbios que trajinan en su interior. El único ganador de la evolución es el que logra reproducirse. El futuro evolutivo tanto del ser humano como de sus especies acompañantes es más esperanzador cuanto más exitosa sea la reproducción. ¿Qué pasa entonces cuando, por una parte, nuestras especies acompañantes tratan de continuar reproduciéndose y, por otra, el ser humano intenta seguir mejorando su existencia y su éxito reproductivo?

La consecuencia es una carrera armamentística entre el ser humano y sus especies acompañantes. Cada vez que el sistema inmunitario humano desarrolla mejoras para controlar los agentes patógenos, estos tienen que ser capaces de responder al desafío para no extinguirse. Del mismo modo, el ser humano tiene que lograr adaptarse a los cambios que se producen en nuestros agentes patógenos. Cuando una nueva enfermedad mortal contagia a los humanos, solo aquellos con un sistema inmunitario suficientemente eficaz y preciso se mantendrán con vida. Aunque por lo general no se trata de ejemplos tan extremos, sino de pequeños cambios. No obstante, cualquier pequeño aumento en la eficacia de un agente patógeno queda fuera de nuestro alcance y torna la situación en favor del agente patógeno. Durante el transcurso de la evolución, incluso las pequeñas diferencias se repiten a lo largo de generaciones: si un agente patógeno se reproduce un poco mejor en una generación, puede convertirse rápidamente en un problema para el ser humano.

En biología evolutiva, esta situación se denomina *hipótesis de la Reina Roja* y ha recibido su nombre del personaje de la Reina Roja del libro *Alicia a través del espejo*. En el libro, la Reina Roja (que no debe confundirse con la Reina de Corazones, conocida por cortar cabezas, pues la primera es un personaje más bondadoso) le dice a Alicia que en el mundo del espejo hay que correr lo más rápidamente posible para mantenerse en el mismo lugar. Las interacciones entre especies se desarrollan con el mismo principio: siempre que la especie competidora obtiene una nueva ventaja, las especies deberán adaptarse a la nueva situación para obtener una ventaja adecuada o acabarán extinguiéndose. Para que una especie pueda mantener su posición, debe estar en continuo desarrollo.

Sin embargo, una evolución continua no significa que el sistema en su totalidad mejore o se vuelva más eficaz. Como ejemplo sencillo puede pensarse en un bosque: los árboles han crecido en altura porque así reciben la luz que necesitan para la fotosíntesis. Las especies de árboles compiten entre sí por la luz y, si un árbol crece más que los demás, recibirá más luz. En ese caso, los demás árboles tendrán que responder a la competición creciendo más o intensificando su capacidad de reproducción por otros medios: aprovechando la luz de forma más eficaz, viviendo durante más tiempo o produciendo semillas que se propaguen mejor. Finalmente, el bosque acaba en una situación en la que todos los árboles han respondido al nuevo reto, pues cada árbol tiene que utilizar más recursos para su reproducción sin obtener ninguna nueva ventaja. Los parásitos y la protección contra ellos pueden desencadenar el mismo tipo de situación, ya que el mantenimiento del sistema inmunitario no es gratuito. Requiere energía que deja de destinarse a lo más importante: la reproducción. Si un sistema inmunitario eficaz no identifica las células del propio cuerpo como propias y las ataca, también puede producir un problema autoinmune. Cuanto más agresivo es el sistema inmunitario, más probable es que ataque a las células equivocadas.

La Reina Roja también ha tenido que competir, aunque esto no excluya la llamada *hipótesis de la Reina Negra*. Esta hipótesis ha recibido su nombre de la reina de picas del juego de corazones. Un jugador de corazones intenta reunir el menor número posible de puntos y la reina de picas vale trece. Por tanto, los jugadores que no tienen la reina de picas obtienen, en cierto modo, la ventaja de selección. Los biólogos evolutivos han planteado que la colaboración puede fortalecer la relación entre dos especies. La idea es la siguiente: si dos especies están en contacto estrecho, pueden externalizar una parte del abastecimiento necesario a la otra especie. En ese caso, pueden renunciar a determinados genes cuando la simbiosis con la otra parte se hace cargo de la expresión génica y de la producción de material. Esto hace aumentar la dependencia entre las dos especies. La idea puede comprenderse, por ejemplo, en relación con el metabolismo: si en nuestro intestino ya existe una bacteria encargada de la descomposición de un determinado nutriente, puede ser más provechoso para nosotros no producir las enzimas que descomponen dicho nutriente. Al mismo tiempo que renunciamos a la preparación de la enzima, somos dependientes de nuestra pequeña bacteria acompañante. Esto puede ser un intercambio razonable si la tarea que lleva a cabo nuestra especie acompañante es metabólicamente costosa.

Un ejemplo extremo de la Reina Negra son los órganos celulares que se encuentran dentro de nuestras células, las mitocondrias. Las mitocondrias son responsables de la respiración celular, es decir, de que el azúcar de nuestras células, con ayuda del oxígeno, se transforme en dióxido de carbono, agua y una mayor cantidad de energía. Inicialmente, las mitocondrias eran bacterias que acabaron dentro del organismo eucariota hace miles de millones de años. Así, nació entre los organismos una interacción tan profunda que ninguno de los dos puede separarse del otro. La bacteria que formó la mitocondria renunció a todos sus demás genes, excepto a aquellos responsables de la reproducción y de la respiración celular. Por su parte, la célula huésped renunció a los genes responsables de la respiración celular. Como resultado, ninguno de los dos puede renunciar al otro. En cualquier caso, la unión hizo la fuerza, pues todos los organismos eucariotas actualmente vivos, es decir, animales, plantas, hongos y algas unicelulares, descienden de esa única célula huésped y portan mitocondrias en su interior. En este capítulo he planteado los principios fundamentales de todo el libro. El cuerpo humano proporciona un hábitat magnífico para un gran grupo de organismos más pequeños. Estos organismos más pequeños intentan beneficiarse de nosotros lo máximo posible y aquellos que más se benefician también se reproducen mejor. La evolución deja dos opciones a nuestros microbiomas y parásitos: pueden obtener beneficio a nuestra costa o colaborando con nosotros. De forma correspondiente, el sistema inmunitario humano puede atacar a estas especies para intentar controlarlas o limitarse a hacer todo lo posible por tratar de tolerarlas. De este modo, toda la historia de las enfermedades humanas se sitúa en un contexto de competición: la evolución humana ha traído consigo nuevas especies, pero, al mismo tiempo, hemos aprendido a vivir relativamente bien con las antiguas especies. Sin embargo, no podemos detenernos. La peligrosidad y la propagación de enfermedades, en algunos casos, son el resultado de una evolución relativamente rápida.

Se necesitan dos para una enfermedad

Observo con especial atención a Napolean. Mi técnico de investigación sostiene al lémur ratón en la mano y pienso que, si lo miro muy fijamente, veré algo que no he captado antes. Napolean es uno de mis lémures ratón con más parásitos pero, como hemos escrito rigurosamente en los artículos científicos, «no se han observado síntomas clínicos».

No hemos detectado una sola enfermedad en ninguno de los lémures ratón. Aunque la presencia de enfermedades puede determinarse de muchas maneras, lo cierto es que yo no estoy especializado en ninguna de ellas. He investigado los parásitos del lémur ratón, pero nunca he visto un lémur ratón enfermo. Parásitos sí, y muchos, pero ningún problema o dolencia que haya podido considerar que han causado dichos parásitos.

Como biólogo evolutivo, lo que más me interesa son los efectos evolutivos de las enfermedades. ¿Cómo influye la presencia de parásitos en el éxito reproductivo de los lémures ratón? ¿Los individuos con mayor cantidad de parásitos tienen menos descendencia porque los parásitos los debilitan? ¿Los individuos que tienen más parásitos dirigen sus recursos a la reproducción antes que al sistema inmunitario y eso es lo que hace que tengan una cantidad mayor de descendientes? ¿O acaso los lémures ratón en mejor condición son capaces de mantenerse a sí mismos y a un grupo de parásitos sin que estos les causen problemas?

Es una lástima no poder investigar estas cuestiones con los lémures ratón. No podemos seguir a los lémures ratón entre la tupida vegetación, por lo que no sabemos a qué se dedican en realidad. No encontramos individuos muertos, por lo que no sabemos por qué ni cuándo mueren los lémures ratón. Las crías recién nacidas no caen en nuestras trampas, por lo que no podemos supervisar sus tasas de mortalidad. No sabemos dónde se encuentran los nidos de las hembras y, aunque lo supiéramos, no sabemos en qué medida buscar a las crías en los nidos para marcarlas afectaría a su supervivencia. Mi teoría es que, si un humano encuentra un nido de lémur ratón, sus huellas de olor contribuirán a que las boas u otras serpientes diurnas encuentren el nido con mayor facilidad.

Napolean me observa fijamente con sus ojos de botón. Parece estar impaciente por regresar a la selva. Es la época de la reproducción, por lo que esta noche Napolean también intentará copular con decenas de hembras. Está lleno de nuevas especies de parásitos, pero eso no parece reducir su fervor. Doy un suspiro y vuelvo a colocarlo en la trampa para ir a liberarlo en la rama en la que lo capturamos. Si Napolean pudiera hablar, lo primero que le preguntaría es qué grado de enfermedad, del uno al cinco, siente que padece y cuántas crías tiene.

Es bueno recordar que en biología no hay una sola respuesta a las preguntas de «por qué». La biología abarca muchas disciplinas científicas que examinan el mismo tema desde diferentes puntos de vista y, en particular, un objeto de investigación tan amplio como son las enfermedades también requiere respuestas a las preguntas desde varios puntos de vista diferentes. En este libro, las preguntas de «por qué» relacionadas con la evolución están en primer término. Desde esta perspectiva, respondo a la pregunta que he planteado: las enfermedades infecciosas existen porque pueden obtener los recursos necesarios para vivir y reproducirse de los individuos de las especies hospedantes.

Por supuesto, la pregunta puede ser más mecánica: ¿qué características hacen que determinados organismos sean agentes patógenos? Entonces, observamos los sucesos a nivel molecular: las estructuras de los agentes patógenos reaccionan con nuestras estructuras y, como resultado, se produce un estado fisiológico denominado *enfermedad*. Los parásitos se introducen en nuestro cuerpo y se aprovechan de él, por ejemplo, destruyendo las células de las sustancias que obtienen. Los virus se introducen en nuestras células, controlan sus mecanismos de acción y, finalmente, las destruyen. Las bacterias pueden segregar sustancias venenosas, toxinas, que hacen reaccionar a nuestro cuerpo. Por tanto, la enfermedad en sí puede surgir de diversas maneras. No siempre se trata únicamente de las propiedades de los parásitos, sino que el propio sistema inmunitario humano también puede causar destrucción al cuerpo al reaccionar ante las enfermedades. Sin embargo, en este libro no profundizaremos en el nivel mecánico. Los niveles evolutivo y mecánico no están desligados en absoluto y sería absurdo decir que la biología consiste en explicaciones desde dos niveles independientes, por lo que, en caso de necesidad, también nos planteamos las cuestiones a nivel mecánico. No obstante, siempre conviene recordar que los diferentes campos de la biología pueden responder a la misma pregunta de formas muy diferentes.

No vengo a recomendar medicamentos para el tratamiento de enfermedades, sino que ofrezco soluciones de un modo más metafórico. Explicaré cómo se puede controlar la cantidad de enfermedades o, sobre todo, el aumento de dichas cantidades. Este es el campo propio de un ecólogo y un biólogo evolutivo: qué factores influyen en el desarrollo de los parásitos, cómo nacen las nuevas especies de parásitos y cómo cambian las comunidades parasitarias.

Como ciencia natural, la biología evolutiva es curiosa porque la historia tiene un efecto significativo en la investigación evolutiva. Generalmente, las leyes de la evolución se pueden investigar mejor cuando se observa qué ha sucedido: qué tipo de especies han existido y cómo se han transformado. Por lo tanto, antes de sumergirnos en el futuro de las enfermedades, pasaremos primero a observar la historia evolutiva de las enfermedades humanas. La historia tiene muchas lecciones que ofrecer sobre cómo nacen y mueren las enfermedades.

CAPÍTULO 2

¿De dónde proceden las enfermedades infecciosas?

El ser humano es una especie relativamente joven: tan solo tiene unos doscientos mil años de edad. La edad de una especie se calcula desde la aparición irrefutable del primer individuo perteneciente a dicha especie hasta su extinción total o hasta que la especie ha sufrido tal transformación que se considera una nueva especie. La edad media de las especies de mamíferos es de dos a cinco millones de años, por lo que, prácticamente, acabamos de dejar los pañales.

Sin embargo, portamos la carga de nuestros antecesores. En lo relativo a estructuras, actividad cerebral y habilidades, somos bastante similares a nuestras especies predecesoras. El cambio de nuestros antepasados al humano moderno ha sido algo natural; la especiación ha sucedido a lo largo de millones de años, sin cambios repentinos. Los predecesores del ser humano han caminado erguidos durante cinco millones de años. Perdimos el pelo (propiedad fundamental para los parásitos) hace más de un millón de años.

Ya nuestros antepasados, las especies a partir de las cuales se han desarrollado los seres humanos, tenían sus propios parásitos, que se han transmitido por herencia también al humano moderno. Debido a que la especiación ha sido un proceso natural, nuestras especies acompañantes también se han ido transformando con ella. Lo cierto es que el ritmo de cambio de las especies parasitarias es más rápido que el de las especies hospedantes. La esperanza de vida de una especie parasitaria puede variar desde los cientos de miles de años de los grandes gusanos a los miles de años de las bacterias.

La primera respuesta a la pregunta del título es clara: muchas de las enfermedades infecciosas humanas proceden de nuestros antepasados y han permanecido con nosotros a lo largo de la evolución. Pero, en realidad, la respuesta da lugar a otra pregunta: ¿cómo han llegado los parásitos a ser una molestia para nuestros antepasados? Para comprender de dónde ha obtenido la especie humana sus parásitos y sus enfermedades infecciosas, primero tenemos que analizar cómo pueden contraer parásitos los individuos humanos. La respuesta también nos ayuda a comprender cómo algunos parásitos se han especializado como especies acompañantes del ser humano.

El camino del parásito al ser humano

El progreso de la temporada de campo se observa en los excrementos de lémur ratón. Al principio, el excremento es una masa fibrosa; al cabo de un tiempo, empiezan a aparecer semillas mucilaginosas de muérdago. Más tarde, entre los excrementos asoman patas y mandíbulas de insectos y trozos de élitros de coleópteros.

Los excrementos de lémur ratón son un auténtico cuerno de la abundancia para un investigador. Gracias a ellos, soy capaz de evaluar el conjunto de especies parasitarias y la cepa bacteriana del intestino, y de medir las cantidades de diferentes hormonas. En los excrementos también se ve fácilmente qué han comido los lémures ratón.

En ningún momento investigo en sentido estricto la dieta del lémur ratón, pero puedo deducirla de forma casual a partir de varias muestras. Cuando identifico genéticamente los parásitos presentes en las heces, también obtengo las secuencias de bases del genoma de los insectos. En dos muestras consigo una secuencia perfecta de un individuo de *Nepomorpha* malgache que pertenece al grupo de los escorpiones de agua. Este heteróptero de casi diez centímetros ha sido un auténtico hallazgo para los lémures ratón.

A pesar de su nombre, los escorpiones de agua no viven únicamente en el agua. Tienen alas, por lo que pueden volar de un charco a otro. Puede que el lémur ratón haya atrapado al escorpión de agua cuando este se encontraba en un árbol. Sobre la tierra, los escorpiones de agua son torpes y no son capaces de defenderse de los afilados dientes del lémur ratón. Contra el ser humano, por el contrario, se defienden mejor: los escorpiones de agua tienen unas magníficas mandíbulas similares a las pinzas del escorpión terrestre con las que son capaces de morder a los turistas imprudentes.

Mientras avanza la temporada de campo, los lémures ratón cada vez tienen más parásitos. Mi sencilla suposición es que, a medida que se acerca la temporada de lluvias, la alimentación de los lémures ratón cada vez está más basada en insectos. Lo cierto es que los insectos son un huésped intermediario práctico para los parásitos que quieren entrar en el intestino del lémur ratón. Al mismo tiempo que adoptan una dieta más nutritiva, los lémures ratón también se exponen a nuevas enfermedades.

Un parásito puede infectar a un ser humano de diferentes maneras: mediante una infección fecal, atravesando la piel, a través de una herida, con un animal chupasangre, con el alimento, mediante una infección por gotitas, por transmisión sexual o de la madre al feto. Los parásitos pueden vivir como ectoparásitos, como parásitos intestinales en el exterior de nuestras cavidades corporales o como endoparásitos en nuestro organismo o en el torrente sanguíneo. Para el parásito es importante llegar lo antes posible allí donde tiene intención de reproducirse, de manera que el lugar de residencia y el modo de propagación de los parásitos deben ser compatibles. Por ejemplo, los agentes patógenos que se reproducen en las vías respiratorias se contagian, por lo general, como infección por gotitas. De este modo tan práctico, un parásito pasa a las membranas mucosas de las vías respiratorias para reproducirse y, con los estornudos y el moco, pasa al siguiente huésped. Al parásito intestinal no le conviene infectar con ayuda de un insecto chupasangre, sino, por ejemplo, a través de los excrementos; al agente patógeno que circula en el torrente sanguíneo no le conviene merodear por el suelo. El contagio directo es un modo de propagación especialmente eficiente, en particular en la sociedad actual, ya que los humanos tocan continuamente los mismos pomos de las puertas de los baños, los mismos teclados de los cajeros automáticos y los mismos botones en los autobuses.

Muchas infecciones intestinales causadas por bacterias y virus se propagan como infección fecal. La forma más fácil de pasar al intestino es a través de la boca (aunque también hay otro tipo de soluciones); por el contrario, la forma más práctica de salir es con los excrementos. Este modo de vida de los parásitos se denomina *ciclo de vida directo* y significa que el parásito solo tiene una especie hospedante. Muchas enfermedades intestinales pueden vivir también en un entorno libre y no es necesario el contacto con los excrementos, sino que es suficiente con que el entorno se haya contagiado en algún momento del pasado. Los norovirus, la salmonela, los enterovirus y las *Campylobacter* se propagan de este modo. Este tipo de propagación de los parásitos puede controlarse, sobre todo, mediante la higiene; medidas simples como lavarse las manos pueden ser de mucha ayuda.

Los parásitos que utilizan un huésped intermediario acaban en el ser humano, por lo general, a través de la boca. Esto se denomina *ciclo de vida indirecto*. Por ejemplo, el gusano ancho de los peces *(Diphyllobothrium latum)* se contagia primero a un crustáceo copépodo que, más tarde, acaba siendo alimento de un pececillo. Después, la larva del gusano eclosiona en el intestino del pez y viaja hacia el músculo. Antes o después, el pececillo acaba siendo alimento de un pez depredador más grande, por lo que la larva pasa a un nuevo huésped. Cuando el ser humano captura al pez depredador y se lo come poco hecho, de modo que la cápsula de la larva no llega a morir, esta cápsula eclosiona en el intestino y el gusano ancho de los peces empieza a crecer en el interior del ser humano. Al mismo tiempo, se transforma en una máquina ponedora de huevos. Los huevos salen con los excrementos y un par de ellos acaba en el agua como alimento de los copépodos.

Los ciclos de vida también pueden ser más imaginativos. La duela del hígado es un trematodo que vive en la vía biliar del hígado de las ovejas y otros rumiantes. Sus huevos acaban con la bilis en el intestino y, desde allí, salen al exterior. El primer huésped intermediario es un gasterópodo que se contagia al ingerir un excremento que contenga huevos de parásitos. El parásito empieza a reproducirse de forma asexual por división celular y el gasterópodo se defiende aislando las larvas mediante quistes que después excrementa. Los quistes son especialmente atractivos para otro huésped intermediario, las hormigas. Cuando una hormiga ingiere un quiste, la mayor parte de las larvas de parásito que contiene pasan a reproducirse de forma asexual en el cuerpo de la hormiga. Sin embargo, una de las larvas viaja hacia el cerebro de la hormiga y empieza a modificar su comportamiento. Como consecuencia, la hormiga asciende, casi cada noche, un poco más arriba por el tallo del heno. Cuando llega la mañana, continúa su actividad de forma normal. Una noche, algún rumiante ingiere a la hormiga y el parásito pasa a su huésped principal. Penetra por la pared intestinal y, a través del torrente sanguíneo, pasa a la vía biliar del huésped principal, donde alcanza la madurez y empieza a poner huevos. Como es bastante improbable que este ciclo vital acabe prosperando, el parásito aumenta sus posibilidades de éxito reproduciéndose de forma asexual en cada huésped intermediario.

La higiene es un medio fundamental para controlar la propagación de enfermedades. Es posible evitar los parásitos que llegan a través del tracto digestivo lavándonos las manos, los utensilios de cocina, las hojas de lechuga y otros vegetales con agua limpia y cocinando la comida. Sin embargo, muchas enfermedades se propagan también atravesando la piel, generalmente, a través de heridas o mucosas. No obstante, atravesar la piel es un modo de propagación muy inseguro para el parásito, ya que la ruta no siempre está abierta. También es importante limpiar las heridas para que los agentes patógenos no pasen a través de ellas al torrente sanguíneo.

La forma más sencilla de atravesar la piel es por medio de otro parásito. Los humanos tienen abundantes ectoparásitos, como ácaros, mosquitos y heterópteros, que son excelentes propagadores de enfermedades. Por ejemplo, un agente patógeno puede estar al acecho en las glándulas salivares de un mosquito y acabar en el ser humano cuando la saliva del mosquito pasa al torrente sanguíneo del humano por medio de una picadura. De forma análoga, este agente patógeno que circula en el torrente sanguíneo humano puede pasar a un mosquito y continuar el ciclo de la vida. Especialmente en el trópico existen muchas enfermedades que se propagan por medio de los mosquitos, como la malaria, el dengue o la chikunguña. En el norte, los mosquitos no son propagadores de enfermedades tan eficientes, pero los ácaros se hacen cargo de la tarea.

Los ectoparásitos propagadores de enfermedades pican a muchas especies distintas y, por lo general, no están especializados en especies determinadas. Por ejemplo, nuestro ácaro principal, la garrapata común, chupa la sangre de cualquier animal de sangre caliente, tanto aves como mamíferos, con tamaño suficiente. Sin embargo, también existen algunos ectoparásitos especializados en el ser humano, como las chinches y los piojos. La vida de un parásito se ve afectada por el hecho de poder especializarse en una especie hospedante o de tener que estar preparado para vivir en casi cualquier vertebrado terrestre.

También existen parásitos capaces de atravesar la piel humana. Estos parásitos tan desagradables son bastante comunes en el ser humano. Los nematodos de la familia de los *Strongyloides* son un excelente ejemplo: viven libremente en el suelo y, en cada generación, una parte de los gusanos son infecciosos y se adhieren a las patas de los mamíferos que pasan por allí, atraviesan su piel, circulan a través del torrente sanguíneo hasta los pulmones, ascienden por el moco hasta la garganta y, de ahí, se trasladan a través de la faringe hacia el tracto digestivo y se quedan en el intestino para poner huevos. Los *Strongyloides* son muy comunes porque también pueden ser autoinfecciosos, es decir, la enfermedad es capaz de prolongarse por sí misma. Los gusanos adultos ponen huevos en el intestino, donde algunas larvas eclosionan y atraviesan directamente la pared intestinal hacia el torrente sanguíneo para continuar el ciclo hasta el final. Por lo tanto, los *Strongyloides* pueden vivir de forma prácticamente eterna dentro de un ser humano.

Los parásitos también pueden propagarse por transmisión sexual. Existen muchas enfermedades humanas que se contagian casi exclusivamente por vía sexual. Además de las secreciones y las mucosas, el sexo también suele implicar pequeños desgarros en las membranas mucosas. Algunos agentes patógenos de enfermedades de transmisión sexual pasan a través de las mucosas, mientras que otros necesitan contacto con la sangre. El virus de la inmunodeficiencia humana (VIH) se propaga a través de pequeñas heridas y, por tanto, se contagia más fácilmente a la parte receptora del sexo. Las enfermedades de transmisión sexual también se propagan de forma algo distinta a las demás enfermedades: nos adentraremos en su ecología de las enfermedades más adelante.

Todos los modos de propagación de enfermedades mencionados anteriormente se denominan *infección horizontal*. Esto significa que las enfermedades se propagan entre generaciones vivas. Además, las enfermedades pueden propagarse de forma vertical, es decir, de madres a hijos. En muchos casos, este tipo de enfermedades, como el virus del Zika o los megalovirus, pueden causar trastornos del desarrollo, pero el contagio vertical es relevante para el agente patógeno en muy pocas enfermedades. Por lo general, el contagio vertical es un callejón sin salida para el parásito. Por ejemplo, el VIH persiste durante mucho tiempo en la siguiente generación, pero es mortal si no se trata ya antes de que el portador de la enfermedad empiece a tener relaciones sexuales. El virus del Zika o los megalovirus suelen morir en el feto antes de su nacimiento.

Confianza mutua

¿Cuáles de nuestras especies se han ido transmitiendo desde la prehistoria a través de nuestros predecesores y cuáles son las recién llegadas? Sabemos sorprendentemente poco al respecto. Hay muy pocas pruebas directas, como partes o huevos de parásitos fosilizados y huellas de las enfermedades que producían en los huesos humanos. La investigación de la carga de enfermedades prehistóricas del ser humano suele basarse en procedimientos genéticos indirectos. Por ejemplo, si investigamos la separación genética de los agentes patógenos del ser humano y de nuestras especies cercanas, podemos evaluar cuándo una especie ha pasado al ser humano. Si comparamos el genoma de las especies de piojos de los primates, podemos estimar cuánto tiempo ha sido necesario para formar las diferencias que observamos actualmente. El mismo principio es aplicable tanto a la comparación del VIH y el virus de inmunodeficiencia de los simios (VIS) como a la explicación de las diferencias entre bacterias. Por supuesto, es necesario saber de qué especies proceden las enfermedades que han acabado en el ser humano. Con frecuencia podemos adivinarlo, ya que las culpables son o bien nuestros parientes cercanos, los simios, o bien las especies que conviven con nosotros, como las ratas.

La evolución humana también ha sido un factor significativo en el movimiento de especies parasitarias y especies hospedantes. Una gran parte de los antiguos parásitos del ser humano pasó a propagarse a todos los continentes cuando el ser humano salió de África para conquistar el mundo. Asimismo, los humanos obtuvieron nuevas especies parasitarias en sus nuevos asentamientos. En la investigación parasitaria también se habla de parásitos tradicionales y parásitos de recuerdo.

Muchas enfermedades con una gran carga para la humanidad son viejas conocidas. Si consideramos su grado de mortalidad, la malaria es una de las enfermedades humanas más peligrosas que existen. Dos millones de personas mueren de malaria cada año, la mayoría de ellas niños. El efecto de las enfermedades en la salud pública suele medirse en unidades DALY. DALY son las siglas correspondientes al término anglosajón *disability adjusted life years* (años de vida ajustados por discapacidad), que mide el grado de pérdida de salud que produce una determinada enfermedad; para ello, se contabilizan tanto la mortalidad y la invalidez como el tiempo transcurrido de enfermedad. La malaria también es claramente peligrosa en unidades DALY: la Organización Mundial de la Salud (OMS) estimó que la carga de enfermedad de la malaria en el año 2012 fue de más de 54 millones de DALY. Entre las enfermedades infecciosas, únicamente la carga del VIH es mayor, casi el doble.

La malaria la causa un protista llamado *Plasmodium*. Los protistas son organismos nucleares unicelulares que anteriormente se denominaban, entre otras cosas, protozoos. Más concretamente, los *Plasmodium* pertenecen al grupo de los esporozoítos. Existen cinco *Plasmodium* diferentes que causan la malaria al ser humano: *Plasmodium vivax*, *P. ovale*, *P. falciparum*, *P. malariae* y *P. knowlesi*. El grado de distribución de las especies varía en todo el mundo. Por ejemplo, el *P. falciparum* (la especie de malaria más peligrosa) es habitual en África, mientras que los *Plasmodium* sudamericanos suelen ser *P. vivax* y *P. malariae*.

A grandes rasgos, los *Plasmodium* están especializados en determinadas especies. Por ejemplo, de los *Plasmodium* del ser humano, el *P. falciparum* contagia únicamente a seres humanos, mientras que el *P. vivax* también contagia a chimpancés y orangutanes, y el *P. ovale*, también a chimpancés. Los *Plasmodium* humanos no están estrechamente emparentados entre sí, sino que sus parientes más cercanos se encuentran entre otros primates. Es muy probable que la mayor parte de ellos no pasara al ser humano hasta hace varios miles de años, pero el más peligroso, el *P. falciparum*, se cree que llegó al ser humano hace unos treinta mil años. Volveremos a la malaria más adelante, ya que también es una enfermedad fundamental en relación con la historia de Finlandia.

Nuestros ectoparásitos también llevan mucho tiempo con nosotros. La chinche se convirtió en especie acompañante del ser humano en las cuevas, donde los humanos y los murciélagos compartían residencia. Las chinches de los murciélagos y las de los humanos se diferenciaron hace unos doscientos cincuenta mil años, por lo que, con toda probabilidad, también se separaron los hábitats de las dos especies. Las pruebas arqueológicas revelan que, en aquella época, los humanos cada vez habitaban más en refugios construidos por ellos mismos, donde los murciélagos no se encontraban a gusto. No se sabe cuánto tiempo habían estado las chinches chupando sangre humana antes de esto.

Los piojos humanos, por su parte, han estado con nosotros desde antes de la separación de las ramas de desarrollo de chimpancés y humanos. Cuando el ser humano perdió su pelaje, nuestra especie de piojos se limitó a la zona de la cabeza. Más tarde, obtuvimos otra especie de piojos de los gorilas que se desarrolló como ladilla humana o piojo del vello púbico. Sin embargo, las distintas poblaciones del piojo de la cabeza continuaron diferenciándose y de ellas surgió una subespecie descriptivamente denominada *piojo del cuerpo*. El piojo del cuerpo se separó de los piojos de la cabeza hace unos cien mil años; esta separación se ha utilizado como prueba indirecta del periodo en el que el hombre empezó a utilizar ropa.

Los cambios culturales tecnológicos han afectado a la propagación de parásitos y enfermedades. La vivienda y la ropa reflejan cómo hasta el mínimo cambio en el modo de vida de los humanos puede producir cambios en nuestras especies acompañantes. Para los piojos, la cantidad de vello humano o la posible ropa son un gran factor que moldea todo el hábitat, mientras que para los parásitos intestinales estos factores no tienen demasiada importancia.

Un cazador recolector se enfrenta especialmente a aquellos parásitos y enfermedades que se contagian de forma directa de unos individuos a otros. Muchos gusanos intestinales requieren una fase de desarrollo que implica la caída de los huevos al suelo junto con los excrementos. Si las comunidades humanas se mueven, tienen una posibilidad relativamente pequeña de obtener enfermedades de estos parásitos. Por el contrario, los oxiuros se han adaptado a pasar directamente de un individuo a otro. Los oxiuros crecen y se aparean en el intestino delgado hasta que, finalmente, la hembra portadora de huevos viaja a través del intestino grueso hasta el ano. Entonces, una noche, la hembra sale por el ano y deposita los huevos a su alrededor. Los huevos producen picor y un humano medio dormido arrastra los huevos bajo las uñas al rascarse. A través del contacto manual, los huevos se propagan al siguiente humano. La capacidad de propagarse sin contacto terrestre también es una eficaz ventaja para los oxiuros en el mundo actual. Las guarderías son un entorno especialmente propicio para su propagación.

La malaria, los piojos, las chinches y los oxiuros llevan siendo especies acompañantes del ser humano desde antes del inicio del tiempo histórico y, durante ese tiempo, hemos obtenido gran cantidad de nuevas especies. Por el contrario, el número de especies que hemos conseguido erradicar es notablemente menor.

La agricultura lo cambia todo

El primer cambio que revolucionó a todas las especies parasitarias (sin lugar a duda, también el mayor y más importante cambio en la cultura humana) sucedió hace unos diez mil años en varias zonas entonces independientes, como Centroamérica, las regiones de China y Oriente Próximo, con el inicio de la agricultura.

Antes de la agricultura, el hombre vivía en grupos relativamente pequeños, de un máximo de cien o doscientas personas, que se desplazaban con las estaciones del año en busca de comida. Este modo de vida limitaba la cantidad de parásitos, ya que en un grupo pequeño tienen menos posibilidades de propagarse. También era complicada la propagación a través del suelo, ya que era poco probable que dos humanos acabaran en el mismo punto.

Sin embargo, la agricultura vinculó al ser humano a una sola zona y posibilitó el desarrollo de comunidades más grandes. Los pueblos crecieron hasta convertirse en ciudades en las que se concentraban incluso miles de seres humanos. No puede menospreciarse el cambio producido por la agricultura: la composición de las comunidades humanas cambió, el entorno cercano se transformó radicalmente y los animales domésticos pasaron a hacernos compañía. Además de eso, la dieta humana cambió casi por completo.

El cambio también supuso trastornos internos, en un nivel bastante literal, para el ser humano. Las especies parasitarias del ser humano se transformaron íntegramente. El hecho de permanecer en un mismo lugar ofreció mejores posibilidades a todas aquellas especies de parásitos que también se encontraban a gusto en ese lugar. Por ejemplo, las especies que se propagan a través de los excrementos pudieron agilizar su ciclo de vida. El hombre también empezó a utilizar la carne como alimento de forma regular, por lo que aumentó la cantidad de cestodos. Según las investigaciones, el ser humano ya había tenido cestodos anteriormente, pero solo se presentaban en grupos con una dieta basada en el pescado.

Con la agricultura, las comunidades humanas se hicieron más grandes, por lo que a muchos parásitos les resultaba más fácil vivir y mantenerse con vida. Se sabe muy poco sobre las relaciones entre sociedades cazadoras recolectoras, pero se presume que los grupos solían evitarse entre ellos. Cuando las personas permanecían en el mismo lugar, los habitantes de las distintas zonas se encontraban cada vez con más frecuencia. Las relaciones entre comunidades humanas, ya fueran de guerra o comercio, también facilitaron la propagación de enfermedades infecciosas de unos pueblos a otros.

La malaria, la oncocercosis y la enfermedad del sueño también se beneficiaron de las comunidades más grandes. Las acequias y otras aguas estancadas creadas por el hombre también supusieron un beneficio para ellas. Anteriormente, el ser humano conseguía evitar las zonas de aguas estancadas, que eran un oasis para los agentes patógenos propagados por mosquitos y moscas, pero la agricultura requería directamente la presencia de aguas estancadas para que la creación de estructuras fuera posible. Un mosquito vuela una distancia bastante corta a lo largo de su vida (menos de un kilómetro, en el caso de muchas especies), por lo que el nacimiento de las comunidades de aldeas permanentes aumentó sus posibilidades de propagar enfermedades.

Las aguas estancadas también facilitaron la reproducción de muchos parásitos. El gusano de Guinea y los esquistosomas se beneficiaron del aumento de aguas estancadas. El uso de las aguas como lugar al que todo el pueblo acudía a lavarse y beber agua hizo que los parásitos encontraran más humanos y facilitó notablemente la propagación.

El gusano de Guinea es un buen ejemplo de parásito que se benefició de este cambio. En el sistema linfático humano, un gusano vivo en su fase larval pasa al ser humano con el agua que este bebe, se desplaza a través del intestino y del sistema vascular sanguíneo hasta las piernas, donde se queda a vivir, crece hasta alcanzar una longitud de un metro y, desde allí, deposita huevos que pasan al agua a través de la vejiga. El ciclo de vida del gusano es tan desagradable como suena; más adelante, volveremos a él con más detenimiento. Lo único que hay que advertir de forma primordial en esta fase es que el ciclo de vida del gusano de Guinea depende, en gran medida, de la actividad en las zonas que el ser humano usa para beber. Únicamente infecta a los humanos, por lo que tiene que llegar con un humano cuando este va a beber y continuar su viaje con otro humano. Una persona nómada se encontraba con un gusano de Guinea con relativa poca frecuencia y la mayoría de las larvas morían antes de que el siguiente grupo de humanos llegara a beber agua. Tras el nacimiento de las comunidades de aldeas, cada pueblo contaba con su propio lugar para beber y, en la práctica, el gusano de Guinea anidaba en el lugar para beber de cada pueblo. El gusano de Guinea vivía una vida señorial, pues el único factor limitante de su vida era la temperatura: el ciclo vital de este gusano requiere agua a una temperatura superior a diecinueve grados, lo que limitaba el área de propagación de la especie a la zona del Mediterráneo, África tropical y Asia. El gusano de Guinea también se conoce con el nombre de gusano de Medina. Ambos nombres proceden de su lugar de residencia: este gusano fue, durante mucho tiempo, bastante común en África y Oriente Medio.

El inicio de la agricultura cambió significativamente la dieta del ser humano. Los cereales y los animales domésticos se generalizaron, y la leche y los huevos se convirtieron en una fuente general de alimento. Sin embargo, los cambios en la dieta y su conexión con las especies parasitarias no se conocen muy bien. Probablemente, el consumo de carne tuvo como consecuencia que muchos gusanos intestinales que tenían como huésped intermediario al ganado cárnico fueran capaces de reproducirse de forma más eficaz.

La alimentación afecta a los parásitos de dos maneras. Cuanto mejor es el estado nutricional del humano, mejor sistema inmunitario suele tener. Por otra parte, cuanto mejor sea la condición del ser humano, más capacitado estará para mantener a los parásitos. Hablando sin rodeos, el gusano ancho de los peces tiene unas mejores condiciones en el intestino de una persona bien alimentada que en el de una persona hambrienta.

La comida influyó, principalmente, de forma indirecta, ya que las enfermedades infectaban a las personas cuando la comida todavía estaba viva. Mientras que el cazador recolector no tenía más ayuda que un perro, en la comunidad agrícola intervenían muchísimas más especies, como el ganado, las gallinas, los gatos, los cerdos, los caballos, los patos, los elefantes, etcétera. La diversificación del ecosistema también tuvo su importancia en el cambio de la población de parásitos humanos. De pronto, estábamos en contacto estrecho con muchas especies diferentes, literalmente, pues en numerosas culturas las personas compartían el espacio con los animales domésticos. Esta cercanía ha continuado hasta la actualidad y, como prueba de ello, tenemos muchas enfermedades que nos han transmitido los animales domésticos: el sarampión, las gripes, la tos ferina, la salmonela y la tuberculosis, por nombrar solo algunas.

Sin embargo, la comida también tuvo un efecto bastante directo. La caries dental es un resultado relativamente reciente de las enfermedades humanas. Puede ser difícil de creer, pero nuestros antepasados no tenían los dientes muy picados. Como aún no existía la caries y la dieta de entonces no era tan rica en fécula como la actual, los dientes no se veían afectados por el ácido, sino, principalmente, por las piedras y la arena. Mientras que nuestros dientes pueden pudrirse por dentro, el mayor problema de los dientes de nuestros antepasados era el desgaste. La caries causa una amenaza lineal. Las bacterias que producen la caries se benefician de los hidratos de carbono de nuestros alimentos, como el almidón y los azúcares, y los convierten en ácido láctico. Por su parte, el ácido disuelve el esmalte de los dientes y, si se produce un agujero en el esmalte, el hueso dental que se encuentra debajo puede quedar destrozado con relativa facilidad. Lo más desagradable de la bacteria de la caries es que crece en la superficie de los dientes y forma una membrana, la biopelícula, que ofrece buenas condiciones para el crecimiento de las bacterias.

La *Streptococcus mutans* es la bacteria más importante que produce la caries. Se ha adaptado perfectamente a la boca humana gracias a tres propiedades que la hacen adecuada para el entorno bucal: como metabolito, produce ácidos orgánicos, se desenvuelve en un entorno ácido y es capaz de formar biopelículas. Todas estas propiedades también fomentan el desarrollo de la caries.

Las bacterias forman membranas tanto en la superficie de los dientes como del intestino. Dentro de la biopelícula, la bacteria resiste los cambios del entorno de forma notablemente más eficaz así como, por ejemplo, los antibióticos. Según las investigaciones, para matar una bacteria que se encuentra protegida en el interior de la biopelícula, en algunos casos es necesaria una cantidad de antibióticos hasta cien veces mayor que para matar a una bacteria que vive libremente. La biopelícula se forma a partir de una sustancia extracelular que segregan las bacterias a su alrededor y que contiene tanto proteínas como azúcares. Las bacterias se reproducen en su interior y hacen crecer el tamaño de la película. Las propiedades de las bacterias también pueden modificar la biopelícula desde dentro con más facilidad, en comparación con las bacterias que viven libremente. No solo cambia su tolerancia a los medicamentos, sino que su metabolismo también puede transformarse.

En las últimas décadas, se ha investigado bastante la formación de la biopelícula, ya que es una característica que no poseen todas las bacterias. La formación de la película también es interesante desde el punto de vista de la sociabilidad: la mayor parte de los individuos bacterianos que forman una película se sacrifican por otras bacterias. Esas bacterias que al principio formaban la biopelícula con frecuencia son clones surgidos del mismo individuo o parientes cercanos. En cualquier caso, las bacterias que no necesariamente están emparentadas entre sí son capaces de comunicarse dentro de la biopelícula y coordinar su actividad. El intercambio de genes entre especies bacterianas también está notablemente más generalizado dentro de la biopelícula que entre bacterias que viven libremente.

Con ayuda de la biopelícula que forman las bacterias de la caries y el eficaz efecto destructor sobre los dientes, es relativamente sencillo determinar cuándo empezó la caries a ser un engorro para la humanidad. De los tiempos prehistóricos sabemos, principalmente, lo que nos revelan los esqueletos. Los dientes están hechos del material más resistente del esqueleto, por lo que la cantidad de información que tenemos sobre ellos de tiempos pasados es sorprendente. Se conocen dientes individuales perforados de hace millones de años; sin embargo, en función de la perforación de los fósiles dentales podemos estimar que la caries empezó a incordiar de verdad al ser humano hace diez mil años, con el comienzo de la agricultura. Algunos investigadores también sospechan que, especialmente, el aumento de los productos de cereal en la dieta creó las condiciones convenientes para la formación de agujeros. Otra teoría culpa a la aparición de la rata como acompañante del ser humano. La principal culpable de la caries, la *S. mutans*, es pariente cercana de la bacteria *Streptococcus ratti* que, como su propio nombre indica, es la bacteria dental de las ratas. Algunos investigadores también sospechan que la cercanía de la rata con el ser humano en los inicios de la agricultura ha podido causar que la bacteria pasara de las ratas a los humanos.

La rata trae la enfermedad

«Recuerda decirle al médico que te receta las vacunas, que hubo una plaga de peste durante algunos años cerca del centro de investigación», mencionó de pasada el organizador del curso. Iba a viajar por primera vez a Madagascar para participar en un curso de campo organizado por la Universidad de Helsinki.

Se trataba de mi primer viaje al trópico; antes solo había cambiado la seguridad de Europa por una cantidad de enfermedades infecciosas igualmente pequeña de Nueva York y Boston. Por consiguiente, hubo que introducir en mi organismo la siguiente multitud de vacunas: dosis de refuerzo de las vacunas contra la difteria, el tétanos y la polio, vacunas contra el tifus y la rabia, y también metí en la maleta medicamentos de prevención contra la malaria.

—¿La peste? Interesante —replicó el médico y continuó—: Pero muéstrame en este mapa dónde está Madagascar exactamente.

Mi confianza en el cuerpo médico nunca ha sido demasiado fuerte y ese momento no ayudó en nada a mejorarla. Sin embargo, más tarde comprendí que el médico tenía razón: la peste es una enfermedad interesante.

La peste es la enfermedad infecciosa provocada por la bacteria *Yersinia pestis* y ha puesto a prueba a la humanidad durante prácticamente toda su historia. Al menos en muchas tumbas rusas y siberianas de la Edad del Bronce se han encontrado huellas de la bacteria de la peste. No obstante, respecto a las epidemias iniciales es difícil saber cuáles han sido de peste y cuáles, por ejemplo, de la enfermedad causada por la viruela o la fiebre de los conejos. La primera pandemia de peste confirmada fue la plaga de Justiniano, que comenzó en el año 541 y mató a un cuarto de la población mundial en un periodo de doscientos años.

Se denomina *pandemia* al tipo de epidemia que se ha extendido por una zona extensa, al menos por diferentes continentes. Las pandemias y las epidemias más pequeñas se repiten a intervalos irregulares. En el siglo XIV, la peste provocó una de las pandemias más conocidas y mortales, la peste negra o muerte negra. Uno de cada tres europeos murió debido a su rápida propagación por el continente.

Existen tres tipos de peste: la peste bubónica, la peste pulmonar o neumónica y la peste septicémica. Son enfermedades especialmente desagradables causadas por la misma bacteria que se diferencian, principalmente, por su lugar de aparición y su modo de propagación. La peste bubónica se contagia por la mordedura de una pulga portadora de la bacteria y acaba en el sistema linfático, donde produce una infección. Los signos externos de la enfermedad, los furúnculos, se deben a la hinchazón de los ganglios linfáticos. La mortalidad de la peste bubónica sin tratar es de entre un 30 % y un 90 %, pero puede tratarse con antibióticos si se identifica a tiempo.

La bacteria de la peste también puede pasar al torrente sanguíneo y a los pulmones, donde causa la peste septicémica o la peste pulmonar. Sin tratamiento, la peste septicémica es casi siempre mortal: en la mayoría de los casos, ya el mismo día en que empiezan a aparecer los síntomas y, a veces, antes incluso de la aparición de síntomas visibles. El motivo de la muerte suele ser la coagulación de la sangre en el sistema vascular sanguíneo. Por suerte, el desarrollo de la peste bubónica a peste septicémica o el contagio de la enfermedad de la peste septicémica directamente de otra víctima de la peste son poco frecuentes. La peste pulmonar también mata rápidamente; lo que hace que sea una enfermedad aún más temible es que se propaga de una persona a otra por medio de la tos. Este tipo de contagio hace que las pulgas no sean necesarias para la propagación de la enfermedad, por lo que la peste pulmonar se propaga con más rapidez que antes. La pulga ni siquiera es un propagador muy eficaz, ya que la peste tiende a matarla de forma relativamente rápida.

La peste negra es la pandemia de peste pulmonar más ampliamente conocida. Fue una asesina despiadada que mató a personas de todas las clases sociales. En el siglo XIV, acabó con la mitad de la población china y con una tercera parte de la población europea. La bacteria de la peste también fue la primera arma conocida de la guerra bacteriológica: durante la época de la peste negra, el ejército mongol asedió la ciudad de Cafa, una colonia genovesa situada en la península de Crimea. Cuando el ejército mongol empezó a morir de peste, disparaban con catapulta los cadáveres de los soldados por encima de los muros de la ciudad. No se sabe si esto fue lo que provocó la llegada de la peste negra a Europa, pero la enfermedad parece que avanzó con la flota genovesa por todo el sur del continente. Sin embargo, la peste nunca se quedó de forma permanente en Europa porque también mató a las ratas y a las pulgas portadoras de la enfermedad, y aquí no hay especies hospedantes de roedores que sean adecuadas para soportar la enfermedad. No obstante, la enfermedad siempre llegó en oleadas a las llanuras de Asia central.

La peste puede sonar como algo antiguo, pero no es una enfermedad del pasado. En la Costa Oeste de Estados Unidos, entre cinco y quince personas se contagian de peste cada año. Los contagios suelen producirse, por ejemplo, cerca de refugios de los parques nacionales, donde la gente puede encontrarse con roedores portadores de la peste. En esas zonas también se vigila regularmente la aparición de la enfermedad. Con frecuencia, el contagio de peste requiere algún tipo de contacto con los animales. Por ejemplo, en verano de 2012, un hombre recibió una mordedura mientras trataba de salvar a un ratón de ser estrangulado por un gato callejero (se desconoce cuál de los dos animales fue el culpable); varios días más tarde, empezó a presentar síntomas de peste septicémica. Un veterinario del estado de Oregón concluyó secamente que quitarle un ratón a un gato de la boca no había sido una idea muy sensata.

La peste aparece de forma endémica en todos los continentes (a excepción de Australia y Europa), es decir, en zonas en las que hay especies de roedores adecuadas como hospedantes. En la actualidad, su lugar más común de aparición es Madagascar; algunos años, como sucedió en 2017, se propaga hasta convertirse en epidemia. Además de Madagascar y Estados Unidos, la peste también es una enfermedad anual en Brasil y Vietnam, mientras que en África del Sur y Asia central las epidemias son más infrecuentes, pero significativas.

En Madagascar, las epidemias de peste surgen, especialmente, entre agosto y diciembre. Las cárceles son lugares particularmente peligrosos en relación con la enfermedad, y es donde se producen la mayor parte de las muertes por peste. La cárcel de Madagascar es un magnífico entorno de propagación: personas en malas condiciones físicas alojadas densamente entre ratas y pulgas. Por suerte para mí, no he sufrido la cárcel malgache, cuyos aspectos negativos seguramente no se limiten a la peste. Sin embargo, he trabado amistad con organismos fundamentales para la propagación de ambas pestes. En Madagascar, como en muchas otras zonas, el trasfondo de la propagación de la peste es la asociación entre la rata negra y las pulgas. La temporada de peste se sitúa en la época en la que se ha recogido la cosecha de arroz y la situación nutricional de las ratas sufre un colapso. Entonces, las ratas y sus pulgas se trasladan más cerca de las personas y la probabilidad de la propagación de la peste está en su punto más álgido.

La peste es especialmente común en la zona de las tierras altas de Madagascar. Las ratas negras locales son parcialmente inmunes a la peste, al contrario que las ratas de las tierras bajas, que mueren rápidamente tras contraer la infección. En las tierras bajas, la peste no se llega a contagiar de una rata a otra porque la rata muere más rápidamente de lo que pueden propagarse las pulgas o la peste. Sin embargo, las ratas que se han contagiado en las tierras altas propagan la enfermedad de una rata a otra y de una pulga a otra. ¿Por qué la evolución ha bendecido así a las ratas de las tierras altas? Desgraciadamente, no hay información al respecto. Las teorías más plausibles en este momento explican la situación mediante las diferencias entre las especies endémicas de roedores: en las tierras altas aparecen roedores autóctonos que también tienen inmunidad contra la peste y esto hace que la rata negra tenga una mayor presión selectiva para desarrollar su tolerancia a la peste. Si las ratas de las tierras altas no fueran inmunes a la peste, se extinguirían.

En el año 2017, la peste se propagó por Madagascar de un modo especialmente temible. Un hombre que había enfermado de peste bubónica viajó desde las tierras altas hacia la costa oriental de Madagascar pasando por la capital, Antananarivo; durante el viaje, cambió de autobús varias veces. El hombre murió antes de llegar a su destino. Al parecer, la peste bubónica que había contraído se transformó en peste pulmonar que, a su vez, causó una propagación más eficaz de las bacterias de la peste. La peste se difundió como infección por gotitas durante el trayecto del hombre de modo que, finalmente, más de dos mil trescientas personas acabaron infectadas. Tres de cada cuatro contagios fueron de peste pulmonar. Con toda probabilidad, la rápida y eficaz intervención de la OMS salvó a Madagascar de la catástrofe: el cómputo final fue de doscientos nueve muertos, aproximadamente un 9 % de los enfermos.

En mis trampas para lémur ratón también caen con frecuencia ratas negras, por lo que decidimos empezar a recoger sus parásitos como material de referencia. Al contrario que los lémures ratón, las ratas negras son muy populares entre los ectoparásitos: prácticamente todas las ratas tienen una magnífica reserva de pulgas. Nunca he estado cerca de una rata en Madagascar, pero oía cada año las noticias sobre las epidemias de peste. Sin embargo, jugar con pulgas me sirvió para mantenerme alerta. Por suerte para los occidentales, la peste es fácil de tratar con antibióticos, siempre que los tengamos a nuestra disposición. Y yo los tenía: el medicamento de prevención contra la malaria, la doxiciclina, también funciona como medicamento para la peste.

El primer roedor que se convirtió de forma generalizada en un engorro para el ser humano fue el ratón doméstico, que se extendió desde el norte de la India hasta el entorno del Mediterráneo hace diez mil años. El ratón doméstico *(Mus domesticus)* debe su nombre, en casi cualquier idioma, a la relación física cercana que tiene con el ser humano: *house mouse*, *husmus*, *koduhiir*, *kotihiiri*, *souris domestique* o домóвая мышь.

Como consecuencia de la agricultura, el hombre empezó a recoger cosechas. La comida se obtenía de los campos en una determinada época del año y era necesario conservarla para aquellas épocas en las que no podía obtenerse directamente de los campos. Los alimentos se recogían y se conservaban, por ejemplo, en silos y otros almacenes. Se trataba de auténticos tesoros para los roedores, pues tenían comida casi ilimitada. Los ratones se reproducían de forma rápida y eficaz, y eran capaces de aprovechar también la temporalidad de las reservas, ya que siempre había comida disponible, bien en el campo, bien en los silos. Los ratones eran perseguidos por los gatos, quienes, a su vez, se convirtieron en agradables controladores de plagas. La especie de gato doméstico actual es originaria precisamente de la zona de Oriente Próximo, donde fue uno de los animales sagrados de muchas religiones. Así, el ser humano obtuvo como acompañantes a una especie fastidiosa y a su combatiente, ambos buenos propagadores de parásitos.

La familia de las ratas es amplia y goza de un éxito sin parangón. Cuenta con sesenta y cuatro especies en todo el mundo, en casi todos los hábitats. Las especies de rata más prósperas son la parda y la negra. Esta última se extendió por Europa desde el Sudeste Asiático antes de la Antigüedad y, con ayuda de las expediciones de los europeos, se propagó por todo el mundo. La rata fue una molestia causada por los cambios en las comunidades humanas: supo beneficiarse mejor del crecimiento de las ciudades y de las grandes comunidades. La rata es más grande que el ratón, más inteligente y socialmente más compleja. Mientras que el ratón doméstico vive en pequeñas comunidades familiares, las ratas son capaces de formar amplias comunidades dirigidas por la experiencia animal de las ratas ancianas. Como gran roedor, la rata también es capaz de causar destrucción en las estructuras de forma muy diferente y de trasladarse distancias más largas; además, es una excelente escaladora.

Sin embargo, la hegemonía de la rata negra fue relativamente corta. A partir del siglo XVI, la rata parda destronó a la negra en Europa y, durante las últimas décadas, se ha extendido también por el resto del mundo. No obstante, parece que la rata negra es mejor escaladora, especialmente en el trópico, mientras que la parda no ha sido capaz de destituir a su familiar de menor tamaño en muchos lugares. En Madagascar, por ejemplo, la rata parda solo aparece cerca de los puertos más grandes, mientras que el interior es la zona de dominio de la rata negra. En relación con los parásitos y las enfermedades, en la práctica no hay diferencias entre estas dos especies de rata. Ambas son eficaces destructoras y propagan prácticamente las mismas especies parasitarias. Las dos son, en origen, especies tropicales y maestras de la adaptación; el ser humano es el único mamífero tan eficaz y tan ampliamente extendido.

Hay varias cosas que unen a los roedores que conviven con nosotros: siguen a las personas a todas partes, viven en las mismas estancias con nosotros y propagan enfermedades de forma eficaz. El modo de vida social de los roedores posibilita la rápida propagación de las enfermedades de un individuo a otro. Los cambios en la disponibilidad de alimento en función de la época del año causan migraciones de roedores que facilitan aún más la propagación de enfermedades. Las migraciones pueden ser a pequeña escala, cuando se reduce la comida en el alcantarillado de la ciudad y las ratas salen en busca de aventuras hacia la superficie, o a mayor escala, cuando las antiguas regiones se les quedan pequeñas y salen para extenderse por el país hacia nuevas zonas residenciales. En particular, la rata negra es una excepcional propagadora de enfermedades, ya que suele tener en la sangre una cantidad de agentes patógenos notablemente mayor a las demás especies. Aunque se desconoce el motivo, sí se ha comprobado que esto supone un beneficio para la rata negra: cuando se extiende por nuevas zonas residenciales, contagia fácilmente sus enfermedades también a los roedores endémicos y, de este modo, puede facilitar la conquista de la nueva zona mediante una guerra bacteriológica.

El ser humano también tiene parte de culpa por la avalancha de nuevos parásitos. La modificación de nuestro hábitat ha revolucionado nuestras especies parasitarias en muchas ocasiones: el inicio de la agricultura solo fue el primero de estos trastornos. Como consecuencia de la revolución, el ser humano siempre ha adquirido más especies parasitarias, ¡y esas especies se han ido acumulando! En este caso, el ser humano es una especie especial, «la corona de la creación», si me permitís la expresión, ya que, como especie, el ser humano bien puede tener el conjunto de especies parasitarias más diverso de todos. Es posible que también haya que considerar el récord con cada especie de parásitos: virus, bacterias, protistas, gusanos intestinales o ectoparásitos. La siguiente pregunta lógica es: ¿por qué nosotros?

CAPÍTULO 3

¿Por qué el ser humano tiene tantas enfermedades infecciosas?

El ser humano tiene una cantidad extraordinaria de parásitos o enfermedades infecciosas. Un finlandés medio se encuentra durante su vida con decenas de ellas distintas: gripes, diferentes resfriados, intoxicaciones alimentarias, norovirus, pies de atleta, herpes labiales... Nuestro cuerpo también recibe la visita de más agentes patógenos que, gracias a nuestro eficaz sistema inmunitario, nunca llegan a causar enfermedades. Además, probablemente seamos portadores de multitud de enfermedades infecciosas que no detectamos a menos que las busquemos de forma específica. Algunas de ellas son el virus del papiloma, el herpes, la toxoplasmosis y muchas otras afecciones que rara vez producen molestias.

Es complicado obtener una imagen general de la cantidad total de enfermedades humanas. En la Clasificación Internacional de Enfermedades (CIE) más reciente se nombran doscientos sesenta agentes patógenos mediante diferentes códigos. Muchas de esas clasificaciones comprenden a varios representantes: el virus del papiloma humano (VPH) tiene un solo código, aunque en el año 2017 se conocen más de doscientos virus del papiloma diferentes. El resfriado, que también tiene un solo código, puede estar causado por más de doscientas cepas de virus distintas. Por otra parte, la gripe está causada por tres formas básicas diferentes

(A, B y C), cada una de las cuales tiene decenas de subformas. Por tanto, la cantidad de especies molestas para el ser humano es sorprendentemente grande: es probable que hablemos de decenas o de cientos de miles de especies parasitarias diferentes. Aunque solo una pequeña parte de estas enfermedades se presenta únicamente en el ser humano, la magnitud de la cifra describe bien la gran cantidad de organismos sobre la faz de la tierra que son realmente parásitos.

Las enfermedades infecciosas de otras especies son mucho menos conocidas. Esto se debe, sencillamente, a que las demás especies se han investigado menos. El cuerpo de investigadores y médicos que estudia y explica las enfermedades humanas es muchas veces mayor que el que investiga, por ejemplo, las enfermedades de los animales domésticos y de compañía, por no hablar de las enfermedades de los animales salvajes. Pero, por ejemplo, las especies de ratas se conocen bastante bien, también a través de investigaciones de laboratorio. No obstante, quedan muy por detrás de nosotros en cuanto al número de enfermedades conocidas y, probablemente, también el de todas las enfermedades. Por tanto, podemos, casi con seguridad, coronar al ser humano como la especie que tiene más parásitos. ¿Qué es lo que hace al ser humano tan extraordinario?

Larga edad, gran tamaño

Mi temporada de campo en Madagascar comprende, por lo general, de agosto o septiembre a noviembre o diciembre. Los hechos de la vida de los lémures ratón determinan firmemente el periodo de la temporada de campo: es la época del apareamiento de los lémures y en ninguna otra época lograría con tanta eficacia que cayeran en mis trampas. Los lémures ratón hibernan durante la temporada seca, que dura de mayo a septiembre y, después de Navidad, empieza la temporada de lluvias. Para los biólogos de campo como yo, no tan adaptados al terreno, durante la temporada de lluvias las selvas de montaña son un lugar realmente peligroso, con sus flujos de lodo y sus inundaciones.

Tras el cálido día anterior, en mi segundo día en Ranomafana me recibe una fría sorpresa: la temperatura se ha vuelto más fresca y cae una débil llovizna durante todo el día. Es ese tipo de lluvia que no moja realmente, pero lo vuelve todo pegajoso y húmedo. Sin embargo, por la tarde voy al bosque a colocar las trampas para lémur ratón, aunque estoy seguro de que esa noche no lograré ninguna captura.

Cuando vuelvo por la noche a comprobar las trampas, el tiempo se ha vuelto aún más desagradable. La temperatura ronda los diez grados y el aire está impregnado de esa llovizna que lo atraviesa todo por la fuerza. Esto no se corresponde con la imagen que muchos tienen de la selva tropical. La selva de Ranomafana se encuentra, aproximadamente, a un kilómetro de altitud, lo que significa que aquí puede llegar a hacer mucho frío durante esta temporada. De vez en cuando, de las hojas de los árboles me caen gotas de lluvia más grandes que se me cuelan por el cuello del abrigo, como para enfatizar las desagradables condiciones del lugar. Esta noche, además de algunas personas, las sanguijuelas son los únicos habitantes de la selva que están en movimiento; por cada rama de árbol se desliza un pequeño gusano ávido de sangre.

Lo único que me protege de las sanguijuelas es hacer mi trabajo rápidamente. Compruebo, una tras otra, que las trampas están vacías. No me sorprende: con un tiempo tan frío, los pocos lémures ratón que ya han despertado tras su larga hibernación durante la estación seca se quedan hibernando un poco más hasta que el tiempo se vuelva de nuevo más cálido. Sin embargo, en una de las trampas hay un lémur ratón agazapado, muy silencioso y quieto. Mi ayudante y yo lo medimos y tomamos muestras de la única captura de esta noche. Cuando cogemos al lémur ratón de la trampa con la mano, se muestra especialmente tranquilo. El microchip revela que se trata de Lalao, que suele ser mucho más activo. Lalao no es agresivo como muchos lémures ratón, pero tiene una curiosidad insaciable por oler, agarrar y morder.

Mi técnico de investigación ha cogido a Lalao y yo soy testigo de algo que no había visto antes ni he vuelto a ver después: un lento despertar de la hibernación. Al principio, Lalao se mueve con mucha lentitud, pero a medida que lo tratamos va cobrando más vigor de forma continua. Una vez que hemos realizado todas las mediciones, Lalao vuelve a ser el mismo de siempre: tranquilo, pero alerta.

La hibernación es una de las facetas más extrañas y fascinantes de los lémures ratón. A diferencia de muchos mamíferos, son animales de sangre fría. Los lémures ratón pueden hibernar durante largos periodos (hasta varios meses durante la estación seca y fría), pero también pueden hibernar durante periodos notablemente más cortos, como una hora o un día. Lalao había decidido salir esta noche en busca de plátanos, pero cuando cayó en la trampa se puso en modo de ahorro energético y detuvo su producción de calor interna.

A veces siento celos de los lémures ratón. Pueden decidir quedarse durmiendo si hace mal tiempo fuera y no merece la pena salir. Esa noche, empiezo a pensar también de un modo más específico en la relación entre la hibernación y el parasitismo. ¿Puede la enorme fluctuación de la temperatura corporal significar que a los parásitos les resulta más difícil adaptarse a la vida en los lémures ratón? ¿Puede la ectotermia reducir la carga parasitaria de esta especie?

Como sucede con muchas de las preguntas de este libro, no se conoce una respuesta certera. Mi investigación parece apuntar a que, precisamente, el intestino de un lémur ratón que despierta tras una larga hibernación todavía no tiene parásitos y que cada año se acumulan nuevos parásitos tras la hibernación. Sin embargo, no he logrado (al menos de momento) resultados que demuestren mi sospecha.

Para determinar la cantidad de parásitos, lo más sensato es comenzar por lo más obvio: la composición del cuerpo de la especie hospedante. El factor más importante es que los seres humanos son de gran tamaño: pertenecemos al grupo de los gigantes del mundo animal. Puede que este sea el factor determinante para nuestro conjunto de especies parasitarias: tenemos espacio para más parásitos que las especies más pequeñas. Según las investigaciones, la cantidad de gusanos intestinales es directamente proporcional a la longitud del intestino. Mientras que en el intestino de un pequeño mamífero solo caben unos pocos gusanos, el intestino humano, con seis metros de longitud, alberga espacio para un gusano con todas sus crías. Además de que un intestino más largo significa concretamente más espacio, las partes del intestino también son claramente diferentes. Cuando el bolo alimenticio avanza lentamente por el intestino, su consistencia y su contenido varían. La comida avanza de forma realmente lenta: el trayecto por el aparato digestivo, desde la masticación hasta el ano, dura una media de veinticuatro horas, lo que significa una velocidad de medio centímetro por minuto. En distintos puntos del intestino, nuestro organismo absorbe diferentes nutrientes del bolo alimenticio, por lo que este contiene, en cada punto, sustancias diferentes que sirven de alimento a los parásitos. La acidez del intestino se reduce cuanto más se aleja del estómago y, al mismo tiempo, se reduce la nutricionalidad del bolo alimenticio. Durante la última fase, en el intestino grueso, todavía se absorben más líquidos, por lo que la masa de excrementos resultantes es bastante seca. El bolo alimenticio no es el único elemento cambiante en el tracto digestivo: la estructura de las paredes intestinales también varía en diferentes puntos. El estómago es completamente diferente al intestino delgado, y el intestino delgado y el intestino grueso tienen relativamente poco en común.

Las diferencias en el ambiente intestinal posibilitan la especialización de los parásitos intestinales. Mientras que algunos se adaptan al entorno ácido del estómago, para otros es más adecuado el duodeno, y, para otros, el área del intestino ciego. Los diferentes hábitats facilitan la presencia de más especies diferentes. Además, cada inquilino del intestino puede adaptarse de la mejor forma posible a una pared determinada del intestino y a las exigencias de un entorno nutricional específico. En las investigaciones realizadas con ratas se ha detectado que, cuando en el intestino hay únicamente una especie de nematodo, esta suele propagarse a una zona más amplia del intestino. Si tres especies diferentes de nematodos han llegado al intestino, la presencia de cada una de ellas se limita a la zona en la que el parásito se haya adaptado mejor. Pocas cosas dan tanta satisfacción a un investigador como que un hecho se corresponda perfectamente con una teoría previamente formulada.

Una mayor diversidad del entorno hace que exista más espacio para la especiación. El hecho de que el intestino humano sea más diverso que el del ratón doméstico significa que los humanos tienen más gusanos intestinales especializados en distintos puntos del intestino.

El cuerpo de la especie hospedante también cuenta con un segundo factor importante para los parásitos: el calor corporal. Como mamífero, el hombre es un animal de sangre caliente y, por tanto, conforma un entorno de crecimiento especialmente bueno y previsible. Tanto nuestro gusano intestinal como los microbios que circulan en la sangre pueden confiar en que la temperatura de nuestro cuerpo se mantendrá a unos treinta y siete agradables grados durante todo el año. Las diferencias más grandes son de tan solo un par de grados y este tipo de variación de temperatura causa más dolor al humano que a los parásitos. El ser humano también come de forma continua, por lo que por el intestino circula constantemente bolo alimenticio.

El ser humano es una especie longeva, así que a lo largo de nuestra vida tenemos tiempo de sufrir todo tipo de especies parasitarias. Algunas de nuestras enfermedades son de corta duración (un resfriado puede durar solo unos días), mientras que otras son más largas. Los cestodos, como el gusano ancho de los peces, pueden vivir tranquilamente en el intestino durante varios años. Algunos parásitos nunca nos abandonan: por ejemplo, el VIH permanece en el torrente sanguíneo humano hasta el final. Aunque la infección por VIH se queda de forma perpetua, nuevos virus nacen y viejos virus mueren continuamente en el organismo de una persona que ha sido infectada. La reproducción del VIH dura aproximadamente veinticuatro horas, por lo que, durante una infección, pueden nacer y morir miles de generaciones de virus.

Estas características básicas del cuerpo humano (la endotermia, el gran tamaño y la longevidad) son muy apropiadas para mantener a una amplia comunidad parasitaria. La singularidad del ser humano no se limita a esto, pero las demás particularidades están más relacionadas con la cultura que con la biología.

Bullicio en la ciudad

Mientras camino por el bosque, distingo con desconcertante sencillez a las hormigas que transitan por las hojas secas o las ramas de los arbustos. Esta habilidad la he adquirido gracias a mi antigua afición a las hormigas. Los ecólogos del comportamiento denominan esta habilidad con el término *imagen de búsqueda*, que es la capacidad de un depredador de aprender a encontrar y evaluar a su presa.

A veces, la habilidad de percibir hormigas puede resultar fatigosa en la selva. Hay tantas hormigas que es complicado ver el bosque. Estamos llevando las trampas de lémur ratón a su sitio cuando me fijo en una hormiga que está sobre una hoja de bambú y lleva en la boca una hormiga muerta; me detengo a examinar la situación. Mi ayudante de campo local se detiene para observar lo que hago y se pregunta qué estoy mirando en los matorrales.

—Aquí hay una hormiga. Siga adelante —grito y gesticulo para explicar que puede que me lleve mucho tiempo. Mi ayudante se encoge de hombros de esa forma en que suelen hacerlo los malgaches, que significa «aquí tenemos otra rareza de los occidentales; es inútil tratar de comprenderlos», y continúa su camino.

Las hormigas que portan otras hormigas son un tema especialmente cercano para mí. Mi primera investigación real (cuando estaba en el instituto, participé en la competición científica Viksu de Suomen Akatemia, la academia finlandesa de investigación científica) trató precisamente de hormigas que portaban a otras hormigas. Mi tema de investigación era la necroforesis, es decir, el transporte de cadáveres. Había recogido una colonia de *Formica* y otro de *Myrmica*, y quería aclarar dónde y cómo llevaban las hormigas trabajadoras a sus compañeras de nido muertas.

Sigo a la obrera durante unos diez minutos: corre en una dirección, regresa y vuelve a marcharse en otra dirección. Baja del bambú al suelo, corretea por las hojas en una dirección y vuelve a subir a la rama del arbusto. Finalmente, se detiene, agita por un momento las antenas y abre la mandíbula. El cadáver cae planeando hacia el suelo hasta que aterriza sobre una hoja de bambú. En la misma hoja hay otros tres cadáveres y debajo se perciben un montón de decenas, cientos de hormigas muertas. En algunos cadáveres crecen pequeños esporóforos de hongo. He encontrado un cementerio de hormigas.

Desde el punto de vista de los parásitos, las ciudades humanas y los hormigueros son sorprendentemente similares. En una misma zona hay grandes cantidades de individuos que se encuentran continuamente unos con otros. La comida se reparte con los demás miembros del grupo y se observa una especie de reparto del trabajo: unos cazan, otros defienden, otros cuidan a la descendencia. Además, los individuos que viven en la misma ciudad o colonia, por lo general, son parientes cercanos entre sí.

Las hormigas se han enfrentado a la mayor parte de los problemas que acarrea la urbanización millones de años antes de que los humanos se toparan con esos mismos problemas. Las hormigas tienen muchas soluciones a las que también han llegado los humanos: transportar los cadáveres fuera del hormiguero a determinadas zonas, producir sustancias antimicrobianas para controlar los agentes patógenos, repartir las tareas para poder mantener aislados a los individuos que se contagian más fácilmente de aquellos con un sistema inmunitario más débil.

La hormiga sale corriendo rama abajo por el arbusto, seguramente para emprender el largo y serpenteante viaje de vuelta hacia su colonia.

Uno de los motivos por los que el ser humano tiene una gran cantidad de enfermedades es que hay una gran cantidad de seres humanos. Una gran cantidad de individuos hacen que la humanidad sea capaz de mantener una gran cantidad de enfermedades distintas. El ser humano habita por todo el planeta, por lo que las especies parasitarias de la especie varían de un entorno a otro. En Finlandia, las especies tropicales que suelen requerir altas temperaturas para sobrevivir afectan, principalmente, a los turistas que regresan de sus vacaciones en Tailandia. Por otra parte, nosotros tenemos muchos parásitos propios que están adaptados al ciclo de la naturaleza finlandesa. Estos son, por ejemplo, el virus Puumala, que produce nefropatía epidémica, o muchos *Flavivirus*, como el virus de la encefalitis transmitida por garrapatas.

La inmensa población de seres humanos se debe al descubrimiento de la agricultura. Con ella, se intensificó la producción de alimentos o, al menos, se equilibró la disponibilidad de comida y se disparó la natalidad. Tener hijos dejó de ser literalmente una carga, ya que no era necesario llevarlos de un campamento a otro; por el contrario, se convirtieron en una eficaz mano de obra auxiliar para los campos. La población humana empezó a crecer de forma constante. Sin embargo, la agricultura supuso un cambio significativamente menos importante que la otra revolución que trajo consigo: la urbanización. Como se podía producir y almacenar comida de forma eficaz, algunos seres humanos dejaron las tareas de abastecimiento de alimentos y se especializaron en otras tareas. De este modo, nacieron las profesiones artesanas, la clase dirigente, los soldados, el clero y los naturalistas. El lugar natural de todos esos grupos de personas era, por supuesto, la ciudad, centro de actividad y negocio. La ciudad estaba estrechamente en contacto con el campo que la rodeaba; un flujo continuo de comida a la ciudad y de productos artesanales al campo significaba que las personas estaban en contacto frecuente unas con otras.

Cuanto más fuerte e influyente se volvía la sociedad, más personas se acumulaban en las ciudades. Finalmente, en las ciudades se construyeron inmensas comunidades con un tamaño cientos de veces mayor que el de las comunidades de cazadores recolectores. Las ciudades más grandes implicaron la intensificación de los negocios; los objetos y las personas empezaron a expandirse por zonas cada vez más amplias. En Jericó, la primera población en ser llamada ciudad, vivieron miles de personas hace unos nueve mil años. Menfis, capital del Bajo Egipto, y sus sucesoras Avaris, Pi-Ramsés, Tebas y Alejandría fueron el hogar de decenas de miles de personas. En Babilonia vivieron cientos de miles de personas, al igual que en las antiguas ciudades administrativas chinas de Xiadu, Haojing y Chengdú. Al principio de los tiempos, Roma se convirtió en la primera ciudad de un millón de habitantes. Después de esto, las ciudades de un millón de habitantes se encontraban, principalmente, en China, hasta que la nueva oleada de urbanización en el siglo XIX llevó a las ciudades europeas y estadounidenses, con Londres a la cabeza, a alcanzar cifras de un millón.

Para la diversidad de los parásitos, es importante que haya muchos humanos, porque eso da a las enfermedades espacio para estar y vivir. Sin embargo, para una enfermedad en particular, lo principal es tener siempre un lugar al que ir, un humano al que infectar. Las ciudades eran fundamentales para los parásitos porque en ellas podían trasladarse fácilmente de una persona a otra.

La propagación de enfermedades era inmensamente eficaz, puesto que la higiene se cuidaba muy poco, los excrementos se quedaban flotando cerca de las viviendas y las enfermedades transmitidas por mosquitos tenían magníficas posibilidades de proliferar.

Los habitantes de la antigua Roma son conocidos por su cultura de los balnearios y sus obras maestras de ingeniería, con las que llevaban agua limpia a las grandes ciudades. También tenían leyes estrictas sobre la retirada de basuras y excrementos de las ciudades y destacaban en el ámbito de la higiene. Construyeron rutas para el agua limpia y el agua sucia, retretes públicos y un sistema de tratamiento de basuras. Además, los romanos tenían a su propia diosa de las cloacas, Cloacina, regidora de la red de alcantarillado de Roma, la Cloaca Máxima, y a quien se acudía cuando se atascaban los desagües de los retretes. En el mundo actual, la higiene, el tratamiento de basuras y el agua potable han reducido la cantidad de parásitos; sin embargo, al contrario de lo que cabría esperar, las investigaciones arqueológicas de los excrementos fosilizados y los retretes indican que los romanos tenían más parásitos que sus contemporáneos residentes en el campo. Puede que las estructuras urbanas desarrolladas a lo largo de los siglos atendiendo a la higiene fueran más indicación de la necesidad de mantener en pie a una ciudad de un millón de habitantes que muestras de que los romanos hubieran sido un pueblo especialmente limpio.

Los balnearios no eran lugares demasiado higiénicos; montones de personas flotaban en agua a temperatura corporal que se cambiaba con muy poca frecuencia. Las ciudades, el comercio y los balnearios propiciaron que se tuvieran relaciones sexuales con más libertad y con más parejas diferentes. Por este motivo, las enfermedades de transmisión sexual también eran bastante comunes en muchas ciudades. En Roma, los excrementos se llevaban fuera de la ciudad, pero se utilizaban como fertilizante en los campos. Si se utilizan los excrementos directamente, existe el riesgo de que los parásitos vuelvan a los humanos con la comida. Para asegurarse de que mueren los parásitos, los excrementos humanos deben compostarse durante un tiempo antes de utilizarse como fertilizante.

A los romanos también les encantaba la salsa garo, que se preparaba mediante la fermentación del pescado. La salsa garo se usaba como base para muchas sopas, pero también como condimento que se añadía a la comida o a las ensaladas después de haberlas cocinado. El garo no se cocinaba, por lo que el gusano ancho de los peces podía mantenerse con vida en él. Inicialmente, este gusano era un parásito del norte de Europa, pero con el comercio pudo extenderse por todo el Imperio.

La investigación arqueológica revela que, durante el periodo del Imperio romano, las especies parasitarias europeas se diversificaron y se generalizaron. Esto es un efecto combinado de varios factores: determinadas costumbres culturales, como el uso de excrementos humanos como fertilizante o la preparación de garo, promovían únicamente la generalización de determinadas especies; por su parte, la expansión del comercio y el movimiento de seres humanos y productos en una zona amplia mejoró el movimiento de todos los parásitos por el Imperio.

La importancia de las ciudades no reside únicamente en su mala higiene. También garantizan que una gran cantidad de gente esté en contacto entre sí. La cantidad de enfermedades empezó a multiplicarse de verdad con el crecimiento de las ciudades. Esto se debe a que cada agente patógeno presente en un ser humano requería una población humana de tamaño suficiente para permanecer con vida.

El virus del sarampión es un agente patógeno típico que solo se transmite entre humanos. No puede vivir en el entorno o en otros animales, sino que únicamente se reproduce y crece en un ser humano. Fuera del cuerpo humano, el virus del sarampión se destruye rápidamente y solo es capaz de contagiarse durante un máximo de dos horas. Por lo tanto, el sarampión tiene que estar continuamente en algún lugar con población humana y alguna persona tiene que enfermar de sarampión en cada momento para que el virus no se extinga.

La vida del sarampión se complica, especialmente, por el hecho de que no puede infectar dos veces a la misma persona. Cuando una persona ha enfermado de sarampión una vez, desarrolla una inmunidad que dura toda la vida. El sistema inmunitario recuerda el primer contagio de sarampión y se hace cargo rápidamente de que no se produzca el segundo. El sarampión siempre debe tener a su disposición nuevas víctimas, personas que no hayan padecido anteriormente la enfermedad; esto significa que, en la práctica, la existencia de la enfermedad depende de una tasa de natalidad suficiente. El sarampión vive en los bebés.

Se estima que el sarampión circula de forma continua, es decir, endémica, en poblaciones humanas de al menos quinientas mil personas. En ciudades más pequeñas, el sarampión contagia rápidamente a todos los humanos y no nacen más personas con la rapidez suficiente para que el sarampión se mantenga con vida. En cierto modo, el sarampión cae en su propia trampa: se contagia de forma tan eficaz de unas personas a otras que, en las pequeñas poblaciones humanas, produce su propia destrucción con la ayuda favorable del sistema inmunitario humano.

Medio millón de personas es mucho en comparación con el tamaño de las comunidades humanas de la Antigüedad, por no hablar de las comunidades prehistóricas de cazadores recolectores. En aquellos tiempos, todavía no existía el sarampión: según las investigaciones, surgió entre los años 1100 y 1200. Esta idea también coincide con lo que sabemos acerca del tamaño de las ciudades y del comercio. Fue entonces cuando se desarrollaron las ciudades medievales, entre las cuales había movimientos continuos. Las ciudades eran suficientemente grandes y el sarampión podía alimentarse de los recién nacidos.

¿Cómo surgió el sarampión? Como muchos otros organismos, se desarrolló mediante la evolución de especies de virus que lo precedieron. El familiar más cercano que se conoce es la peste bovina. Parece que nuestra plaga nació de la mutación de una cepa de peste bovina que logró infectar a una persona y, de forma excepcional, empezar a propagarse de un ser humano a otro. Se trata de una evolución bastante rápida: una especie de virus encuentra una nueva víctima y, al mismo tiempo, se transforma en una nueva cepa que se propaga únicamente en los humanos. Olvidemos todas las hipótesis de los libros de biología que afirman que la especiación es un proceso lento: el sarampión es una muestra de que también puede ser muy rápido.

Las ciudades son peligrosas

En muchos países, la élite de la sociedad se ha encontrado mucho más a gusto en el campo que en la ciudad. En Inglaterra, por ejemplo, la nobleza y la realeza consideraban sus visitas a Londres más como un mal obligatorio que como un ameno entretenimiento. El concepto de *vacaciones en la ciudad* no surgió hasta hace unas pocas décadas. Antes del siglo XX, para la población más adinerada viajar significaba, principalmente, visitar a otros representantes de la clase alta o ir a destinos de playa.

El motivo es simple: durante mucho tiempo, las ciudades fueron lugares bastante desagradables y, sobre todo, peligrosos. Mientras que el desarrollo tecnológico mejoraba la calidad de vida en el campo, la aglomeración de personas en las ciudades debilitaba la calidad de vida. Las ciudades sufrieron el auge de su miseria en el siglo XIX. Entonces, la mortalidad de los menores de cinco años en Nueva York era el doble en comparación con las áreas rurales cercanas. La esperanza de vida de un neoyorquino de diez años era inferior a treinta y seis años, mientras que, en las áreas rurales circundantes, parece ser que vivían incluso más de cincuenta años.

El motivo más importante de la mortalidad urbana era, precisamente, la prevalencia de las epidemias. Aunque, en las ciudades, las personas morían a causa de las enfermedades, estas crecían cada vez más. No obstante, esto no sucedía por su propia fuerza, ya que en las ciudades morían muchas más personas de las que nacían. El crecimiento se debía, sobre todo, al gran movimiento migratorio del campo a las ciudades. El cambio en la estructura económica de la producción primaria a una mayor producción industrial llevó a las personas a condiciones más insalubres y, con frecuencia, a la muerte. El desarrollo tecnológico de la actividad agropecuaria redujo la necesidad de mano de obra y las personas prácticamente no tenían más opciones que mudarse a las ciudades.

Por lo tanto, la revolución industrial tuvo una influencia similar a la que había tenido el desarrollo de la agricultura. Llevó a las personas a vivir de forma más compacta, hizo crecer el tamaño de la humanidad y resultó más favorable para nuestros parásitos que para nosotros. Si parece que el tema recurrente de este libro es que los parásitos siempre ganan, tampoco está muy lejos de la verdad.

No es una coincidencia que el trabajo que llevó a la fama a John Snow, a quien presentamos en el segundo capítulo como padre de la epidemiología, fuera precisamente sobre el cólera en Londres. Tampoco es casualidad que precisamente el cólera desencadenara la transformación de las ciudades en lugares más saludables para vivir y que diera lugar a disciplinas científicas centradas tanto en la salud pública como en la epidemiología. En aquella época, el cólera era una enfermedad típica que provocaba varias epidemias a gran escala en las grandes ciudades. En el siglo XIX se produjeron epidemias de cólera en Londres, al menos, en los años 1832, 1841, 1848, 1849, 1854 y 1866. Además de en Londres, el cólera fue una de las principales causas de mortalidad en otras grandes ciudades durante el siglo XIX.

El cólera es una enfermedad muy desagradable. Provoca una diarrea prolongada y bastante acuosa que, con frecuencia, causa la muerte por deshidratación. Con el cólera, la deshidratación es particularmente rápida: una diarrea de varias horas puede producir una deshidratación mortalmente peligrosa y un desequilibrio electrolítico. El cólera también se denomina *peste azul*, ya que el cuerpo de una persona deshidratada se vuelve azulado. La bacteria del cólera es especialmente peligrosa para bebés y niños, puesto que, además de un sistema inmunitario más débil, también tienen una menor tolerancia a la deshidratación.

Con el crecimiento de las ciudades, las plagas de los humanos también tuvieron sus días de gloria. La chinche que había acompañado al ser humano tras la marcha de África fue una de las ganadoras de la urbanización. Sin embargo, antes no habían sido un engorro especialmente generalizado. Las lóbregas condiciones, una forma de vida desahogada y las viviendas en las que había muchos animales que se alimentaban de chinches mantuvieron los números relativamente bajo control hasta el nuevo periodo.

Sin embargo, la mejora del nivel de higiene benefició a la chinche, que pasó a tener menos competidores naturales o depredadores en las nuevas viviendas. Los colchones más grandes y blandos y la generalización de los textiles, proporcionaron mejores hábitats para las chinches. Estas empezaron a ser más comunes a partir de la época del Renacimiento y sus cifras alcanzaron su punto álgido en el siglo XIX, cuando en Londres, por ejemplo, prácticamente todos los edificios tenían problemas de chinches.

Una chinche apenas viaja durante su vida. Su táctica de supervivencia en este mundo cruel es la perseverancia. Una chinche hembra puede portar los huevos durante mucho tiempo, incluso meses, y puede sobrevivir hasta un año sin alimento. La chinche y, especialmente, los huevos de chinche son muy resistentes y soportan tanto el calor y el frío como muchos venenos; la chinche sobrevive sin problemas en temperaturas comprendidas entre los diez bajo cero y los cuarenta grados centígrados. Esta característica la ayudó a sobrevivir cuando vivía en cuevas en las que, a veces, podían aparecer murciélagos (o personas), pero la mayor parte del tiempo no lo hacían. La perseverancia era una característica aún más útil en las ciudades, donde las chinches soportaban todo tipo de desahucios y eran capaces de viajar en el equipaje al otro lado de la ciudad o, incluso, del país. En la actualidad, esta propiedad es todavía más práctica: una chinche que haya saltado a una maleta en un motel de Pattaya (Tailandia) puede fundar una nueva población de chinches en una residencia de estudiantes en Tampere (Finlandia).

Sin darse cuenta, el ser humano ha creado un hábitat excelente para muchos parásitos. Solo la generalización de los parásitos y la mortalidad que provocan ha hecho que el hombre prestara atención a la salubridad de los entornos urbanos y que los convirtiera en lugares menos atractivos para los parásitos. Puede que las ciudades sean el factor más importante en la modificación de la carga de enfermedades humanas. Su escasa higiene, la cercanía de las personas y las grandes masas de gente creaban condiciones magníficas para las enfermedades. La antropóloga social Wendy Orent ha llamado a los barrios de chabolas, que antiguamente se encontraban principalmente en los países occidentales y, actualmente, en los países en vías de desarrollo, «fábricas de enfermedades», en las que estas pueden propagarse tan rápidamente que no somos capaces de detenerlas antes de que sea demasiado tarde y haya nacido una nueva epidemia.

Nuestras enfermedades avanzan dando brincos

La especiación del sarampión revela por qué el ser humano es tan hábil a la hora de agrupar una amplia gama de especies parasitarias: muchas de nuestras enfermedades proceden de nuestras mascotas o animales domésticos. Hemos domesticado una gran cantidad de animales con los que estamos continuamente en contacto. Al mismo tiempo, hemos obtenido de ellos muchas enfermedades. Los nombres de la *gripe aviar* y la *gripe porcina* también nos desvelan cuáles fueron los portadores originarios de la enfermedad. El síndrome respiratorio agudo grave (SARS, por sus siglas en inglés) se propaga a los humanos desde el ganado avícola y el síndrome respiratorio de Oriente Medio (MERS, por sus siglas en inglés), por su parte, de los camellos. La toxoplasmosis puede contagiarse de los gatos; la equinococosis, de los perros, y la enfermedad de Creutzfeldt-Jakob y la enfermedad del sueño, de las vacas. La lista de enfermedades infecciosas es larga y contundente. Las enfermedades que otros animales contagian a los humanos se denominan *zoonosis* y la mayor parte de ellas proceden, precisamente, de nuestros propios animales domésticos.

El desplazamiento de los parásitos de una especie a otra es una de las cuestiones clave de la evolución de las enfermedades: ¿en qué casos puede un parásito saltar de una especie hospedante a otra? Sabemos que algunas especies, como el virus del sarampión, se han adaptado únicamente a los humanos y no se contagian a ninguna otra especie, y que otras, como el toxoplasma, pueden traspasar fácilmente los límites entre especies e infectar a muchas diferentes. Sin embargo, también hay muchos agentes patógenos especializados en una especie que saltan a otras y, en algunas ocasiones, logran adaptarse a nuevas especies hospedantes. Las gripes son un buen ejemplo de este grupo: los diferentes tipos de gripe están adaptados a una especie determinada, pero pueden adaptarse fácilmente a una nueva especie hospedante.

Entonces, ¿qué hace que determinadas especies sean especialmente entusiastas a la hora de adaptarse a otras nuevas? Se trata de una cuestión muy importante, no solo desde el punto de vista de la biología evolutiva, sino que, en muchos sentidos, es también una cuestión de vida o muerte. Con frecuencia, son las enfermedades que nos transfieren otras especies las que son especialmente peligrosas, al menos al principio. En la actualidad, el sarampión ya no es el gran asesino que era: ahora la mortalidad es inferior al 1 ‰, pero cuando surgió la enfermedad, la mortalidad era hasta del 10 %. Lo mismo sucede con los virus de la gripe: las pandemias causadas por las nuevas cepas, como la pandemia de gripe de 1918, han matado a decenas de millones de personas. Si supiéramos predecir dónde, cómo y qué especies nos suponen una amenaza, podríamos prepararnos considerablemente mejor.

Determinados factores facilitan la propagación de enfermedades. El nuevo huésped tiene que ser lo más parecido posible al antiguo huésped. «Parecido», en este caso, no hace referencia al aspecto, sino a la especie hospedante tal como la considera el parásito, como un hábitat. La experiencia varía de una especie parasitaria a otra: la estructura del intestino de la especie hospedante anterior del parásito intestinal que salta al ser humano y el alimento que circula por él deberían ser muy similares. Si el parásito necesita un huésped intermediario, el nuevo huésped principal deberá ser una parte natural de su ciclo de vida. Para muchos parásitos, especialmente los que permanecen en el torrente sanguíneo, lo fundamental es la similitud entre los sistemas inmunitarios. Cuando un parásito se ha adaptado a engañar al sistema inmunitario de una determinada especie, es capaz de trasladarse a los seres humanos únicamente si nuestro sistema inmunitario es lo suficientemente similar al de la anterior especie hospedante. Por lo tanto, la similitud hace referencia a un gran grupo de factores diferentes, desde la fisiología y la inmunología hasta la similitud de los rasgos del comportamiento. La importancia de los diferentes factores varía para cada parásito.

Las especies hospedantes similares a nosotros son nuestros parientes cercanos, que todavía no están diferenciados de forma significativa, o son similares debido a una evolución paralela. Las líneas de desarrollo de los hominoideos y los humanos se separaron hace poco tiempo. Somos parientes cercanos, lo que significa que también somos similares en muchos aspectos. Además, compartimos una evolución paralela con aquellas especies cuyos modos de vida y condiciones se corresponden con las nuestras: por ejemplo, las especies omnívoras, sociales y longevas sufren el mismo tipo de carga parasitaria. Esto también puede llevar, al menos parcialmente, al mismo tipo de presión selectiva de la evolución que en los humanos.

Muchas enfermedades humanas proceden de nuestros parientes cercanos, por ejemplo, de otros simios. El VIS, pariente cercano del VIH, es, como su propio nombre indica, un agente patógeno de los demás simios. La relación cercana entre esos dos virus se puede identificar gracias a la secuencia de bases del ADN de los virus. Mediante la misma comparación se puede estimar de forma relativamente sencilla cuándo el VIH se transfirió a los humanos. Sabemos lo rápidamente que cambia la secuencia de bases del VIH en la actualidad y podemos suponer que el cambio siempre ha sido igual de rápido. Considerando las diferencias entre el VIS y el VIH, podemos calcular el periodo de tiempo que diferencia a estas dos especies de virus. Las últimas estimaciones indican que la especiación sucedió alrededor de la década de los años veinte. Por lo general, las fechas de la especiación se intentan confirmar comparando muestras antiguas, preferiblemente, lo más cerca posible del supuesto momento de especiación. Con el VIH, este proceso es complicado, ya que los primeros casos se dieron, presumiblemente, en algún lugar de la zona del Congo Belga, donde el nivel de asistencia sanitaria no era lo suficientemente elevado como para poder determinar a partir de los historiales médicos dónde apareció el VIH; por otra parte, tampoco se habían recogido suficientes muestras del virus. En el calor del trópico, el ADN del virus también se deteriora tan rápidamente que no es posible identificar a los agentes patógenos en los cadáveres antiguos.

Las muestras de VIH más antiguas conocidas son de Kinsasa de los años 1959 y 1960. Estas dos muestras son genéticamente tan diferentes entre sí que el VIH ha tenido que circular anteriormente entre la población humana durante decenas de años. Por lo tanto, las primeras muestras respaldan el cálculo del periodo de especiación según el reloj molecular.

El VIH, al igual que el VIS, son virus de contagio muy débil que no penetran en una membrana mucosa sana. La mejor oportunidad de contagio la ofrece el contacto por vía sanguínea, por ejemplo, al recibir una mordedura de chimpancé o comer carne cruda de chimpancé con las encías en mal estado.

Otros regalos de nuestras especies cercanas son la fiebre amarilla, la esquistosomiasis, la viruela del mono, la malaria, el dengue, la tuberculosis o la lepra. Algunas enfermedades se han adaptado perfectamente al ser humano y ya no son capaces de infectar a su especie hospedante original. Sin embargo, otras enfermedades, como la fiebre amarilla y la esquistosomiasis, son capaces de contagiar a varios huéspedes. Estas especies sobreviven sin necesidad de estar continuamente en un ser humano y también se conservan en otras especies de primates. No obstante, pueden volver a contagiar a los humanos y causar graves epidemias. La malaria ha tenido una evolución activa y ha saltado de unas especies a otras. Al principio, esta enfermedad pasó de las aves a los mamíferos y, posteriormente, a los primates, de los que es posible que el ser humano haya obtenido todas sus especies de malaria. La especie más peligrosa, *Plasmodium falciparum*, en la actualidad infecta únicamente a los humanos. Por el contrario, *P. vivax* también contagia a chimpancés y orangutanes, y *P. ovale* tanto a chimpancés como a otros primates. El auténtico huésped de *P. ovale*, en el que la especie se mantiene con vida, todavía no se ha encontrado. Tanto para los humanos como para los chimpancés, estas cantidades de especies de *Plasmodium* son tan pequeñas que no son suficientes para mantener la cepa de parásitos. Por eso, se ha concluido que alguna otra especie de primates tendrá que ser el llamado *huésped reservorio*.

Para que una enfermedad pueda pasar al ser humano desde otra especie, no es suficiente que el agente patógeno sea capaz de infectar a un humano. En realidad, muchos agentes patógenos pueden acabar en un ser humano por motivos cotidianos, especialmente si el humano está en frecuente contacto con otras especies hospedantes. El sistema inmunitario destruye la mayor parte de ellos, pero algunos pueden incluso causar la enfermedad. Estas enfermedades, al producir un contagio, pueden llegar a ser mortalmente peligrosas, de modo que la enfermedad puede convertirse en una tragedia personal. Esto no implica necesariamente un problema para la humanidad en general: para muchas enfermedades, el humano es también un huésped accidental, una especie de callejón sin salida desde el que no puede continuar su viaje. El agente patógeno puede ser capaz de reproducirse bastante bien en un ser humano, pero, por ejemplo, no lograr salir de las células de los pulmones y, por tanto, no llegar nunca a propagarse fuera de su huésped. Estos agentes patógenos no suponen en sí mismos una gran amenaza para la humanidad si los contagios se producen con poca frecuencia. El verdadero peligro está en las enfermedades que son capaces de propagarse de un humano a otro.

Sin embargo, la propagación de un ser humano a otro es bastante difícil para las especies que se han adaptado con anterioridad a propagarse en el interior de un individuo de alguna otra especie. Todavía no sabemos a ciencia cierta qué debería suceder para que los parásitos aprendieran a propagarse dentro de una nueva especie. No obstante, se han realizado las primeras investigaciones modificando el genoma de los agentes patógenos y observando qué cambios realizados hacen que las enfermedades sean capaces de saltar de una especie a otra y propagarse.

La propagación de un ser humano a otro tampoco basta, sino que dicha propagación deberá ser suficientemente eficaz. Algunas enfermedades no son capaces de vivir solo en los humanos porque se propagan muy lentamente. Si el sistema inmunitario de un ser humano logra destruir al agente patógeno antes de que este pueda infectar al siguiente humano, la propagación de la enfermedad en humanos llega a su fin. En estos casos, los agentes patógenos que viven en el ser humano se denominan *población sumidero*. La población sumidero es una población en la que la reproducción es más lenta que la mortalidad. Sin embargo, las poblaciones sumidero pueden mantenerse con vida si llegan a ellas nuevas poblaciones fuente de agentes patógenos procedentes de alguna otra especie hospedante en la que la reproducción sea tan eficaz que nazcan excedentes de individuos. En este caso, la cantidad de parásitos que migran desde las poblaciones fuente compensa de forma más que suficiente a los parásitos que mueren en la población sumidero.

Para muchas especies parasitarias, infectar a un humano funciona como un sumidero, mientras que las fuentes se encuentran en otras especies hospedantes. Este tipo de contagios se denominan *infección por desbordamiento* (del concepto inglés *spillover*). Cuando el número de parásitos aumenta en gran medida en especies en las que los parásitos viven normalmente, las poblaciones de parásitos se transforman con especial eficacia en fuentes y, en ese caso, las enfermedades «se desbordan», es decir, se trasladan también a otras especies hospedantes. Se trata de un mecanismo general para muchas enfermedades. Generalmente, se ha hablado de desbordamiento en un entorno tropical en el que se sospecha que el Ébola, entre otros, es un virus propenso al desbordamiento. Sin embargo, en Finlandia también sucede lo siguiente: por ejemplo, la tularemia o fiebre de los conejos y la nefropatía epidémica o fiebre del topillo se presentan con una frecuencia más notable cuanto más grandes son las poblaciones de topillos.

Las ratas y los ratones son los grandes facilitadores de las investigaciones de laboratorio: casi todo lo que sabemos sobre la biología de los mamíferos lo hemos aprendido gracias a esas especies modelo. No obstante, los roedores presentan limitaciones en la investigación de enfermedades infecciosas, ya que no son especies modelo muy buenas para la investigación de parásitos en humanos. Por consiguiente, los investigadores tienen que utilizar una amplia gama de animales de investigación inesperados.

Además de los simios, también los hurones y los cerdos son objetos de investigación algo sorprendentes, pero muy populares. Aparte de los humanos, son los únicos animales a los que contagia, entre otros, el virus de la gripe A. A decir verdad, el cerdo se parece mucho a los humanos. Además de la dieta, actualmente compartimos con los cerdos la mayor parte de nuestro hábitat. Los sistemas inmunitarios del ser humano y del cerdo son también claramente muy parecidos, ya que, debido a nuestros modos de vida similares, sencillamente nos hemos adaptado a enfrentarnos al mismo tipo de agentes patógenos. El hurón, por su parte, es una especie modelo en la investigación de la gripe. Los virus de la gripe humana se contagian fácilmente a los hurones, porque su capacidad de defensa contra el virus es muy parecida a la de los humanos. Además, el hurón presenta síntomas similares a los del humano después de la infección. La gripe estacional se contagia con facilidad a los hurones, pero no les causa una enfermedad grave. Por el contrario, la gripe aviar es poco eficaz a la hora de infectar a los hurones, pero les produce la muerte con relativa frecuencia.

A principios de la década de 2010, investigadores holandeses y americanos aislaron el virus de la gripe aviar y modificaron el genoma que codificaba la proteína superficial trasladando genes procedentes del virus de la gripe estacional. De este modo, consiguieron una suerte de supervirus que se propagaba fácilmente de un hurón a otro, pero que mataba como la gripe aviar. Otro grupo de investigación hizo algunas modificaciones en el virus de la gripe aviar e infectó el virus diez veces de un hurón a otro. Durante ese tiempo, el virus sufrió más mutaciones y se propagó con facilidad de un hurón a otro. Por lo tanto, mediante pequeñas modificaciones en el laboratorio se puede hacer que el virus se vuelva fácilmente propagable.

El objetivo de ambas investigaciones (la creación de un virus peligroso de propagación efectiva) puede parecer grotesca e innecesaria. Sin embargo, las dos investigaciones han contribuido de forma significativa a ampliar nuestros conocimientos. Ambas nos hicieron comprender el preocupante hecho de que tan solo un pequeño cambio, una mutación, puede hacer que un agente patógeno relativamente inofensivo suponga una gran amenaza para el ser humano. Por lo tanto, el nacimiento de las infecciones peligrosas es una obviedad en sí mismo y solo es cuestión de tiempo: es inútil intentar prevenirlas, pero podemos estar preparados cuando nuestras viejas enfermedades conocidas se vuelvan peligrosas.

La fabricación de cepas de infecciones peligrosas es un tema de investigación bastante controvertido. La publicación de artículos originales se demoró porque, en un principio, las autoridades querían prohibir la publicación de detalles abiertamente. Muchos investigadores también se oponían a la creación de infecciones peligrosas, ya que pueden propagarse desde el laboratorio a los humanos y provocar grandes daños. Los defensores de la investigación afirman que los laboratorios son seguros y que el riesgo de propagación de una enfermedad del laboratorio al exterior es insignificante. La discusión sobre si la creación de infecciones peligrosas es necesaria, sensata o aceptable seguramente continúe durante mucho tiempo.

Las eternas molestias del ser humano

«¿Cómo evitáis contagiar enfermedades a los lémures ratón y viceversa?»

Presento mis resultados de investigación en una reunión científica y mi colega de mayor edad plantea una pregunta inocente. Sospecho que todos los investigadores principiantes reciben de vez en cuando sus correspondientes preguntas que lo cuestionan todo. En primer lugar, me sorprende que no se me haya ocurrido plantearme esa misma pregunta. A continuación, la vorágine se vuelve más y más fuerte, hasta que, unos tres segundos más tarde, llego a la conclusión de que mi investigación es amoral, que mis resultados de investigación no tienen ningún valor y, además, seguro que he contagiado alguna enfermedad devastadora a todos y cada uno de mis lémures ratón.

La situación no se ve aliviada por el hecho de que la pregunta esté, en su mayor medida, justificada. Los investigadores de primates ya hace tiempo que saben que entre los humanos y otros primates se mueven muchas enfermedades. Muchos de estos casos se dan en relación con el turismo, ya que personas de todo el mundo viajan para ver simios raros. La observación de primates es una forma popular de turismo de naturaleza. Por ejemplo, en Ranomafana puedo seguir cada día a rebaños de gente que sigue a manadas de lémures del parque nacional. Esta es la consecuencia: los lémures se estresan al ver a los humanos, el terreno del parque nacional sufre, las plantas se destruyen y, a veces, también las enfermedades de los turistas se propagan a los lémures. Estas enfermedades se denominan *antroponosis:* son el fenómeno opuesto a la zoonosis y menos discutido.

El turismo de primates también es un negocio importante. El pueblo de Ranomafana y las comunidades cercanas viven de los flujos de dinero que traen los turistas. Esto también es necesario: antes de la fundación del parque nacional, la gente obtenía su sustento de la selva, pero tras la creación de las leyes de protección se les prohibió ir al bosque de forma general. Por lo tanto, el dinero que traen los turistas es, en cierto modo, un pago de servicios para los habitantes locales, si bien bastante pequeño en comparación con la prohibición de entrar en el bosque.

Algunos primates son más apreciados que otros. Mientras que la entrada y la visita guiada al bosque de lémures ratón de Ranomafana cuesta unos veinte euros, ver al gorila de África continental cuesta doscientos cincuenta. El gorila aporta más dinero a la zona, pero la posibilidad de encontrarse con un gorila solo existe para las personas lo suficientemente adineradas. Este tipo de turismo tampoco es una experiencia gratuita para el gorila, pues se ha comprobado que el virus de la gripe, el parvovirus y bacterias *Staphylococcus aureus*, entre otros, han contagiado a los gorilas desde los humanos.

«Usamos guantes de látex», es la mejor respuesta que se me ocurre. También es fiel a la verdad, ya que es nuestra única medida de seguridad. El principal motivo de esta medida es que manejamos excrementos de lémur ratón y queremos protegernos a nosotros mismos.

Sencillamente, no sabemos qué enfermedades pueden trasladarse entre los humanos y los lémures ratón. Su investigación también es bastante complicada, ya que nunca hemos visto un lémur ratón enfermo. Los lémures ratón han podido obtener enfermedades de los humanos hace ya mil años, cuando los primeros humanos llegaron al interior de Madagascar. Por otra parte, es posible que yo, sin saberlo, haya contagiado enfermedades a los lémures ratón, ya que la mitad de los ejemplares que investigamos viven en el lugar de la tienda de la estación de investigación, en continuo contacto estrecho con humanos. ¿Y cómo sé si yo he recibido alguna enfermedad relativamente inofensiva de los lémures ratón?

¿Por qué algunos agentes patógenos son capaces de infectar únicamente a humanos, mientras que otros son capaces de contagiar a varias especies hospedantes? ¿Por qué el sarampión es una enfermedad solo humana, mientras que la nefropatía epidémica y el virus Puumala infectan a varias especies? ¿Por qué el virus Puumala provoca una enfermedad en los humanos, pero no es capaz de propagarse de un humano a otro?

El hecho en sí de causar una enfermedad no beneficia al parásito. Aunque el parásito consiguiera llegar a un humano, podría acabar muriendo rápidamente. La dermatitis cercarial es un buen ejemplo de esto. La produce un trematodo que habita en los lagos y que tiene dos huéspedes en su ciclo de vida. Las larvas que salen de sus huevos buscan gasterópodos en los que crecen y se reproducen de forma asexual. Las larvas de los gasterópodos liberadas hacia la siguiente fase continúan su camino e intentan encontrar un ave acuática. Funcionan igual que el *Strongyloides* fuera del agua: atraviesan la piel del ánade y entran en el torrente sanguíneo, desde donde ascienden por la tráquea, a través de los alveolos pulmonares, hasta la faringe; de ahí pasan al tracto digestivo y se quedan en el intestino para poner huevos. La cuestión es que a los gusanos que producen la dermatitis cercarial no se les da muy bien reconocer a las aves acuáticas. Si resulta que un humano está nadando en el agua en el que las larvas están buscando aves, puede que las larvas atraviesen la piel del humano. Lo cierto es que la dermatitis cercarial no se las arregla muy bien en el cuerpo humano y muere bajo la piel al cabo de unas horas. Como resultado, al humano le salen ronchas o sarpullidos que no son peligrosos, aunque sí bastante molestos.

Los parásitos utilizan todo tipo de mecanismos para engañar al sistema inmunitario de sus huéspedes. Pueden esconderse en zonas en las que no funciona el sistema inmunitario, como el sistema nervioso central o los ojos; disfrazarse de células de su huésped; hacerse invisibles ante el sistema inmunitario; o modificar sus proteínas superficiales tan pronto como el sistema inmunitario las reconoce o adopta formas de reposo. Los parásitos también pueden segregar sustancias que debilitan la actividad del sistema inmunitario. Cada especie hospedante y sus estructuras y funciones son ligeramente diferentes. Para que un parásito gane a los mecanismos de defensa, por regla general deberá adaptarse a su huésped. Con frecuencia, la reproducción de los parásitos también requiere soluciones especializadas: si un parásito se reproduce en un determinado órgano o, por ejemplo, en los glóbulos rojos o en los hepatocitos, como el *Plasmodium*, requerirá, una vez más, estar adaptado a los tipos de célula de su huésped.

El parásito continúa su viaje hacia el siguiente huésped en función de las estructuras de dicho huésped. Mientras que salir del intestino resulta sencillo, salir del torrente sanguíneo ya es más complicado. Para que el virus se desprenda, por ejemplo, de las vías respiratorias a la mucosa, el virus deberá saber aprovechar las células correctas. En biología evolutiva se suele enfatizar que la estructura y la actividad de las especies están estrechamente relacionadas. El parásito deberá estar muy bien adaptado a las estructuras de su huésped y beneficiarse de ellas de tal modo que su propia reproducción sea lo más eficaz posible. A pesar de ello, muchas especies que no están muy bien adaptadas al ser humano pueden llegar a ser molestas. La dermatitis cercarial no es capaz de vivir en un humano en absoluto, pero aun así le causa molestias. La nefropatía epidémica no es capaz de propagarse de un humano a otro, por lo que el humano es un callejón sin salida para el virus, pero puede causar una enfermedad grave en el humano. El virus del Ébola puede contagiarse de un humano a otro, pero se propaga de forma tan lenta y mata de forma tan rápida que no es capaz de vivir de forma permanente en los humanos.

Teniendo estos hechos en cuenta, ya podemos formular determinadas reglas generales. Cuanto más dentro del huésped, más difícil es el parasitismo y más frecuente es la especialización de los parásitos. Si el parasitismo se produce en la sangre, requiere más capacidad de evitación del sistema inmunitario que, por ejemplo, el parasitismo en el intestino. El mero ectoparasitismo, en el que, por ejemplo, un parásito utiliza como alimento la sangre, puede significar una fuente de alimento complicada, pero no requiere especialización, ya que la sangre de todos los vertebrados es bastante similar como alimento.

A los parásitos les suele resultar sencillo infectar a la especie hospedante con parentesco cercano, pues es probable que ambas sean bastante similares. Esto explica por qué el ser humano comparte muchas enfermedades con los gorilas: somos prácticamente sus parientes más cercanos, por lo que, en muchos aspectos, somos similares para los parásitos. Con frecuencia, los parásitos con parentesco cercano también tienen el mismo tipo de vida y la misma fisiología, por lo que infectan al mismo tipo de huéspedes.

El número de especies hospedantes también es un factor evolutivamente importante para los parásitos. El ciclo de vida de un cestodo se basa en el hecho de acabar en un huésped intermediario del que después se alimentará otro animal. En un entorno con muchos depredadores, la probabilidad de acabar en cualquier animal determinado es pequeña, por lo que la amplia gama de especies hospedantes resulta beneficiosa. Si un cestodo finlandés fuera capaz de vivir única y exclusivamente, por ejemplo, en las percas y en las gaviotas canas, no lograría sobrevivir necesariamente. Sin embargo, cuando un cestodo es capaz de infectar a varias especies de peces y varias aves y mamíferos, sus posibilidades de éxito son mejores.

Si un parásito se propaga de un humano a otro de forma directa y, además, rápida, la especialización en el ser humano es una opción muy recomendable. Al virus del sarampión le resulta sencillo vivir en los humanos, puesto que se propaga ávidamente de un individuo a otro. Solo necesita que haya suficientes personas en un mismo lugar.

Sin embargo, el ser humano ya está abarrotado. Ya contamos con un grupo de especies de parásitos especializados, por lo que a las nuevas especies les resulta difícil encontrar hueco. El ser humano es un recurso limitado y en nuestro intestino solo cabe un determinado número de parásitos. Las nuevas especies no están tan bien adaptadas al ser humano como nuestros viejos amigos, por lo que no necesariamente salen airosos de la competición. Una gran cantidad de parásitos intestinales procedentes de otros animales pueden contagiar al ser humano, pero la mayoría solo tendrá éxito si nuestros viejos compañeros no se encuentran en nuestro intestino. Por ejemplo, los cestodos son defensores muy eficaces de su lugar de residencia: ahuyentan a los competidores con ayuda de una guerra química.

El *crowding* o «efecto multitudinario» es un fenómeno muy investigado del mundo de los parásitos. Cuando hay muchos parásitos en el intestino, compiten entre ellos por los mismos nutrientes o intentan evitar el crecimiento de otros parásitos. La competición la gana, sencillamente, el que logre recoger dichos nutrientes del intestino del huésped de forma más efectiva. Por otra parte, los parásitos pueden iniciar una competición directa: pueden producir venenos que impiden el crecimiento de otros parásitos. Esta producción suele salirles cara a los parásitos; consumen muchos nutrientes y energía durante el combate, pero, por otra parte, se benefician de una menor competición por los nutrientes. La competición se produce en el intestino del ser humano, que tampoco es un participante pasivo. Una mayor multitud en el intestino hace que el sistema inmunitario humano funcione de forma más eficaz y todos los parásitos se vean afectados por la situación; aun así, a algunas especies se les da mejor superar los desafíos del sistema inmunitario y se benefician relativamente de la situación.

Cuando un parásito se ha especializado en mantener precisamente al ser humano como especie hospedante, tiene mejores posibilidades de competir contra otros parásitos que se aglutinan en el humano y que no necesariamente saben dónde se están metiendo. La parte negativa es que un parásito especializado en humanos también es cada vez más dependiente de ellos. Entonces, el bienestar del humano se convierte en una preocupación mayor para el parásito; puede resultar paradójico que el éxito del parásito dependa del éxito de la especie de la que se beneficia.

Comportamiento humano y diversidad parasitaria

Algunos parásitos que viven únicamente en el cuerpo humano se han especializado todavía más. Se han especiado en el ser humano de modo que una población entera está especializada en unos seres humanos determinados o en distintos puntos del ser humano. Por ejemplo, las cepas de tuberculosis separan a los humanos en función de sus antecedentes geográficos. Con el transcurso del tiempo, los parásitos adaptados a distintas poblaciones humanas han podido diferenciarse y han formado distintas cepas. No cabe duda de que la diversidad de virus y bacterias (especies que no se reproducen de forma sexual) precisamente se debe, en parte, a que ha habido muchas poblaciones humanas diferentes y parcialmente aisladas.

En algunas ocasiones, la diferenciación de especies puede suceder a menor escala. Los piojos son un buen ejemplo de especiación a escala del cuerpo humano, que fue propiciada por el cambio en el cabello y en la ropa. A veces, los comportamientos humanos también pueden afectar a la especiación de nuestras especies acompañantes: las distintas cepas de enfermedades de transmisión sexual son un magnífico ejemplo de ello.

Muchas de nuestras especies acompañantes que se contagian por transmisión sexual nunca causan la enfermedad real, pero eso no significa que los microbios no se trasladen de una mucosa a otra durante el acto sexual. Con toda probabilidad, la mayor parte de los finlandeses esté infectada tanto por el virus del herpes como por el VPH. El éxito de estos virus se basa, en parte, en que causan la enfermedad en el humano de forma sorprendentemente escasa. Como muchos de los peores agentes patógenos, tanto el virus del papiloma como el del herpes están presentes de forma asintomática en la mayoría de las personas. Una persona asintomática suele ser el propagador más peligroso de la enfermedad, puesto que ella misma no sabe que está propagándola.

El herpes es una enfermedad de transmisión sexual típica que produce síntomas de forma relativamente escasa. Es una especie de virus típica de las zonas de la boca y los órganos sexuales; aproximadamente una cuarta parte de los humanos es portador de esta especie durante su vida. No se propaga únicamente por contagio sexual, sino también por otro tipo de contacto físico: por ejemplo, compartir un vaso de bebida es suficiente para que el virus pase de una persona a otra. El virus del herpes produce, entre otras cosas, herpes labial y herpes genital. Es posible que uno no logre nunca deshacerse del herpes: puede dormitar durante largo tiempo en las células nerviosas y volver a despertar más tarde.

El herpes labial y el herpes genital están causados por dos cepas de virus diferentes, el virus herpes simple tipo 1 (HSV-1) y el virus herpes simple tipo 2 (HSV-2). De todas las cepas restantes de virus del herpes en primates, solo existe una por especie hospedante, por lo que el ser humano es un caso excepcional. En cualquier caso, el pariente más cercano de ambas cepas de virus es, sorprendentemente, el virus del herpes del chimpancé: el HSV-2 se ha separado del virus del chimpancé correspondiente al mismo tiempo que se separaron las líneas de desarrollo del ser humano y del chimpancé. Por el contrario, el HSV-1 infectó al ser humano hace aproximadamente 1,5 millones de años, probablemente como virus del herpes del chimpancé.

Las cepas del virus se han diferenciado en sus propias zonas, las partes íntimas y la cabeza. Los motivos son claros: para el virus del herpes que habita en la vagina, lo más sencillo es trasladarse a las membranas mucosas del pene, desde donde puede pasar fácilmente a la siguiente mucosa de una vagina; por otra parte, el herpes situado en la boca es probable que termine en otra boca. Por consiguiente, las cepas del virus del herpes humano se han diferenciado: en la mayoría de los casos, el HSV-1 reside en la zona de la boca y produce herpes labial, mientras que el HSV-2 reside en los órganos sexuales y provoca herpes genital. En cualquier caso, las cepas solo se han diferenciado en función de su ubicación, no de la enfermedad que causan. Ambas cepas pueden dar lugar a las dos enfermedades. Si el HSV-1 acaba en un órgano sexual, puede producir herpes genital.

En los últimos años, la línea divisoria ha empezado a tener fugas. Durante los últimos cincuenta años, la boca ha empezado a presentar cada vez más HSV-2, y los órganos sexuales, por su parte, cada vez más HSV-1. Los investigadores tienen una explicación para este fenómeno: los cambios en el comportamiento sexual. Las encuestas de investigación han desvelado una tendencia cada vez más generalizada: el sexo oral. Los investigadores han deducido que la generalización del sexo oral ha provocado que se mezclen cepas de virus que antes se presentaban de forma claramente aislada. Las rutas de infección de los virus han cambiado junto con el comportamiento humano y las cepas de virus se presentan en nuevos lugares.

Entonces, ¿tiene alguna consecuencia la mezcla de cepas del herpes? Teoréticamente solo se puede estimar que, con la evolución, un contagio simultáneo de dos cepas del herpes podría llevar a una competición entre los virus que favorecería a aquel que causara enfermedades peores y más agresivas. Por otra parte, es posible que una de las cepas del virus del herpes se extinga como competidor más débil. Sin embargo, no podemos saber con seguridad qué consecuencias tendrá todo esto. Por otra parte, el cambio de rutas de infección de otro virus de transmisión genital, el VPH, puede producir un cambio directo en la aparición de enfermedades.

El VPH es el agente patógeno de transmisión sexual más común: se estima que el 80 % de las personas lo tendrán durante su vida. El VPH se conoce como causante de cáncer cervical, pero produce cánceres donde quiera que vaya; en los países industrializados, casi todos los cánceres del recto, casi la mitad de los cánceres de pene y casi una tercera parte de los cánceres de garganta están relacionados con el VPH. Mientras que la cantidad de cánceres de boca y de garganta ha disminuido con la reducción del tabaquismo, la generalización del sexo oral ha llevado a una nueva generalización de cánceres de boca y garganta producidos por el virus. De forma correspondiente, los cánceres de recto y la generalización del sexo anal también van de la mano.

La vacuna contra el VPH se diseñó, inicialmente, para proteger de los cánceres de útero y, por ese motivo, los programas de vacunación finlandeses solo están destinados a las niñas. Si las tendencias sexuales continúan como hasta ahora, convendría preguntarse si los niños no estarán cada vez más en el grupo de riesgo, ya tengan relaciones sexuales con chicas o con otros chicos. En 2016, el Instituto Finlandés de Salud y Bienestar (Terveyden ja hyvinvoinnin laitos, THL) empezó a plantearse extender el programa de vacunación también a los niños. Hasta ahora, la cobertura de vacunación de las niñas ha sido menor de la esperada y la vacunación de los niños protegería del contagio también a las niñas.

Hablo de niños y niñas porque la vacuna del VPH se administra a preadolescentes. La vacuna debe obtenerse antes de que la persona se exponga al VPH. La primera exposición es posible en cuanto el joven inicia su vida sexual, por lo que la vacuna también deberá administrarse con anterioridad. El inicio de la vida sexual se ha adelantado cada vez más en los últimos años, al mismo tiempo que la madurez sexual se produce a una edad cada vez más temprana. Mientras que en el siglo XIX la pubertad empezaba a los quince o dieciséis años, actualmente empieza entre los nueve y los once años. Además, la duración de la pubertad se ha reducido: cada persona tendrá que atravesar esta etapa de la vida durante una media de cinco años.

De forma correspondiente, el inicio medio de la vida sexual ha bajado en los últimos cincuenta años de los diecinueve a los dieciocho años en los hombres y de los veinte a los diecisiete en las mujeres. El cambio es similar prácticamente en todos los países occidentales. Este tipo de cambios también modifican el campo de enfermedades infecciosas: un inicio cada vez más temprano de la vida sexual significa una etapa sexual más larga, lo que, por su parte, significa más oportunidades de contagio de enfermedades de transmisión sexual. Afortunadamente, el tratamiento de enfermedades de transmisión sexual y los medios de prevención han mejorado de forma notable, por lo que el adelanto de la pubertad y de las relaciones sexuales no son causantes directos de la generalización de enfermedades.

En los últimos tiempos, también se ha difundido que la vida de las ladillas se habría complicado, puesto que el rasurado total de las partes íntimas está relativamente más generalizado que antes. Una historia que se repite continuamente cuenta que la depilación brasileña (es decir, la eliminación total del vello púbico) hace que la vida de las ladillas resulte imposible y puede llevar a una reducción de la cantidad de estas e, incluso, a la extinción de la especie. Sin embargo, puede que esto no sea más que una leyenda urbana, ya que no se ha recopilado información de forma sistemática sobre el número de ladillas en ningún lugar del mundo, por lo que es imposible verificar la tesis como correcta o incorrecta. La vida de las ladillas parece estar garantizada todavía durante mucho tiempo, ya que el vello y el sexo no están cerca de desaparecer del mundo.

CAPÍTULO 4

¿Por qué algunas enfermedades son más peligrosas que otras?

Los agentes patógenos y los parásitos nos provocan reacciones muy diferentes. Mientras que un resfriado no causa temor en los humanos y los cestodos provocan un alto grado de repugnancia, el virus del Ébola produce auténtico pánico y el gusano de Guinea es uno de los parásitos más asquerosos para el ser humano.

Peligroso es una palabra problemática, ya que puede significar diferentes cosas. El ébola es peligroso porque la mayor parte (hasta un 30 % de los que reciben tratamiento) de los infectados muere. En la vida cotidiana finlandesa, el ébola no es muy peligroso: según se sabe, ningún finlandés ha contraído nunca una infección por ébola. En realidad, el ébola tampoco es mucho más peligroso para los africanos: antes de la epidemia de los años 2014-2016, habían muerto de ébola menos de dos mil personas, mientras que actualmente el contador está sobre las catorce mil. El virus del Ébola tampoco se contagia con facilidad de una persona a otra y reconocer y aislar a una persona contagiada es sencillo en comparación con muchas otras enfermedades infecciosas. Por lo tanto, en general podría decirse que la infección por ébola es mortalmente peligrosa, pero el contagio es improbable y requiere un fracaso total de la higiene y del sistema de servicios sanitarios, además de una tremenda mala suerte.

Las supuestas enfermedades inofensivas para un individuo pueden ser más peligrosas en relación con toda la humanidad, porque infectan a muchas personas. Desde principios del siglo XX, la gripe ha estado entre las enfermedades infecciosas más mortales, pero su peligrosidad se basa puramente en la cantidad de contagios: la mayor parte de la humanidad se contagia cada año de gripe y hasta una reducida tasa de mortalidad significa un gran número de individuos. Además, hay muchas cepas diferentes de gripe y, para los humanos, las nuevas cepas pueden llevar a una mortalidad aún mayor, como sucedió durante la Primera Guerra Mundial, cuando la gripe española se llevó por delante a la gente como una guadaña.

La probabilidad de contagio varía dependiendo del agente patógeno. Por ejemplo, es necesario que entren una media de cien millones de bacterias del cólera para que la enfermedad establezca su hogar. Por el contrario, se necesitan menos de diez bacterias de tuberculosis. Algunos agentes patógenos se mantienen con vida durante miles de años, como se sospecha que dura la viruela, mientras que otros mueren al cabo de unos minutos fuera del cuerpo humano.

También los seres humanos son diferentes entre sí: por ejemplo, algunas personas tienen una mutación en el gen *CCR5* que reduce el riesgo de contagio del VIH o, incluso, hace que la persona sea totalmente inmune a él. El gen *CCR5* codifica la cubierta proteica del glóbulo blanco, lo que el VIH aprovecha para entrar en la célula. Cuando no se forma ninguna proteína en una persona portadora de la mutación, el VIH tampoco logra penetrar en los glóbulos blancos. La mutación está generalizada en Europa, donde el 10 % de las personas son portadoras y aproximadamente un 1 % es totalmente inmune al VIH. La mutación se generalizó rápidamente entre los europeos hace unos dos mil años. Entonces, el VIH todavía no infectaba a las personas, por lo que se generalizó como consecuencia de alguna otra enfermedad, puede que la peste o la viruela. Sin embargo, esta mutación también tiene sus inconvenientes. En los experimentos con ratones, se ha observado que dicha cubierta proteica es una parte fundamental de la respuesta inmune surgida contra el virus de la gripe y que los portadores de la mutación están sobrerrepresentados entre los pacientes con secuelas de la encefalitis transmitida por garrapatas. El ser humano ha desarrollado muchas otras formas genéticas tolerantes y su generalización varía entre las diferentes poblaciones humanas.

La eficacia del sistema inmunitario también tiene relevancia, al igual que otros factores. La condición física y la edad influyen en el rendimiento del sistema inmunitario. El sexo también es un factor significativo que afecta a las enfermedades infecciosas: los altos valores de testosterona pueden reducir la eficacia del sistema inmunitario, por lo que los hombres, en general, tienen un riesgo de contagio mayor.

En el mundo actual, la funcionalidad de los tratamientos disponibles y la rapidez a la hora de identificar la enfermedad influyen en su nivel de peligrosidad. En la actualidad, se pueden administrar antibióticos rápidamente incluso para enfermedades mortales que antes eran imbatibles. Mientras que la peste era antiguamente una enfermedad muy mortal, en la actualidad un antibiótico básico administrado con suficiente rapidez puede llevar a una recuperación rápida y perfecta. Además, las enfermedades también funcionan a velocidades diferentes. Algunas matan lentamente; otras, rápidamente. Sin tratamiento, el VIH no causa la muerte hasta varios años después, mientras que la peste pulmonar solo necesita treinta y seis horas para matar.

Por lo general, cualquiera de los dos factores anteriormente mencionados, la probabilidad de contagio y la eficacia del tratamiento, se ven afectados por un factor común: la geografía económica. Las zonas con más riqueza se centran más en la prevención de contagios. En las zonas más prósperas, también existen tratamientos mejores y más eficaces. Además, las zonas prósperas, como Estados Unidos y Europa occidental, suelen estar situadas en lugares relativamente más frescos, en los que la presión de las enfermedades es, en términos generales, inferior a la de los trópicos. Además, el propio nivel de vida es un factor significativo a la hora de prevenir la propagación de enfermedades. El riesgo de enfermedad para cada individuo es bastante situacional, y se ve influido tanto por el sexo y la fisiología como por la ubicación e, incluso, por el «tamaño» de la cartera.

La peligrosidad de las enfermedades está determinada, entre otras cosas, por la mortalidad que causa dicha enfermedad, la infecciosidad, el tiempo que tarda un individuo en morir desde la infección y la cantidad de agentes patógenos requeridos para el contagio. Todos esos factores tienen una base biológica que nace de la interacción entre el huésped y el parásito. La interacción entre el parásito y el huésped está regulada por las mismas presiones evolutivas que el resto de las relaciones ecológicas. En este capítulo estudiaremos qué factores determinan las propiedades fundamentales de los parásitos.

Las nuevas enfermedades matan

La viruela llegó de forma espectacular al continente americano en el siglo XVI con la Armada española. Cristóbal Colón fundó en la isla La Española una colonia que más tarde se convertiría en Santo Domingo. La colonia llegó a ser la cabeza de puente de la conquista española del nuevo continente, por lo que no es de extrañar que la viruela llegara justo allí en primer lugar. Se conoce exactamente la fecha de la epidemia (diciembre de 1518), aunque no se sabe en qué barco llegó la enfermedad. Bartolomé de las Casas, en su historiografía, sugirió que la enfermedad habría llegado desde el antiguo Reino de Castilla y que se habría propagado inicialmente entre los esclavos que trabajaban sin descanso en las minas de la isla. En aquella época, Santo Domingo era la capital de Nueva Castilla y un bullicioso puerto a través del cual los barcos de los conquistadores continuaban hasta la América continental. Gracias a la bulliciosa actividad del transporte marítimo, la primera epidemia de viruela llegó también a la América continental un año después.

Antes de la llegada de los europeos, La Española estaba colonizada por los taínos. Sin embargo, hacia el año 1519, toda la cultura taína prácticamente se había extinguido. Doscientos cincuenta mil taínos habían muerto como trabajadores de las plantaciones esclavizados por los europeos y la viruela mató al 90 % de los restantes.

Las enfermedades facilitaron notablemente el avance de los conquistadores. Cuando Francisco Pizarro se lanzó a la conquista del Imperio inca, la viruela ya había allanado el camino. El emperador Huayna Cápac y sus herederos habían muerto de la enfermedad y el Imperio estaba en plena vorágine de la guerra de sucesión. Habían fallecido ya la mitad de los incas y la estructura social se había desplomado. Los españoles tenían armas, armaduras y caballos, por lo que les resultó fácil conquistar el otrora poderoso Imperio inca.

En el siglo XVI, los europeos hicieron viajes de expedición por el mundo y compitieron por la conquista de nuevos territorios. Los resultados de los viajes son bien conocidos: por ejemplo, murieron un 85 % de los aztecas, el pueblo indígena de América Central. Aunque los cañones causaron una parte significativa de las muertes, también las enfermedades hicieron su labor. Solo el sarampión mató en cien años a, aproximadamente, una quinta parte de los pobladores del Nuevo Mundo, es decir, entre uno y cuatro millones de personas. Una epidemia de viruela en la década de 1630 mató a aproximadamente la mitad de los hurones de América del Norte.

Las nuevas enfermedades suelen ser devastadoras cuando llegan a una población humana que no se ha enfrentado con anterioridad a esa enfermedad. El avance impetuoso de las enfermedades de los europeos por América es un ejemplo de ello. El mismo tipo de destrucción se ha dado en otros lugares. Cuando el sarampión hizo estragos en la zona del océano Pacífico, en el año 1848, murieron una tercera parte de los hawaianos; en 1875, una tercera parte de los habitantes de Fiyi fallecieron; en el año 1900, la mortalidad entre el pueblo indígena aislado de Alaska fue aproximadamente del 40 %; y en el año 1911 murieron una quinta parte de los habitantes de la isla de Rotuma. La última conquista del sarampión fue Groenlandia. De los más de cuatro mil habitantes de la isla, tan solo cinco personas no contrajeron la infección; sin embargo, el porcentaje de mortalidad fue reducido.

Hay muchos motivos por los que las nuevas enfermedades son peores. En primer lugar, si el agente patógeno lleva mucho tiempo circulando entre los humanos en otra parte y se ha adaptado al ser humano como hábitat, es capaz de propagarse de forma eficaz de un humano a otro. En segundo lugar, nadie ha adquirido de forma anticipada la inmunidad a la enfermedad y la mayor parte de los expuestos enferma. Mientras que el sarampión circuló por Europa únicamente entre los más jóvenes, que no habían padecido antes la enfermedad, en los pueblos indígenas americanos se extendió a toda velocidad por toda la población humana. Cuando todos acaban en cama al mismo tiempo, la posibilidad de tratamiento se reduce de forma considerable, lo que debilita las posibilidades de supervivencia anteriores y, en el peor de los casos, puede llevar a un derrumbamiento de las estructuras sociales. En ese caso, las consecuencias, como la hambruna y el caos, pueden ser aún más perjudiciales que la enfermedad en sí misma.

En tercer lugar, la selección natural no ha tenido tiempo de actuar. Durante siglos, en Europa han muerto, sobre todo, aquellos que estaban expuestos a las enfermedades, por lo que, lógicamente, en las siguientes generaciones la exposición se ha reducido. Para aquellos que no se han enfrentado antes a la enfermedad no ha habido selección y, presumiblemente, los pueblos indígenas están, por término medio, más expuestos a la enfermedad que los europeos que han vivido con ella. La selección puede funcionar contra ciertas enfermedades, como el sarampión, pero también en relación con enfermedades infecciosas más amplias: una carga de enfermedades mayor puede favorecer un sistema inmunitario más eficaz.

El sarampión no ha sido el único agente patógeno destructivo que los conquistadores europeos llevaron a América. La viruela fue un *souvenir* aún más mortal. La mortalidad de la viruela aumentó de forma considerable cuando la varicela, la rubeola, la gripe, el tifus y la difteria llegaron también al continente y empezaron a causar epidemias. En el siglo XVI, América Central sufrió un periodo de grandes sequías; probablemente en la misma época llegara también al continente la propagación de una enfermedad endémica, el cocoliztli. No se sabe en qué consistía esa enfermedad infecciosa en realidad, pero según sus síntomas y su modo de aparición, se estima que se trataba de alguna fiebre hemorrágica viral propagada por roedores, puede que pariente de los actuales *Hantavirus*. Otra suposición ha sido la fiebre paratifoidea producida por la *Salmonella enterica*, ya que se ha encontrado ADN de *Salmonella* en los cadáveres de personas muertas por la enfermedad. Por acción conjunta de esas enfermedades, en el siglo XVI murieron decenas de millones de personas. En la zona de México, una población de veinticinco millones de personas sufrió el colapso hasta quedarse en menos de un millón: el número de habitantes no recuperó los niveles anteriores a Colón hasta la década de 1940. En Europa, la peste negra fue una pequeña epidemia en comparación con la destrucción de los pueblos indígenas de América.

Si uno tiene la impresión de que los europeos tenían muchas más enfermedades que las personas que vivían en otros lugares y de que, durante la época de los viajes de expedición, los conquistadores europeos propagaron estas enfermedades al resto del mundo, pero no trajeron a Europa enfermedades nuevas, está casi en el camino correcto. Sin embargo, la historia no es tan simple, aunque la imagen es bastante clara: el comercio entre pueblos prácticamente acabó con la población indígena americana.

No obstante, los europeos también obtuvieron nuevas enfermedades a cambio. Aunque Colón no encontró la India que estaba buscando, su tripulación, en cambio, encontró la sífilis. Los primeros casos de sífilis en Europa se detectaron, precisamente, tras la primera expedición de Colón; la primera epidemia real estalló en el año 1494 o 1495, en la época del asedio de Nápoles. Es probable que la enfermedad fuera desconocida anteriormente en Europa, ya que las primeras epidemias de sífilis fueron mucho más agresivas que los síntomas actuales de la enfermedad. Entonces, la sífilis mataba tras varios meses de síntomas. Este recuerdo del viaje a América arrasó la Europa continental de la mano de los ejércitos, pero medio siglo después ya se había mitigado hasta niveles similares a los de la sífilis que conocemos en la actualidad.

Las enfermedades africanas empezaron a molestar a los europeos de forma indirecta. Debido a la trata de esclavos, la fiebre amarilla y la malaria se propagaron hacia América. Esto también perjudicó a los europeos, ya que, al contrario que los esclavos traídos de África, no tenían mutaciones que los protegieran de la malaria, como la anemia drepanocítica. Los europeos repararon en la tolerancia de las personas de ascendencia africana y aumentaron aún más la importación de esclavos porque, gracias a su adaptación, los esclavos africanos eran capaces de realizar aquellos trabajos que los europeos no podían.

Sin embargo, los europeos tienen una tolerancia insuperable a las enfermedades que son consecuencia casi directa del comercio con griegos y romanos y, posteriormente, con los viajeros de la Ruta de la Seda. Los comerciantes europeos habían viajado mucho y habían traído consigo enfermedades de todos los lugares del mundo. La peste llegó a Europa, precisamente, gracias al aumento del comercio con el Imperio mongol. No obstante, la mayor parte del mundo pertenecía al Viejo Mundo, donde había muchos más habitantes en continua interacción, por lo que las enfermedades se propagaban rápidamente. Un mayor número de personas, de contactos y de animales domésticos, y una zona más amplia para vivir significaban, sencillamente, que había más enfermedades disponibles. Las enfermedades también habían puesto a prueba el genoma europeo: las personas que tenían una menor tolerancia seguramente habían muerto ya en la infancia. La presión selectiva causada por las enfermedades se encargó de que la resistencia de los europeos fuera notablemente más alta que la de cualquiera de las poblaciones humanas con las que se encontraban.

Por el contrario, en América, donde las enfermedades eran menores en número, también la interacción entre los humanos era menor. Los europeos estaban mejor preparados para el mundo de las enfermedades y, por ese motivo, se propagaron menos enfermedades desde América hasta Europa que a la inversa. Los aborígenes americanos también portaban muchas enfermedades similares a las de los europeos: al fin y al cabo, solo habían emigrado hasta América durante la Edad de Hielo anterior, es decir, hace unos quince mil años. Sin embargo, después de esto la humanidad recibió muchas nuevas enfermedades, la mayor parte de ellas procedentes del Viejo Mundo. Fueron precisamente estas enfermedades del Viejo Mundo las que causaron estragos en el Nuevo Mundo.

No muerdas la mano que te da de comer

Un mensaje corto pero alarmante llega a la estación de investigación: «Una rata ha mordido a Mikael». Un grupo de estudiantes finlandeses ha salido a la selva a recoger muestras, pero yo me he quedado en el centro de investigación para continuar con mi trabajo.

La Universidad de Helsinki organiza anualmente un curso de campo en Madagascar sobre la planificación de las zonas protegidas. Ese curso de campo fue mi primer contacto con Madagascar y mi entusiasmo por hacer la tesis precisamente sobre los lémures ratón surgió de esa experiencia. A lo largo de los años, he participado en la organización del curso y ahora me encuentro aquí como el visitante más experimentado de Madagascar. También he aprendido que solo los imprudentes llevan a sus alumnos a la selva.

Cuando un mamífero salvaje muerde a una persona en el trópico, la primera y más importante pregunta es si la persona que ha recibido la mordedura está vacunada contra la rabia. Afortunadamente, Mikael lo está: a veces, la vacuna ofrece un tiempo adicional de vital importancia.

La rabia es una enfermedad temible, ya que la aparición de síntomas significa una muerte segura. Bueno, no siempre, porque se conoce el caso de una persona que logró sobrevivir. El nombre de la rabia hace referencia a que los animales portadores de la enfermedad suelen ser agresivos y morder a otros animales o personas. Esta sencilla modificación del carácter garantiza que la rabia tenga mayores posibilidades de propagación. El virus de la rabia también necesita todo tipo de ayuda, ya que se propaga únicamente durante la presencia de los síntomas y causa la muerte en unos tres días desde el inicio de dichos síntomas. Desde el contagio hasta el inicio de los síntomas pueden pasar semanas e incluso meses.

No existe una vacuna eficaz contra la rabia, pero la vacuna preventiva proporciona tiempo adicional hasta la obtención de la vacuna de refuerzo. Si se sospecha que se ha producido un contagio de rabia (y es conveniente sospechar de un contagio a la mínima señal, ya que se trata de una enfermedad sin tratamiento), se proporcionan una serie de vacunas de refuerzo que, en principio, previenen el arranque de la enfermedad. Si la persona en cuestión ya ha recibido una vacuna, es suficiente con administrar dos nuevas vacunas en un plazo de tres días. Si no está previamente vacunada, deberán administrarse cuatro vacunas, además de la vacuna de inmunoglobulina antirrábica.

Cualquier mamífero puede ser portador de la rabia. Los murciélagos son especialmente peligrosos, ya que muerden fácilmente a los humanos y su mordedura no siempre se detecta. Por lo tanto, las medidas de prevención son simples: si te despiertas en el trópico con un murciélago en la habitación, sospecha de un contagio de rabia. Claro que los visitantes más experimentados de la selva no acuden al médico por cualquier mordedura. Las indicaciones de ciertos veterinarios son razonables y sencillas: captura al animal que ha causado la mordedura, mantenlo en una jaula durante tres días y, si sigue vivo después de eso, es que no tienes la rabia.

Por desgracia, la rata que había mordido a Mikael ya estaba en libertad, por lo que, tras la mordedura, hubo que viajar a Antananarivo en busca de la vacuna de refuerzo contra la rabia. En general, es bastante improbable que una rata tenga la rabia: al fin y al cabo, una rata que ha sido capturada no necesita tener la rabia para morder a una persona. Los que tratan con roedores vivos salvajes saben que la mordedura es una reacción muy natural para un roedor capturado. Sin embargo, no es conveniente correr riesgos con las enfermedades en la selva. Mikael sigue vivo.

La peligrosidad de las enfermedades está regulada, en su nivel más básico, por la necesidad de los agentes patógenos de mantenerse con vida. Los parásitos siempre son dependientes de sus huéspedes: se mantienen vivos y existen únicamente mientras también lo hagan sus huéspedes. Las enfermedades más destructivas desaparecen una vez que han matado a sus especies hospedantes. En Madagascar, la peste no sobrevive en las zonas costeras porque las ratas infectadas mueren rápidamente antes de poder contagiar la peste a la siguiente rata. Las ratas de las tierras altas, por el contrario, se las arreglan mejor y consiguen que la peste sobreviva.

Por otra parte, los agentes patógenos necesitan absorber nutrientes de su huésped de forma lo suficientemente eficaz como para ser capaces de reproducirse. Para la mayor parte de las especies, contagiar a un humano solo supone una alegría temporal, ya que el sistema inmunitario humano es un eficaz destructor de parásitos. El parásito tiene que lograr reproducirse y propagar a sus descendientes entre otros humanos en cuanto logra infectar a uno. No obstante, toda la energía requerida para la reproducción y la propagación procede del individuo hospedante.

La peligrosidad de la enfermedad depende de la cantidad de recursos que el agente patógeno absorba de su huésped. Cuantos más nutrientes le quite el parásito a su huésped, más dañino será para él. La gravedad de la enfermedad y la eficacia reproductora suelen estar conectadas entre sí: cuanto más grave es una enfermedad, mejor se propaga el parásito. El virus del Ébola y la peste no podrían mantenerse con vida únicamente en los humanos, puesto que su capacidad de propagación es muy débil en comparación con su letalidad. Por lo tanto, el aprovechamiento efectivo del huésped mejora las posibilidades del parásito de crecer y propagarse, pero, al mismo tiempo, lo expone a otros problemas.

Cuanto más perjudicial es el parásito, mayor probabilidad de morir tiene el individuo hospedante, y de forma más rápida. Por tanto, un parásito muy perjudicial (piensa, por ejemplo, en la bacteria de la peste o en el virus del Ébola) tiene una ventana de tiempo relativamente corta para pasar al siguiente huésped. Si el parásito, por su parte, no se beneficia de forma demasiado efectiva de su huésped, este logrará mantenerse con vida durante más tiempo y el parásito tendrá más tiempo de propagarse. Por supuesto, mantenerse con vida siempre es una buena opción para el parásito. Por otra parte, el sistema inmunitario de un animal hospedante establece un límite al bienestar del parásito en su cuerpo; transcurridas un par de semanas desde la infección, el sistema inmunitario ya está en plenas condiciones de funcionamiento contra nuevas infecciones. Por otra parte, cuanto menos se beneficia el parásito de su huésped, menor necesidad tiene dicho huésped de deshacerse de él. El huésped también tiene que priorizar su actividad y luchar contra los parásitos de forma eficiente. Algunas veces, sencillamente, es más razonable soportar a un parásito poco perjudicial que iniciar una ardua guerra contra él.

No obstante, el entusiasmo del parásito por aprovecharse del animal hospedante causa dos problemas: el huésped puede morir, en cuyo caso el parásito también morirá y habrá perdido su capacidad para reproducirse; o el huésped se centra en matar al parásito con su sistema inmunitario. Por tanto, en cierto modo, el parásito está acorralado: le conviene desarrollarse del modo menos perjudicial posible para mantenerse con vida. Anteriormente, también se creía que, con el paso del tiempo, las enfermedades se volvían menos peligrosas, si no completamente inofensivas. El hecho de que el parásito matara a su huésped se veía, sobre todo, como una mala capacidad de adaptación: debido a que el interés del huésped va, en muchos sentidos, en la misma dirección que el interés del parásito, este debería desarrollarse hacia una existencia paralela más tranquila con su huésped.

Sin embargo, este es un modelo de pensamiento completamente erróneo, ya que la propagación solo es una parte del ciclo de vida del parásito. Existen muchos casos en los que la templanza no es el mejor modo de sobrevivir. En los siguientes capítulos describiremos muchos motivos por los que a los parásitos algunas veces les conviene ser más letales y por qué, a veces, tienen que ser peligrosos.

Plan de eliminación del parásito

La propagación de una enfermedad de un animal hospedante a otro es cuestión de vida o muerte para el parásito. Existen muchos modos de contagio aunque, para el parásito, el modo de propagación no es irrelevante. Todo el modo de vida del parásito deberá promover la propagación.

Para evaluar la peligrosidad de las enfermedades infecciosas y los parásitos, es necesario recordar que la evolución está detrás de todo. Los parásitos no tienen como objetivo ningún modo de vida. Las enfermedades existen porque se han mantenido con vida. La bióloga botánica Hope Jahren describió la evolución de forma acertada cuando escribió que las plantas adaptadas al desierto no viven en este porque les resulte agradable: viven en el desierto porque nadie las ha matado. La misma lógica puede aplicarse a todos los organismos, incluidos los agentes patógenos. Si observamos toda la trayectoria de vida de un agente patógeno (llegar a un ser humano, provocar el contagio, reproducirse y, finalmente, contagiar al siguiente humano), en la recta final deberá haber la misma cantidad de agentes patógenos que al principio.

Si, por algún motivo, el parásito no logra propagarse hacia el siguiente huésped, eso supondrá el fin de su historia y la especie parasitaria se encontrará en peligro de extinción. Todos los agentes patógenos existentes son supervivientes experimentados que se mantienen en el ciclo de la vida y se reproducen de forma victoriosa. Para sobrevivir, han vencido los mecanismos de defensa del ser humano: además de sobrevivir en el humano, logran trasladarse de un humano a otro. También conviene recordar que el huésped (es decir, el humano) no es el único contrincante de los parásitos. Los parásitos han competido por su lugar en el cuerpo del individuo hospedante con otros parásitos y con especies beneficiosas para nosotros. Los parásitos victoriosos no solo lo han sido en su competición contra nosotros, sino también contra muchas otras especies que se benefician de nosotros.

La malaria es la enfermedad más letal del mundo si se tiene en cuenta el número de muertes anuales. El parásito de la malaria *(Plasmodium)* se reproduce de forma sexual en los mosquitos y de forma asexual en los humanos. Tiene un ciclo de vida indirecto, ya que cuenta con un huésped principal, el mosquito, y un huésped intermediario, el humano. Cuando un mosquito infectado chupa sangre de un ser humano, el parásito se traslada hacia el humano; cuando un mosquito chupa sangre de un ser humano infectado, el parásito vuelve a trasladarse al mosquito. Para la supervivencia del *Plasmodium*, es fundamental que los mosquitos piquen a los humanos de forma profusa y frecuente.

Cualquier factor que exponga al humano a una picadura de mosquito supone un beneficio para el *Plasmodium*. Lo mejor para el *Plasmodium* es que los síntomas de la enfermedad provocada por el parásito son muy adecuados para los modos de propagación. La táctica del *Plasmodium* describe muy bien el nombre común de *fiebre intermitente* con el que también era conocida la enfermedad. Este término hace referencia a los accesos de fiebre extrema causados por la malaria, que se repetían en intervalos de tres o cuatro días. Los mosquitos del género *Anopheles* son los que propagan la malaria en humanos. Una fiebre alta es capaz de dejar al humano sin fuerzas y postrado en la cama. Cuando el humano yace en cama, está expuesto al mosquito y el *Plasmodium* puede continuar su viaje. Mientras que una persona con plenas fuerzas lograría esquivar al mosquito y aplastarlo, una persona postrada en cama con fiebre intermitente es una excelente víctima. Por lo tanto, a la malaria le conviene ser una enfermedad lo suficientemente grave para mejorar sus posibilidades de contagio. Esto es una regla general para los parásitos de transmisión vectorial que se propagan de un huésped a otro, por ejemplo, a través de la picadura de un insecto o de otro animal. Las enfermedades de transmisión vectorial suelen ser peores, porque una enfermedad grave contribuye a su propagación.

Sin embargo, esta táctica no es adecuada para todos los parásitos. Si la mejor forma de propagación de un agente patógeno es la infección por gotitas, no necesariamente le conviene provocar una enfermedad grave, ya que un humano sano, activo y social se encontrará con más huéspedes potenciales para el parásito, lo que hará que la enfermedad se propague con más facilidad. El resfriado común, causado por unas cien especies de virus, también es una enfermedad casi inofensiva. Es tan leve que la persona infectada puede ir a trabajar. Los rinovirus agradecen que un humano activo los disperse por la oficina.

La diarrea, por su parte, es una vía especialmente práctica para los parásitos que se propagan mediante los excrementos. ¿Qué mejor modo puede haber que por sorpresa y a dispersión? Algunos parásitos son más específicos y calculadores: cuando el gusano de Guinea está listo para poner huevos, forma una ampolla ardiente en la piel de la pierna. El dolor que provoca la ampolla puede aliviarse en el agua y el alivio funciona especialmente bien si se mete toda la pierna en el agua. El furúnculo revienta al entrar en contacto con el agua, y los huevos que la lombriz ha puesto en él pasan al agua, donde pueden empezar su ciclo de vida y buscar un copépodo como huésped intermediario. Por tanto, el gusano de Guinea influye incluso en el comportamiento humano. Este efecto no es en absoluto discreto, y tampoco tiene que serlo, pues mediante este procedimiento consigue continuar su ciclo vital.

La ingeniosidad de los medios de propagación de los parásitos puede dar la impresión de que están programados a conciencia y con todo lujo de detalles. Pero esto es ilusorio, ya que la evolución solo funciona a corto plazo. La evolución no escoge modos de propagación fantásticos e impresionantes, sino que va allí donde las barreras sean más bajas. Mientras que las matemáticas se consideran una disciplina científica elegante, la biología es todo lo contrario: es caótica y, con frecuencia, innecesariamente compleja. Cuando las propiedades se vuelven innecesarias con el avance de la evolución, se atrofian o se desarrollan nuevos usos para ellas. El *Plasmodium*, entre otros, desciende de especies que tenían cloroplastos. Sin embargo, ya no se asimila, por lo que ya no necesita cloroplastos. Por tanto, estos han mutado hasta convertirse en estructuras llamadas apicoplastos. Son de vital importancia para el metabolismo del *Plasmodium*, ya que lo ayudan a utilizar la sangre como alimento. Por tanto, el *Plasmodium* no ha desarrollado una nueva estructura eficaz para aprovechar la sangre, sino que ha modificado una antigua estructura para que funcione lo suficientemente bien. Los modos de vida de los parásitos son ejemplos de soluciones de ganador: no solo son suficientemente buenas, sino que, además, son mejores que las de los demás parásitos.

La gravedad de la enfermedad, es decir, la peligrosidad del parásito para el huésped, no es la única adaptación. También la variación de síntomas de la enfermedad puede relacionarse con las diferencias en los modos de propagación. Los parásitos que se propagan con ayuda de los insectos chupasangres deben tener en cuenta los modos de vida de sus especies hospedantes para poder estar en el lugar adecuado en el momento adecuado. En el trópico, los mosquitos suelen volar de noche, por lo que a los agentes patógenos que se propagan mediante mosquitos les conviene estar preparados para saltar a bordo en la oscuridad; durante las horas de luz, pueden volver a un lugar en el que se mantengan vivos lo mejor posible hasta la noche siguiente.

Durante el trayecto de vuelta de un viaje de investigación a Madagascar, padezco una fiebre alta. La fiebre baja a la mañana siguiente y mi temperatura corporal vuelve a la normalidad, aunque aumenta de nuevo a la noche siguiente. Para alguien acostumbrado a la ética de trabajo luterana, se trata de una situación difícil: no consigo dormir por las noches, por lo que estoy agotado durante el día a pesar de que, por lo demás, me encuentro estupendamente. No obstante, tras varios días de sueño escaso decido que esto claramente puede considerarse una enfermedad y que es hora de ir al médico a aclarar el caso. No he oído hablar anteriormente acerca de una enfermedad que produzca fiebre alta por las noches de forma recurrente, por lo que esto también despierta mi interés profesional. Lo cierto es que mis expectativas sobre el diagnóstico del médico no son muy buenas: el mundo está lleno de agentes patógenos que causan una ligera fiebre, pero nada más.

Cuando uno pronuncia las palabras *fiebre* y *trópico* cerca de un médico, lo más seguro es que sea remitido a una prueba de malaria. Lo mismo me sucede a mí. Intento sugerir discretamente que la fiebre de la malaria debería subir y bajar en intervalos de tres o cuatro días, mientras que yo sufro ese asedio a diario. Además, he tomado medicamentos de prevención de la malaria y, en los tres meses del viaje, solo estuve en zonas de malaria de pasada. No sirve de nada y acabo en la prueba de malaria. Puede considerarse una victoria que el médico también sospeche que, seguramente, no se trate de malaria, pero no sabe evaluar ningún otro agente patógeno a partir de los análisis de sangre. Los resultados del análisis no son sorprendentes: no se trata de malaria. «Si la enfermedad se prolonga, contacta conmigo», dice el médico.

Si la historia hubiera acabado aquí, se habría tratado de una enfermedad muy habitual y no demasiado interesante. Sin embargo, la situación rápidamente da un giro en una dirección más emocionante. Tras una semana de síntomas, ya no me sube la fiebre por la noche: en su lugar, sufro una picazón. Cada tarde, después de las seis, me empieza a picar la piel y me salen sarpullidos, especialmente en las manos y en los pies. Llegados a este punto, sumo dos más dos y establezco una culta hipótesis académica: he contraído una enfermedad que se contagia por medio de un mosquito. Los agentes patógenos, pertenezcan al grupo que pertenezcan, son más activos en mi torrente sanguíneo por las noches porque quieren saltar a los mosquitos malgaches. Madagascar está situado cerca del ecuador, donde el sol se pone a las seis; a partir de esa hora, los mosquitos empiezan a buscar víctimas de forma activa. Junto con la picadura de un mosquito, he recibido un parásito que quiere continuar su viaje hacia el siguiente mosquito. Para disgusto del agente patógeno, jamás logrará continuar con su vida porque en las noches de enero en Finlandia raramente hay mosquitos en movimiento.

El cambio de síntomas también indica lo que está pasando en mi cuerpo. Al principio, el causante de las molestias se encuentra bien y consigue evitar mi sistema inmunitario mientras se reproduce. El parásito puede huir y esconderse, pero ya no es capaz de escapar en óptimas condiciones de mi sistema inmunitario. La última obra del desgraciado acaba siendo una muerte en masa dentro del torrente sanguíneo. Tras una semana de picores y sarpullidos, acaban mis molestias. Supongo (y espero) que lo que quiera que tuviera en la sangre haya desaparecido. Otra opción es que el agente patógeno se haya puesto cómodo y esté descansando, por ejemplo, en mis hepatocitos, para volver a incordiarme dentro de algunos años.

Si alguna vez recibo un trasplante de órganos o una enfermedad que produzca la pérdida de inmunidad, por mi historial de viajes seguro que mis análisis de sangre serán examinados de forma muy exhaustiva para comprobar que ningún agente patógeno, por otra parte inofensivo, se haya instalado en mi edificio.

El ritmo circadiano de los parásitos ha sido muy estudiado. Es un fenómeno especialmente conocido en los nematodos que circulan por el torrente sanguíneo, es decir, los gusanos que causan la llamada filariasis. Este grupo abarca muchos parásitos repugnantes, como *Wuchereria bancrofti* y *Brugia malayi*, que causan la elefantiasis. Esta enfermedad debe su nombre a los rasgos que presenta cuando está muy desarrollada. Cuando una persona se infecta, la circulación de líquidos de su sistema linfático se ve impedida y una infección crónica arrasa los vasos linfáticos. Entonces, por lo general, los líquidos se acumulan en las extremidades inferiores y las piernas se hinchan de forma desmesurada. En los hombres más afortunados, los nematodos penetran en el escroto, cuyo tamaño se hincha de forma descomunal. Seguramente sea una experiencia complicada y dolorosa, pero no tan molesta como podría imaginarse. En muchas culturas, los testículos dilatados se consideran una bendición de los dioses y una señal de hombría especialmente bien desarrollada.

El ritmo circadiano es un fenómeno significativo para la medicina, puesto que influye en la identificación de enfermedades. El hecho de que los causantes de la elefantiasis, las formas larvarias de los nematodos, solo circulen en la sangre por las noches significa que únicamente es posible diagnosticar la enfermedad mediante un análisis de sangre realizado por la noche. Durante el día, los gusanos se esconden en los vasos capilares de los pulmones. Un médico descuidado podría fácilmente afirmar que no hay infección si hace el análisis de sangre por error en el momento equivocado.

Los helmintos han adaptado su ciclo de vida y su comportamiento depende de la especie que los propague. Las filariasis que viven en el tejido subcutáneo se propagan por moscas activas durante el día. Así, por ejemplo, el gusano *Loa loa* adulto pone huevos durante el día, y las larvas con capacidad de contagio están en el torrente sanguíneo únicamente durante el día. Cuando sale el sol, el *Loa loa* empieza a poner huevos. El sistema inmunitario ataca inmediatamente a las larvas de los helmintos y empieza a destruirlas. Con la puesta de sol, el gusano deja de poner huevos y el sistema inmunitario vacía el torrente sanguíneo de larvas rápidamente. Por el contrario, los gusanos adultos se quedan a esperar el siguiente día y una nueva oportunidad de propagación.

Con uno es suficiente

El modo de propagación de los parásitos también se ve afectado por la cantidad de agentes patógenos que sean necesarios para provocar el contagio en un humano. Un afortunado parásito *per se* puede ser suficiente, pero en el maltrecho mundo de los parásitos, las posibilidades de éxito de un solo parásito son insignificantes. Un microbio que sale de un humano mediante un estornudo, un contagio directo o un excremento raras veces vuelve a encontrar un nuevo humano al que infectar. Si lo encuentra, el sistema inmunitario, la piel y las mucosas frustran los intentos de casi todos los aspirantes.

Sin embargo, la capacidad de éxito de los parásitos que pasan al cuerpo humano varía enormemente. Mientras que una infección de tuberculosis no requiere más de diez individuos infecciosos, para la infección de carbunco son necesarios miles, y para la de *E. coli*, millones. Entonces, ¿qué determina la cantidad de agentes patógenos necesarios para penetrar en el cuerpo hospedante?

El tamaño de la dosis infecciosa depende también del modo de contagio: un agente patógeno que se propaga mediante infección por gotitas, por lo general, consigue hacer llegar a su destino a menos individuos que, por ejemplo, un agente patógeno transmitido por heces. Por otra parte, las membranas mucosas de los pulmones son un lugar más fácil de penetrar que un estómago muy ácido. Los parásitos que se propagan a través de los excrementos tienen que pasar al intestino humano y, desde allí, lograr atravesar el estómago. El entorno ácido del estómago no es pan comido para los parásitos; por este motivo, son necesarios muchos agentes patógenos para que al menos una parte logre pasar al intestino con plena capacidad de actuación.

El modo de contagio lleva a diferentes modos de presión selectiva: dependiendo del modo de contagio, los parásitos deberán conquistar a un nuevo individuo en un grupo pequeño o grande. En el tamaño de la dosis infecciosa tampoco influye únicamente el número de individuos, sino que la fuerza grupal puede actuar en beneficio de los parásitos de muchas maneras.

Un gran grupo de descendientes puede tener un amplio espectro de individuos genéticamente diferentes. Si la infección de determinado huésped funciona únicamente con un determinado genoma, una gran cantidad de individuos puede aumentar las posibilidades de contagio. Por consiguiente, de entre un millón de descendientes puede que solo unos cuantos miles sean adecuados para infectar a cada huésped. Lo bueno de tener una amplia variabilidad es que los descendientes de un parásito, posiblemente, sean capaces de contagiar a varios individuos diferentes. De este modo, el parásito no necesita especializarse solo en una parte de los huéspedes, sino que propagando sus redes de forma extensa puede maximizar sus posibilidades de contagiar con éxito a cada huésped. Esto es especialmente beneficioso en los casos en los que el parásito se encuentra con un animal hospedante con poca frecuencia.

Parece ser que algunas bacterias infecciosas funcionan también en colaboración mutua: segregan sustancias que facilitan la penetración en el nuevo individuo. De este modo, la conquista del nuevo huésped puede requerir, también de forma genuina, la fuerza colectiva, que implica que solo una pequeña parte de las bacterias llegarán a su objetivo y muchas morirán por el camino. Los descendientes del mismo parásito son parientes cercanos entre sí (en el caso de las bacterias, suelen ser completamente idénticos, es decir, clones), por lo que la colaboración con parientes es beneficiosa. Esta fuerza colectiva es similar a la migración grupal de los espermatozoides hacia el óvulo.

La dosis infecciosa también depende de la eficacia del sistema inmunitario de cada humano. Por lo general, los individuos más débiles (es decir, los bebés y los ancianos) se contagian con más facilidad. La desnutrición o el estrés pueden llevar a un debilitamiento del sistema inmunitario. La inmunodeficiencia también puede ser consecuencia de determinadas enfermedades, como el VIH. Por otra parte, los genes humanos también influyen en la susceptibilidad al contagio en relación con muchas enfermedades.

El tamaño de la dosis infecciosa afecta al riesgo que tiene una persona de contraer una enfermedad. Sin embargo, eso es solo uno de los factores que determinan el riesgo, ya que la cantidad de exposiciones también es importante. Algunas enfermedades se contagian de forma muy débil: por ejemplo, el VIH, en realidad, es pésimo en el contagio por contacto sexual. No obstante, lo que mantiene al VIH con vida es la costumbre que tienen los humanos de exponerse a él repetidamente. Una débil eficacia de contagio no supone un problema si el parásito tiene continuas oportunidades de contagio.

El parásito actúa de forma razonable

Cuando una persona come un pescado, el gusano ancho de los peces pasa al intestino humano. Es decir, al parásito le beneficia (en realidad, es absolutamente necesario) que el huésped intermediario sea ingerido. Por tanto, al gusano ancho de los peces no le perjudica hacer enfermar a su huésped intermediario, siempre que promueva que dicho huésped vaya a parar a una boca mejor. Por el contrario, una supervivencia más larga del huésped principal, el ser humano, supone un beneficio para el gusano ancho de los peces. El gusano ancho de los peces puede vivir durante años, por lo que la capacidad de actuación del huésped principal es de vital importancia en relación con la producción de huevos del parásito. Por tanto, el gusano ancho de los peces no es demasiado peligroso necesariamente para el ser humano, ya que sus objetivos (una vida larga y estable) coinciden, en gran medida, con los objetivos del humano.

El carácter perjudicial de este gusano depende de su fase de vida. Otro representante de los cestodos, la tenia del cerdo *(Taenia solium)* es un buen ejemplo de cómo el mismo parásito puede producir síntomas muy diferentes dependiendo de la fase en la que infecte al ser humano. Por lo general, los huevos de la tenia del cerdo adulta van a parar al suelo desde el intestino del ser humano o de otro animal y pasan a ser alimento de los cerdos a través de otro alimento. Cuando el cerdo come su comida contaminada por los huevos, el huevo del cestodo pasa a su huésped intermediario. El huevo se abre en el intestino del cerdo, viaja a través de la pared intestinal y circula con la sangre hasta que se enquista en el músculo para esperar a que el cerdo sea ingerido. Los cestodos son muy pacientes, ya que sus quistes, como se denominan científicamente, pueden esperar vivos durante varios años o incluso décadas. Por lo general, el ser humano también obtiene una infección cuando consume carne mal cocinada que contiene quistes de cestodo. El quiste se deshace en el ácido del estómago, el gusano sale del huevo y establece su hogar en el intestino. Cuando el gusano ha crecido lo suficiente, empieza a poner huevos. Puede que la tenia del cerdo, al igual que muchos otros cestodos, sea un poco repugnante, pero un occidental con buena condición física no siempre repara en su existencia.

La situación puede volverse dramática si la tenia del cerdo cree que el ser humano es su huésped intermediario. Puede suceder que una persona ingiera por error huevos de cestodo, por ejemplo, con comida contaminada con excrementos. Otro modo de contagio típico está estrechamente relacionado con el vómito: el vómito humano no vacía únicamente el contenido del estómago, sino que se pone en movimiento desde el duodeno. Por tanto, el vómito también puede tener contenido del intestino, como huevos de cestodo recién puestos. Si estos huevos que han acabado en la boca y en el esófago con el vómito se tragan y pasan al estómago, creerán que han completado con éxito el ciclo de vida y que se encuentran en el huésped intermediario. Las larvas recién salidas del huevo en el huésped intermediario salen a enquistarse en la musculatura de modo que estén preparadas para pasar al tracto digestivo de su huésped principal. Si el cestodo sale a enquistarse en el organismo del ser humano, aparece una enfermedad denominada *cisticercosis*. En muchos casos, esta tampoco es una infección peligrosa, pero el riesgo existe. La cisticercosis puede ser peligrosa si las larvas de cestodo se enquistan, por ejemplo, en el músculo del corazón o en el sistema nervioso central. Como consuelo, podemos afirmar que en Finlandia se da únicamente un caso de media al año.

Las enfermedades modifican a su huésped

Las luces de la terraza de la estación de investigación Centre Val-Bio atraen a muchos insectos. En la noche de la selva transitan diferentes mariposas, hormigas en pleno vuelo de apareamiento, escarabajos y mantis religiosas que se los comen a todos. Por las mañanas, la lavandera malgache caza insectos que no han sabido ponerse a salvo con la llegada del amanecer.

En la terraza se ven muchos saltamontes, lo cual me parece extraño. En años anteriores, había visto saltamontes principalmente de día, nunca por la noche. Además, esos saltamontes eran bastante apáticos. Saltan dificultosamente hacia la luz y suelen quedarse mucho tiempo en el sitio.

Una noche, después de la cena, me dispongo a revisar mis trampas para lémures ratón. Me he puesto la ropa de campo, he cogido las herramientas necesarias y estoy esperando a mi ayudante.

—¡Tuomas! —gritan de pronto desde el piso superior, con un tono de voz que me hace apresurarme. Subo al piso superior dando zancadas para ver qué ha pasado.

—Pisé a ese saltamontes sin querer, explotó y salió de él un gusano inmenso —farfulla una estudiante americana. En el suelo hay un saltamontes medio aplastado y un gusano de unos treinta centímetros serpentea a su lado. Cuatro chicas rodean con cuidado al gusano blanco sin estar seguras de atreverse a mirarlo más de cerca. No saben si deberían estar asustadas o fascinadas por lo sucedido.

Yo no tengo ninguna duda: me regocijo. Me regocijo y me refocilo con esa sensación de quien ve por primera vez en vivo un evento que ha visto en vídeo montones de veces, del que ha leído muchos libros y ha oído muchas historias.

Los nematomorfos son uno de los grupos de parásitos más fascinantes. Forman su propio filo taxonómico *(Nematomorpha)*, relativamente pequeño, y, con toda probabilidad, son parientes cercanos de los nematodos. Los nematomorfos son largos parásitos vermiformes que crecen dentro de los insectos. Un nematomorfo adulto come al insecto desde su interior hasta que está listo para aparearse. Los gusanos adultos viven en el agua, por lo que tiene que acabar en el agua de algún modo. La mejor opción, por supuesto, es que el propio saltamontes salte al agua, con lo cual el nematomorfo hará lo propio. Cuando el saltamontes está en el agua, el nematomorfo lo hace explotar para salir de su interior.

Si se observa a un saltamontes del que ha salido un gusano y al nematomorfo forcejeando a su lado, uno se pregunta cómo habrá logrado caber dentro del saltamontes y cómo este se ha podido mantener con vida con un gusano tan inmenso en su interior. Paso los primeros diez minutos admirando al nematomorfo y el magnífico espectáculo que nos está brindando. Entonces, ato cabos: si antes no había visto saltamontes por las noches y los que veía se comportaban de forma extraña, ¿acaso esta migración anual de saltamontes estaba causada por los nematomorfos? ¿Puede el nematomorfo causar un cambio en el comportamiento del saltamontes que, además de atraerlo hacia el agua, también lo atraiga hacia la luz durante la noche?

Ese es el comienzo de un experimento científico a pequeña escala que dura toda la temporada de campo y en el que estudio a todos los saltamontes nocturnos de la terraza de la estación de investigación. Cuando veo el primero, al cabo de dos días, lo piso: el interior del saltamontes estalla con el nematomorfo. Sin embargo, me arrepiento inmediatamente de mi acción. ¿Y si no hubiera habido un nematomorfo dentro del saltamontes? Entonces, habría matado al saltamontes en vano. Así que, cuando veo el siguiente saltamontes, voy a buscar un recipiente con agua y pongo al insecto en su interior. Paf, el nematomorfo está nadando en el recipiente.

Catorce saltamontes y catorce nematomorfos más tarde, declaro que mi hipótesis inicial es, probablemente, correcta.

A los parásitos les resulta más sencillo reproducirse si son capaces de influir en el comportamiento de su huésped. La fiebre que produce la malaria o la atracción que siente por el agua el gusano de Guinea son cambios menores en comparación con lo que es capaz de provocar el nematomorfo. De algún modo, hace que el saltamontes, en contra de su deseo, salte hacia el agua; como efecto secundario, parece ser que también le hace apreciar las luces brillantes.

El *Plasmodium* es un propagador especialmente eficaz, puesto que no solo provoca fiebre en el ser humano para mejorar las posibilidades del mosquito de chuparle la sangre, sino que también causa molestias al mosquito. El mosquito que porta la malaria sufre dos síntomas: no se siente saciado con tanta facilidad y su aguijón tiene un sentido del tacto más débil. Esto tiene como consecuencia que el mosquito portador de la malaria no llegue a saciarse y chupe sangre durante más tiempo, por lo que el *Plasmodium* tiene más tiempo de pasar del mosquito al ser humano. El sentido debilitado del tacto, por su parte, provoca que el mosquito tenga que dar más pinchazos de prueba antes de encontrar el punto adecuado. De nuevo, esto hace aumentar las oportunidades del *Plasmodium* de pasar al ser humano.

Por su parte, la bacteria de la peste provoca a la pulga una obstrucción intestinal. Las bacterias se instalan en determinados puntos del intestino de la pulga y lo taponan de tal forma que deja de funcionar con normalidad. Siempre que la pulga intenta morder y chupar sangre, vuelve a vomitar de inmediato sobre la herida la sangre absorbida. Junto con el vómito, la peste se desliza hábilmente dentro de su nuevo huésped. El hecho de que la pulga se quede con hambre aumenta la eficacia de la situación, pues, al no haber conseguido obtener sangre, muerde y muerde, vomita y vomita, hasta que muere de inanición.

Es posible que los parásitos puedan modificar el comportamiento humano. Sobre todo, se ha investigado la toxoplasmosis, que está causada por el protista unicelular *Toxoplasma gondii*. El huésped intermediario del toxoplasma es un roedor y su huésped principal, un felino. El toxoplasma que acaba en el huésped intermediario se dirige hacia los músculos y, desde allí, intenta reproducirse de forma sexual en el intestino del felino. El toxoplasma pasa de los felinos a los roedores por medio de las heces, pero el salto del roedor al felino requiere una captura exitosa. Sin embargo, el toxoplasma no se limita a esperar de forma pasiva, sino que algunos individuos, en lugar de dirigirse al músculo de su huésped intermediario, viajan hacia el cerebro. En el cerebro, el toxoplasma influye en el comportamiento del roedor: la presa no tiene tanto miedo y toma decisiones más temerarias. El roedor tampoco percibe con tanta facilidad el olor de los excrementos del felino y, por tanto, no es capaz de evitar las zonas en las que están sus depredadores. De este modo, el toxoplasma es capaz de contribuir a que el huésped intermediario acabe en la boca del felino. Un ser humano también puede acabar siendo huésped intermediario del toxoplasma, porque podemos sufrir el contagio de los excrementos de los gatos. Esto significa que el toxoplasma puede, al menos, intentar influir en nuestro comportamiento, igual que hace con los roedores. No obstante, todavía no hay resultados de investigación concluyentes sobre la repercusión de la toxoplasmosis en el comportamiento humano.

Competición por un lugar bajo el sol

Si muere el huésped de un parásito, su espacio vital también desaparece. Por tanto, se puede suponer que las enfermedades intentan desarrollarse de manera más leve a medida que se adaptan a la vida en el ser humano. Sin embargo, esto no es así, ya que un parásito que se desarrolla de forma más leve puede quedarse atrás. Si un humano tiene varias cepas de una enfermedad, encabezará la competición la cepa más descarada. Debido a que el ser humano tiene varias cepas competidoras del mismo agente patógeno o, incluso, de distintas enfermedades, también podría suponerse que las enfermedades intentan desarrollarse para beneficiarse de su huésped de un modo más descarado, puesto que así se reproducirán de forma más eficaz.

Esta carrera armamentística de los parásitos se denomina «tragedia de los comunes» *(tragedy of commons)*. El fenómeno debe su nombre al pasto común mediante el que se organizaba la crianza de animales en la Inglaterra de la Edad Media. Cada pueblo contaba con un pasto común capaz de alimentar a una determinada cantidad de vacas. Pongamos por ejemplo cien vacas. Si había más, se comían todo el heno y las vacas morían de hambre. Cada ganadero obtenía resultados en función del número de vacas que tuviera. De este modo, el beneficio individual (de quien tuviera muchas vacas) estaba en conflicto directo con el beneficio común (en el pastizal hay un máximo de cien vacas en total).

Lo mismo puede suceder con los agentes patógenos. Aunque podría pensarse que el hecho de que todos los parásitos se comporten de forma tranquila con su huésped y solo se beneficien de modo que haya suficiente para todos apoya el interés de la especie parasitaria, la solución no es evolutivamente sostenible. Supongamos que existe un grupo de bacterias intestinales tranquilas. Se benefician de su huésped de forma moderada y se reproducen de un modo lento, pero seguro. ¿Qué sucederá si una bacteria intestinal sufre una mutación que hace que se beneficie del huésped con el doble de eficacia? Un beneficio con el doble de eficacia lleva a una reproducción el doble de rápida. Cada generación de bacterias doblemente eficaz se reproduce y, poco a poco, la población parasitaria tranquila de los años anteriores ha sido reemplazada con una cepa de parásitos más maliciosa. Para que las demás cepas o especies de bacterias intestinales puedan competir de forma más agresiva con la especie, su única opción es desarrollarse también de forma más agresiva... o extinguirse.

Esto también funciona en la «vida casi real», es decir, en las pruebas de laboratorio. Cuando, en un experimento en animales, se traslada un parásito de un individuo a otro, por lo general el parásito se vuelve cada vez más perjudicial. Este fenómeno se ha observado de forma general, independientemente del parásito o de la especie hospedante. La competición que sucede dentro del huésped de los parásitos da ventaja a aquellos individuos que se beneficien del huésped de forma más eficaz y hacen que la especie parasitaria sea cada vez más peligrosa.

La moraleja de la historia es sencilla: los débiles se quedan por el camino y la competición hace más peligroso al parásito. La evolución no es una optimizadora a largo plazo. Funciona perfectamente mediante el principio de «vivir al día». Solo soluciona la supervivencia de una generación a otra. Sin embargo, esto puede llevar a un callejón sin salida: la extinción. Si el parásito es muy eficaz a la hora de reproducirse y propagarse, infectará a toda la humanidad de forma relativamente rápida. El resultado final es la muerte de la humanidad o la inmunidad, por lo que el parásito acabará muy mal.

Mientras que las especies se vuelven más peligrosas en el laboratorio, en la naturaleza esto se observa de forma muy esporádica. Actualmente, se piensa que este fenómeno se debe a que en el laboratorio se traslada el parásito directamente de un huésped a otro. Por tanto, ese parásito no necesita estar especialmente bien adaptado para encontrar un nuevo individuo hospedante. En la naturaleza, todo es mucho más inseguro. Entre la propagación y el beneficio sobre el huésped hay una evidente solución de compromiso *(trade-off):* el parásito no puede obtener los dos. Esto puede deberse a factores ecológicos (provocar la muerte de los huéspedes de forma demasiado rápida previene la propagación) o a factores fisiológicos y genéticos (las estructuras del parásito que lo hacen beneficiarse de forma más eficaz dificultan la propagación al siguiente huésped, y viceversa).

En la naturaleza, dependiendo de la situación, los parásitos pueden volverse más peligrosos o más apacibles con el tiempo. Para mantenerse con vida, una especie parasitaria debe tener un ciclo de vida optimizado. Tiene que matar a su huésped de forma suficientemente lenta para poder encontrar al siguiente huésped. No debe llevar a toda la especie hospedante a la extinción. Tiene que ser capaz de engañar al sistema inmunitario de la especie hospedante. No todos los parásitos son capaces de cumplir estos requisitos, pero sabemos muy poco de los que no lo hacen porque han desaparecido.

Los virus de dos especies de conejos nos dan una buena imagen del tipo de factores que modifican la peligrosidad de las enfermedades. El virus de la neumonía hemorrágica vírica (NHV) del conejo se describió a la ciencia en 1983 y, desde entonces, ha circulado por el mundo arrasando las poblaciones de conejos. El virus llegó a Helsinki en abril de 2016 y, a principios del verano de 2017, ya no había conejos silvestres en el centro de la ciudad. En las afueras de Helsinki, el virus no afectó de forma tan terrible a las poblaciones de conejos. Otra especie, el *Myxoma virus*, que apareció a finales del siglo XIX, era inicialmente muy letal entre las poblaciones de conejos. Sin embargo, con el paso del tiempo, el *M. virus* se fue volviendo menos letal, mientras que en el virus NHV no se observa este cambio. Esto se debe a dos motivos. El virus NHV se contagia de forma eficaz incluso desde un conejo muerto a uno vivo, mientras que el *Myxoma* necesita un huésped vivo. Esto aumenta de forma significativa la infecciosidad del NHV, lo que significa que este virus, a pesar de poder ser más letal, se sigue propagando de forma eficaz. Al contrario que el *M. virus*, el NHV no provoca la enfermedad en conejos jóvenes, pero les causa una inmunidad de por vida. Por lo tanto, no todos los conejos pueden infectarse de NHV: esto hace posible la letalidad del virus, puesto que no implica un peligro tan grande de destrucción de toda la población de huéspedes.

En la competición de agentes patógenos que describo se dan lapsos de tiempo evolutivos, es decir, los cambios son relativamente lentos. A ellos pertenecen cientos o miles de generaciones de agentes patógenos y, por lo general, podemos ver los cambios al cabo de varios meses. En los contagios artificiales, las diferencias se ven mucho antes, aproximadamente, después de diez huéspedes. Sin embargo, en periodos cortos de tiempo, la peligrosidad de las enfermedades está regulada por factores ecológicos. Dentro de los humanos viven cientos de poblaciones de especies acompañantes. En tiempos no tan lejanos era normal (y en los países en vías de desarrollo todavía no es infrecuente) que los humanos tuvieran varios parásitos compitiendo por el espacio vital de forma continua.

En las relaciones ecológicas, siempre nos trasladamos a terrenos complejos. Cuando un animal tiene varias infecciones al mismo tiempo, el efecto que produce cada una siempre está relacionado con las demás. Especialmente si los parásitos viven en la misma zona del humano, entre ellos puede surgir la competición o una colaboración cuyo resultado final en el efecto que tienen los parásitos en el humano es diferente a la suma del efecto de cada parásito de forma individual.

Entre otras cosas, el contagio puede debilitar al humano de tal forma que las demás especies parasitarias sean capaces de causar la destrucción de forma más sencilla. Un ejemplo muy extremo podría ser el VIH, que destruye de por vida las células inmunes del individuo hospedante. Cuando el VIH pasa a su última fase, la cantidad de células inmunes del huésped se desploma, a la vez que la eficacia del sistema inmunitario se debilita enormemente. Esto abre el camino a otros agentes patógenos que pueden causar un contagio. En la muerte de un paciente de sida suelen confluir las llamadas enfermedades infecciosas secundarias. El sistema inmunitario de una persona sana las mantiene bajo control, pero como consecuencia de la pérdida de inmunidad, las enfermedades se vuelven mortalmente peligrosas. Entre otras, la toxoplasmosis, las infecciones por hongos y el herpes pueden ser mortalmente peligrosos, y muchas enfermedades, como la tuberculosis, se contagian con más facilidad y producen síntomas más graves que en humanos cuyo sistema inmunitario funciona de forma eficaz. Además, los cánceres provocados por virus, como el sarcoma de Kaposi, provocado por el herpevirus humano 8, son notablemente más comunes en pacientes con sida.

Algunas veces, la competición entre parásitos también puede llevar a resultados finales extraños, como el hecho de que los agentes patógenos puedan ser menos perjudiciales si hay varias especies en la víctima al mismo tiempo. Si, por ejemplo, en el intestino humano hay dos especies de gusanos, la competición entre ellas puede debilitarlas a ambas, de modo que la carga general que provocan al humano sea menor que la vida libre de una sola especie. En las especies de malaria, se ha observado que un *Plasmodium vivax* menos perjudicial puede reducir la peligrosidad del *Plasmodium falciparum* si las infecciones son similares. Durante la epidemia de ébola en los años 2014 y 2015, la supervivencia era mejor en aquellos humanos que enfermaron al mismo tiempo de malaria.

La competición entre especies también puede llevar a un auténtico equilibrio de terror entre parásitos. La teileriosis es una enfermedad producida por el protista *Theileria parva* y propagada por garrapatas que se presenta en África y que puede matar a casi cualquier animal del ganado que haya contraído la infección. La enfermedad se mantiene con vida, principalmente, porque no es tan peligrosa para las especies de rumiantes locales. Sin embargo, el *T. parva* también puede mantenerse en circulación únicamente en el ganado si el individuo tiene al mismo tiempo algún otro parásito del género *Theileria*. Estas especies no son tan peligrosas como *T. parva* y, además, reducen su letalidad hasta diez veces en relación con el contagio en el que el huésped no tiene parásitos más leves. Por tanto, para que un parásito mortal se mantenga con vida es necesario que tenga otra especie contra la que competir y que haga reducir su éxito. Sin su competidor, el parásito es demasiado eficaz y lleva rápidamente a la extinción a su huésped, y quizá también a sí mismo. Esta imagen es un ejemplo de cómo la evolución no optimiza en absoluto la sensatez de la actividad de las especies a largo plazo, sino que se basa completamente en la victoria rápida.

Theileria muestra por qué es tan complicada la definición de parásito. Un parásito menos perjudicial es, indiscutiblemente, un parásito porque contagia al ganado y afecta negativamente a su vida. Sin embargo, en relación con un virus letal, también es relativamente beneficioso, porque mantiene a raya al otro parásito y protege al individuo hospedante. Esto es un ejemplo extremo (y el único caso similar conocido), pero refleja bien el hecho de que la influencia del parásito siempre sucede en un determinado entorno en el que hay varias especies. Cuando dos especies compiten, uno más uno deja de ser necesariamente dos. Pueden ser incluso menos que uno.

CAPÍTULO 5

Cómo erradicar las enfermedades infecciosas

El siglo XIX fue el más lleno de enfermedades de la historia del ser humano. Entonces, la urbanización avanzaba a toda mecha y la mala higiene, así como las pobres condiciones de vida, crearon un caldo de cultivo adecuado para los parásitos. Nueva York era uno de los peores nidos de enfermedades infecciosas: aproximadamente una cuarta parte de las personas de veinte años moría antes de cumplir los treinta. Durante el primer año de vida, la muerte por enfermedades era hasta del 10 %: los bebés eran débiles para protegerse, por ejemplo, de la deshidratación causada por la diarrea.

Sin embargo, dos factores contribuyeron a los esfuerzos por frenar la propagación de enfermedades: por una parte, la tasa de mortalidad había aumentado de tal modo que la presión política exigía una intervención en el asunto y, por otra, los investigadores estaban consiguiendo finalmente seguirle el rastro al nacimiento de las enfermedades. Cuando se identificaron los modos de propagación de las enfermedades, además de detener la propagación, también se intentó prevenirla.

Hasta el siglo XIX, se creía que las enfermedades se transmitían por el aire contaminado. Por ejemplo, el nombre de la malaria procede de las palabras medievales italianas *mala aria*, «mal aire».

Aunque ya se había comprobado que algunas enfermedades infecciosas estaban relacionadas con otros factores, se seguía creyendo que muchas enfermedades surgían del aire contaminado como de la nada. Esta creencia se denominó *teoría miasmática*. La diferencia más significativa con la concepción actual es que la teoría miasmática no establecía una conexión entre las enfermedades y los organismos vivos.

Ya en el siglo XVII, el médico italiano Francesco Redi demostró que las moscas no nacen de la carne podrida. Redi colocó tres trozos de carne en diferentes recipientes: uno abierto, otro cubierto con una red y otro cerrado herméticamente. Solo en el recipiente abierto aparecieron larvas de mosca. Redi continuó con sus experimentos y dejó que las larvas se convirtieran en crisálidas: entonces, comprobó que de las larvas nacían moscas. Finalmente, colocó moscas muertas y vivas en recipientes cubiertos con redes. En el recipiente de las moscas muertas no se desarrollaron larvas de mosca; las moscas vivas, naturalmente, las acabaron teniendo con el tiempo. Mediante sus elegantes configuraciones experimentales, Redi demostró que las larvas de mosca no nacen por sí mismas. Sin embargo, tras los resultados del experimento de Redi, todavía llevó mucho tiempo demostrar que los organismos estaban detrás de muchas enfermedades humanas.

En el siglo XIX, la teoría miasmática fue perdiendo poco a poco su popularidad, pues cada vez más investigadores se decantaban por la teoría del contagio. No obstante, dos experimentos importantes pusieron el último clavo al ataúd de la teoría miasmática. Los experimentos de Louis Pasteur en la década de 1860 reflejaron las investigaciones de Redi y demostraron que el aire, por sí mismo, no puede estropear el caldo de carne, sino que requiere el contacto con partículas que se propagan por él. Robert Koch, por su parte, infectó ratas con bacterias de carbunco y comprobó que las bacterias muertas no causan la enfermedad, pero las bacterias vivas, sí. Solo hay una forma de erradicar las enfermedades infecciosas: previniendo la propagación de la enfermedad de un humano a otro. Con la llegada del siglo XIX, ya se comprendían las cuestiones básicas: lavarse las manos y mantenerse alejado de los excrementos hacía mejorar la higiene. Solo cuando los investigadores empezaron a aislar a los agentes patógenos y determinaron qué parásitos estaban detrás de cada enfermedad, fue posible prevenir de verdad la propagación de enfermedades. Al mismo tiempo, empezaron a desarrollarse las vacunas y la biología de los agentes patógenos también empezó a concretarse. En cualquier caso, el factor más importante en la reducción de la cantidad de enfermedades fue el aumento del nivel de vida, independiente del control de enfermedades infecciosas.

El nivel de vida

Si algo he aprendido y comprendido en Madagascar es la importancia de los caminos. Los caminos conducen a la riqueza.

Ranomafana está al lado de unas conexiones de transporte excelentes: hasta allí llega una carretera casi directa desde Antananarivo por la que se puede conducir manteniendo durante todo el camino aproximadamente la misma velocidad a la que un finlandés está acostumbrado a viajar en coche. El viaje de varios cientos de kilómetros dura únicamente unas diez horas.

Muchas zonas selváticas son lo opuesto a Ranomafana. El viaje a la selva costera del sudoeste de Madagascar no es muy largo, pero sí angustioso: hasta tres días en coche y varias horas haciendo a pie los últimos kilómetros es un tiempo normal de viaje. Por otra parte, el hecho de que no sea fácil llegar a la zona también suele significar que es posible encontrar bosques vírgenes.

Mi experiencia con pueblos lejanos es escasa. He estado varias veces en zonas forestales hasta las que hay un día de viaje a pie desde la carretera. De los poblados situados en esos lugares uno aprende lo que significa la pobreza real: allí no llega el médico, no se puede ir a comprar y, cuando se acaba la comida, se ha acabado de verdad. Por lo general, esos poblados también son hábitats fantásticos para los parásitos, ya que, con frecuencia, las personas se encuentran en malas condiciones y tienen un sistema inmunitario débil. Como tampoco hay medicamentos disponibles, los parásitos pueden vivir relativamente en paz.

Los pueblos suelen estar rodeados de plantaciones de arroz, que son, indiscutiblemente, el lugar favorito de los parásitos. Los mosquitos pueden poner huevos en remansos de agua, por lo que hay proliferación de mosquitos y la malaria es capaz de propagarse de forma eficaz. Muchos trematodos encuentran numerosos huéspedes intermediarios en los gasterópodos, que están a sus anchas en los charcos; por su parte, las personas que transitan descalzas por los campos acaban siendo los huéspedes principales. La larva de trematodo atraviesa la piel y pasa del torrente sanguíneo a los pulmones y, desde ahí, al tracto digestivo a través de la faringe. Cuando los excrementos humanos acaban en el agua, el ciclo del trematodo continúa.

El viaje a la zona de la investigación de campo puede parecer un viaje al pasado. En los poblados no necesariamente aparecen enfermedades que requieran a un gran número de personas para vivir y que, por consiguiente, están más relacionadas con la vida en la ciudad. La gripe, el sarampión y muchas otras enfermedades infecciosas de la niñez son escasas. Aunque si una de estas enfermedades llega al pueblo, prácticamente alcanzará a todos los habitantes. Por el contrario, en los pueblos hay muchas especies que ya estaban generalizadas en las comunidades agrícolas: los gusanos intestinales, la malaria y diferentes agentes patógenos que se propagan por medio de los excrementos. Los pueblos aislados son un ejemplo excelente del doble filo del desarrollo: el contacto con otras comunidades trae al pueblo cada vez más enfermedades, pero la prosperidad que trae consigo el comercio facilita servicios sanitarios más eficaces que antes.

La temperatura es un factor fundamental en la propagación de la malaria. Cuando un mosquito pica a una persona enferma de malaria, el *Plasmodium* tiene que reproducirse de forma sexual antes de poder seguir propagando la enfermedad. Cuanto más cálido es el aire, más rápida es la reproducción y más eficazmente puede el mosquito propagar la malaria. Por este motivo, se trata de una enfermedad específica de las zonas tropicales. Los *Plasmodium* tropicales, como el *P. falciparum*, requieren una temperatura superior a los veinte grados para poder reproducirse en un mosquito.

Fuera de las zonas tropicales, tenemos al *P. vivax*, que causa la malaria. El desarrollo de los parásitos *vivax* solo requiere una temperatura superior a los quince grados. Como necesita una temperatura menor, el *P. vivax* ha sido un agente patógeno habitual en todo el mundo, incluso en Finlandia. La malaria fue una enfermedad más o menos generalizada en Finlandia hasta la Segunda Guerra Mundial. Finlandia no contaba con una temperatura constante superior a los quince grados, pero dentro de un humano de sangre caliente el *Plasmodium* está continuamente por encima de su temperatura de reproducción. Se estima que, en la sociedad agrícola finlandesa, entre el 2 % y el 5 % de la población sufría malaria cada año. Sin embargo, la reducción del tamaño familiar y el aumento del espacio vital acabaron con el *Plasmodium* en Finlandia.

Una infección de malaria puede volverse asintomática si el humano obtiene la infección con suficiente frecuencia: puede considerarse una norma general que, en los lugares en los que la malaria se presenta de forma continua, la gravedad de los síntomas se reduce al cabo de dos años. No obstante, la malaria también puede producir una enfermedad más grave y seis meses sin infección de malaria pueden hacer recuperar la sensibilidad hacia los síntomas. La malaria puede mantenerse en la población humana durante mucho tiempo si no se elimina mediante medicamentos.

El eslabón más débil en el ciclo vital del *Plasmodium* es el mosquito. La temperatura corporal de un mosquito de sangre fría sigue de forma casi exacta la temperatura del entorno. En Finlandia, la temperatura de quince grados que requiere el mosquito para reproducirse se mantiene durante periodos cortos. Sin embargo, antes de la Segunda Guerra Mundial, en Finlandia había un lugar que era el paraíso en la Tierra para los mosquitos y, como consecuencia, también para el *Plasmodium:* las cabañas. El interior de las cabañas era suficientemente húmedo y cálido, por lo que había continuamente mosquitos del género *Anopheles*, que propagan la malaria. Si, además, los animales domésticos se encontraban dentro de las mismas paredes, como sucedía en la cultura del este de Carelia, se daban buenas condiciones para los mosquitos, ya que podían chupar sangre de forma relativamente fácil. La temperatura solía ser lo suficientemente elevada como para que el *Plasmodium* lograra salir airoso, al menos de la fase de mosquito.

Sin embargo, más tarde la malaria desapareció de Finlandia y de muchos otros países. La desaparición de la enfermedad ha sido relativamente rápida: existe una alta probabilidad de que alguno de tus abuelos o bisabuelos haya enfermado de malaria. ¿Cómo se produjo entonces la desaparición masiva del *Plasmodium*? No se ha desarrollado una vacuna contra la malaria y los medicamentos existentes tampoco son especialmente efectivos. Mediante las mosquiteras y la eliminación de aguas estancadas se pueden reducir las picaduras de mosquitos en cierta medida, pero eso tampoco ha sido suficiente para eliminar la malaria en ningún lugar.

Un estudio de las estadísticas de contagio de la malaria desvela el motivo. En Finlandia, las infecciones de malaria eran más comunes entre diciembre y mayo. Debido a que en ese periodo hace demasiado frío en el exterior, los contagios se producían en interiores, cuando las personas pasaban la mayor parte del tiempo entre cuatro paredes. Por tanto, la malaria se propagaba mejor cuando las personas vivían más juntas.

La contramedida más eficaz contra la malaria ha sido, de forma inequívoca, el aumento del espacio vital. La expresión *espacio vital* hace referencia al número de metros cuadrados de superficie por persona que hay en un espacio habitable. Mientras que el espacio vital en las cabañas era bastante pequeño, probablemente solo de varios metros cuadrados por persona, el espacio vital en la Finlandia actual es de cuarenta metros cuadrados por persona. El espacio vital refleja directamente la densidad de la población y, en relación con los agentes patógenos, lo fácilmente que las enfermedades pueden propagarse de una persona a otra. Cuando aumenta el espacio vital, se reduce la densidad de la población y aumentan las distancias entre las personas, por lo que al agente patógeno le resulta notablemente más complicado encontrar un nuevo huésped. Si el *Plasmodium* no encuentra un nuevo huésped, la malaria desaparece.

En el trópico, la malaria tiene las mejores probabilidades de reproducirse en los mosquitos durante todo el año, pero allí el espacio vital también ha reducido del mismo modo el número de casos de malaria. Otro factor significativo, especialmente en el trópico, ha sido la generalización del aire acondicionado. A los mosquitos no les gustan los espacios con aire acondicionado y, por eso, muchas grandes ciudades, aunque estén situadas en el trópico, son lugares libres de malaria.

Debido al aumento del nivel de vida, se han reducido muchas otras enfermedades relativamente difíciles de tratar. Tanto la propagación de la tuberculosis como de la lepra se han ralentizado porque los humanos ya no tienen un contacto tan cercano unos con otros. Ambas nos suenan como enfermedades del pasado y en los países occidentales lo son. Sin embargo, en otros lugares del mundo propicios para ello la propagación de las dos enfermedades continúa. En Rusia, las cárceles son entornos de propagación óptimos para la tuberculosis; los lugares más comunes para la lepra son los barrios marginales de la India.

El nivel de vida también crea un círculo virtuoso: cuando las personas gozan de una buena condición física, su sistema inmunitario es más eficaz y es más capaz de evitar las enfermedades. Una persona con buena condición física es más capaz de lavarse las manos, limpiar su casa y vaciar el agua de los cubos del patio para que los mosquitos no puedan reproducirse en ellos. La malnutrición, por su parte, nos expone a enfermedades. Además de esto, muchas veces las enfermedades crean un círculo vicioso: cuando una enfermedad ha debilitado a una persona, al siguiente parásito le resulta más sencillo introducirse en ella.

La reducción de enfermedades también puede limitar, de forma indirecta, otras enfermedades. Un buen ejemplo de ello es la anemia de células falciformes. La anemia drepanocítica es una enfermedad genética causada por la mutación en una base del gen que codifica la hemoglobina. Cada persona tiene dos copias de cada gen, es decir, dos alelos. En la anemia drepanocítica, los dos alelos del gen han mutado, por lo que la hemoglobina tiene una forma anómala. Por su parte, la hemoglobina anómala produce de forma atípica glóbulos rojos que obstruyen fácilmente los vasos sanguíneos y aumentan el riesgo de muerte. La hemoglobina modificada es también una portadora de oxígeno más débil, por lo que las personas que padecen anemia drepanocítica suelen tener una condición física más débil. A veces, la persona tiene dos formas del gen diferentes, cuando uno de los alelos ha cambiado pero el otro es normal. En ese caso, la enfermedad no se produce, pero la persona es portadora de la anemia drepanocítica y sus descendientes pueden heredar su alelo modificado. Sin embargo, los portadores cuentan con una ventaja importante: la malaria no es capaz de infectarlos. Por consiguiente, en los lugares en los que la malaria es prevalente, ser portador de la anemia drepanocítica es una ventaja, ya que protege contra esta enfermedad. El inconveniente es que algunas personas contraen la anemia drepanocítica y mueren relativamente jóvenes. A partir del siglo XVI, los esclavos africanos eran mano de obra codiciada en la zona del Caribe, donde la malaria complicaba la vida de los europeos y la anemia drepanocítica era justamente la característica que hacía a los africanos más tolerantes a ella.

La anemia drepanocítica está especialmente generalizada en el África tropical, donde hay más presencia de malaria, y el *Plasmodium* más típico es también el más peligroso, el *P. falciparum*. Debido a la trata de esclavos, las personas procedentes del África tropical eran llevadas también a zonas en las que la malaria no es frecuente, como el sur de Estados Unidos. Sin embargo, durante los últimos siglos las cifras de anemia drepanocítica se han reducido entre los afroamericanos. Como esta anemia ya no proporciona el beneficio de reducir la malaria, solo supone un inconveniente. Mientras que casi un 2 % de los recién nacidos nigerianos sufre anemia drepanocítica, la cantidad es solo de un 2 ‰ entre los afroamericanos de Estados Unidos. Cuando disminuye la cantidad de parásitos, muchas soluciones de compromiso ya no benefician al ser humano. Debido a que son únicamente una molestia, también acaban siendo eliminadas con el transcurso de la evolución, como le está sucediendo a la anemia drepanocítica entre los afroamericanos.

Muchos parásitos se consideran también símbolos de pobreza. Inicialmente, las chinches se encontraban a sus anchas, sobre todo en las viviendas más acaudaladas, ya que sus propietarios se podían permitir mantener el calor en ellas durante todo el año. Sin embargo, debido a la urbanización, las chinches se convirtieron en una molestia para todas las clases sociales. Con la llegada del siglo XIX, ya se había observado que una limpieza regular reducía el riesgo de tener chinches en la cama; por consiguiente, las personas acomodadas, que podían permitirse una vivienda más grande y personal de limpieza, se veían menos afectadas. Al mismo tiempo, las chinches se fueron convirtiendo cada vez más en un símbolo de pobreza (o, al menos, de las clases inferiores). No obstante, tras la Segunda Guerra Mundial, los países occidentales consiguieron deshacerse de la mayor parte de ellas, principalmente debido al DDT. Sin embargo, las chinches volvieron a generalizarse a partir de la década de los ochenta. En la actualidad, llegan a Finlandia, sobre todo, como polizones en las maletas que regresan de viajes exóticos. Por lo tanto, en cierto modo, las chinches se han convertido más bien en un símbolo de estatus.

Las vacunas como salvavidas

La viruela, fácilmente contagiosa y letal, circuló por Europa en epidemias regulares hasta el siglo XIX. Hay una enorme lista de grandes hombres y mujeres a los que ha matado la viruela: Ramsés V, del antiguo Egipto; Huayna Cápac, del Imperio inca; Pedro II de Rusia; Luis XV de Francia, y Eduardo VI de Inglaterra. La cifra total de cadáveres también es digna de respeto: casi mil millones de personas. La fuerza destructora de la enfermedad se basaba en que, durante las epidemias, prácticamente toda la población padecía la enfermedad y casi un 10 % de los enfermos moría como consecuencia de los síntomas.

El único grupo de personas que no sufrieron la enfermedad durante una epidemia de viruela fueron las ordeñadoras. Esto llevó al médico Edward Jenner a sospechar que las ordeñadoras estaban protegidas de la infección porque ya habían enfermado anteriormente de viruela bovina, que es el mismo tipo de enfermedad para el ganado que la viruela para las personas. Se sabía que la enfermedad contagiaba, de forma muy débil, también a las personas que estaban en contacto cercano con ganado.

Por supuesto, para esclarecer la cuestión era necesario un experimento científico: Jenner infectó de viruela bovina a un sujeto experimental, el hijo de un pastor vaquerizo que había nacido tras la anterior epidemia de viruela. Cuando el chico enfermó de viruela bovina, Jenner lo expuso a la viruela. El chico no se infectó: se trataba de la primera investigación exitosa sobre las vacunas. La historia cuenta que la madre del chico recibió una magnífica compensación por haber cedido a su hijo para someterse a experimentos científicos.

La vacuna actual surgió como consecuencia del experimento de Jenner. La viruela bovina es similar a la viruela humana, de modo que, cuando una persona ha enfermado de viruela bovina, la inmunidad adquirida por el organismo reconoce a la viruela como el mismo tipo de agente patógeno y es capaz de destruir tanto la peste como la viruela bovina. En la mayoría de las lenguas, la vacuna debe su nombre al término científico original de la viruela bovina, *Vaccinia.*

El sistema inmunitario adquirido es uno de los medios más eficaces de limitar la propagación de enfermedades. Cuando una persona ha contraído una vez una enfermedad, la siguiente ocasión en la que su sistema inmunitario se encuentre con el agente patógeno es capaz de matarlo de forma tan rápida y eficaz que no se produce la infección y, mucho menos, la enfermedad. La vida de los parásitos se complica cuando algunas personas quedan fuera de juego para ellos, porque no pueden obtener el contagio. La masa humana a disposición de los agentes patógenos es mucho menor y la densidad de personas infectadas, que señalamos como factor especialmente importante en el capítulo anterior, es más baja. Una parte de los nuevos animales hospedantes a los que pasan los agentes patógenos tampoco son huéspedes potenciales, lo que significa una pérdida del esfuerzo reproductivo. Por consiguiente, las enfermedades contra las que el ser humano ha desarrollado una resistencia de por vida necesitan más seres humanos para ser capaces de continuar con vida. Por suerte para los parásitos, los seres humanos son muy eficaces a la hora de reproducirse. Muchas enfermedades infecciosas también son, precisamente, enfermedades de la infancia; los niños todavía no han padecido la enfermedad, por lo que son los únicos individuos que podrían recibir el contagio.

Desde hace mucho tiempo, el ser humano es consciente del fenómeno de la inmunidad que proporciona la enfermedad y ha tratado de imitarlo. Se intentaba infectar a los bebés con aquellas enfermedades que eran más peligrosas en niños mayores. Aún en la actualidad, algunos padres organizan encuentros infantiles cuyo objetivo es contagiar la varicela a sus hijos. Afortunadamente, la vacuna contra la varicela se añadió al programa general de vacunación en septiembre de 2017 en Finlandia, por lo que estos encuentros dejaron de ser necesarios.* La versión del siglo XVII de jugar con la vida de los niños era el contagio controlado de viruela. Entonces se observó que una persona enferma de viruela de un modo controlado y más leve puede salvar la vida.

Ya los antiguos indios intentaban contagiar de forma controlada la viruela de unas personas a otras. Recogían muestras de sustancia de los furúnculos de los enfermos con una aguja y la inyectaban en la piel de las personas sanas. Los indios se dieron cuenta de que la viruela contraída de esta manera era más leve que la infección por vías normales y rara vez causaba la muerte. La vacuna tenía su beneficio: por lo general, la viruela se contagia a través de los pulmones y pasa a propagarse rápidamente por todo el cuerpo. Cuando el agente patógeno atraviesa la piel, el sistema inmunitario es capaz de atacar de forma más efectiva al virus de la viruela y la propagación de la enfermedad es más lenta y menos integral. La vacunación también era una medida utilizada en la Europa en el siglo XVIII, aunque todos los vacunados acababan sufriendo una forma más leve de viruela.

La vacuna ha sido el más útil de todos los inventos de la medicina: gracias a ella, las personas ya no tienen que sufrir muchas enfermedades que antes eran mortalmente peligrosas. En los siglos XIX y XX se desarrollaron vacunas para la mayoría de las enfermedades. La idea fundamental es siempre la misma: poner a

* En España, desde el 1 de abril de 2016, se vacuna de varicela a los niños cuando alcanzan los quince meses de vida —a excepción de la Ciudad Autónoma de Ceuta, que lo hace a los dieciocho meses—. A los tres o cuatro años se les administra la segunda dosis, con la que se completa la pauta, según la resolución del Consejo Interterritorial del Sistema Nacional de Salud del 29 de julio de 2015. Véase <https://www.vacunas.org/vacunacion-frente-a-la-varicela/>. *[N. de la T.]*

prueba el sistema inmunitario humano con un agente patógeno inofensivo de modo que la inmunidad adquirida sea capaz de luchar más adelante contra los auténticos agentes patógenos. Lo más importante es que la vacuna no causa la enfermedad real, pero es lo suficientemente similar al propio agente patógeno, por lo que el sistema inmunitario reconoce la vacuna y la enfermedad como iguales. Para la vacuna pueden utilizarse, por ejemplo, partes del agente patógeno, agentes patógenos enteros muertos o debilitados o agentes patógenos vivos, dependiendo de cómo reconozca el sistema inmunitario al agente patógeno y de cuál sea la opción más segura. La elaboración de la vacuna se ve dificultada por el hecho de que muchos parásitos son hábiles a la hora de esconderse de nuestro sistema inmunitario. Debido a que nuestro sistema inmunitario no es capaz de destruir el VIH o el *Plasmodium*, para el desarrollo de la vacuna no es suficiente con utilizar meras partes del agente patógeno. No obstante, la preparación de una vacuna para esas enfermedades no es imposible, solo requiere más trabajo de investigación.

La inmunidad de rebaño

Cuando se vacuna a un número suficiente de personas, el parásito no encuentra nuevos huéspedes, por lo que no puede seguir propagándose y se acaba extinguiendo. Debido a que las diferentes enfermedades se propagan con diferente entusiasmo, para poder prevenir la propagación de cada enfermedad es necesaria una cobertura de vacunación diferente. Mientras que un enfermo contagia del virus del Ébola a unas dos personas, el sarampión se contagia de una sola persona a una población de unas dieciocho o veinte personas entre las que no se haya propagado antes. Esto significa que tiene que haber una alta cobertura de vacunación para que la enfermedad no llegue a provocar epidemias.

La eficacia de reproducción de los agentes patógenos se describe con la magnitud R_0 (número básico de reproducción), que indica cuántas nuevas infecciones causa de media un individuo enfermo. Es decir, el R_0 del ébola es de aproximadamente dos y el del sarampión, de dieciocho a veinte. La cantidad varía entre agentes patógenos, pero también la eficacia de propagación de un mismo parásito varía a medida que avanza la epidemia, ya que, cuanto más aumenta la inmunidad de las víctimas, más se reduce la cantidad de infectados. Con frecuencia, mediante la cifra R_0 se describe la infección en una supuesta situación en la que el parásito podría infectar a cualquier persona. Esto solo sucede en las fases iniciales de una epidemia, cuando todos los humanos están expuestos a la enfermedad y todavía no se han puesto en marcha las medidas para tratar de controlarla. Por tanto, R_0 también refleja, al mismo tiempo, la rapidez con la que avanza una epidemia. La epidemia continúa su curso siempre que R_0 sea mayor que uno. Cuando R_0 desciende por debajo de uno, la enfermedad empieza a desaparecer de la población humana, pues por cada persona infectada se produce menos de una nueva infección.

R_0 es una cifra útil, ya que gracias a ella podemos calcular la cobertura de vacunación necesaria. Si un paciente de sarampión contagia de media a veinte personas, para que R_0 sea inferior a uno, al menos diecinueve de cada veinte personas deberán estar vacunadas. Esta cifra, es decir, la cantidad de vacunas necesarias, se llama *límite crítico* y puede calcularse mediante la fórmula $x = 1 - 1/R_0$. El límite crítico del sarampión es el más alto de todas las vacunas del programa de vacunación finlandés: 95 %. Si la cobertura de vacunación cae por debajo de esa cifra, el sarampión puede propagarse entre la población humana como una epidemia.

Sin embargo, los sucesos de los últimos años en Finlandia certifican que el R_0 solo funciona en teoría. La cobertura de vacunación en Finlandia se ha mantenido a un nivel elevado de forma constante: por ejemplo, en el caso del sarampión es de aproximadamente el 97 %.* No obstante, el surgimiento de epidemias es posible si la cobertura de vacunación es inferior en determinadas zonas. El hecho de que la cobertura de vacunación tenga que ser al menos de diecinueve de cada veinte personas significa muy concretamente eso. La cantidad de personas con las que se encuentra una persona enferma de sarampión y la situación de vacunación son factores decisivos. No basta con que la cobertura de vacunación sea suficientemente alta de media en Finlandia. Por lo general, la falta de vacunación es un fenómeno local: en determinadas comunidades, algunas vacunas se omiten de forma sistemática. Por ejemplo, en la zona de habla sueca de Ostrobotnia, la cobertura de vacunación se ha reducido hasta un 80 % en algunos lugares. Tampoco es necesario que la cobertura de vacunación se reduzca de forma local, sino que los entramados sociales son más decisivos en este sentido. Un buen ejemplo es el colegio Steiner de Sammatti, donde se desató una epidemia de sarampión en el año 2014. En el colegio había varios estudiantes sin vacunar. Cuando la enfermedad llegó a Finlandia con un estudiante que había pasado las vacaciones en el extranjero, se propagó rápidamente entre los escolares no vacunados.

Por tanto, las vacunas ofrecen dos tipos de inmunidad. La primera es la inmunidad personal, que protege de la enfermedad a la persona que ha recibido la vacuna. La segunda es la inmunidad de rebaño, que se basa en el hecho de que las enfermedades no son capaces de propagarse de forma tan extensa si hay suficientes individuos protegidos. Algunas personas no pueden obtener la vacuna, por ejemplo, porque son alérgicos a alguno de sus compuestos o tienen un sistema inmunitario débil por un motivo u otro. Para estas personas, la inmunidad de rebaño tiene una importancia in-

* En España «se mantienen coberturas vacunales buenas desde hace más de una década; en 2020, primer año de pandemia, el 96,3 % para la primera dosis (cohorte de 2018), aunque solo 93,9 % para la segunda (cohorte de 2015)». Véase <https://vacunasaep.org/documentos/sarampion-validez-vacunacion-11-a-12-meses>. *[N. de la T.]*

cluso vital. La reducción de la cobertura de vacunación resulta peligrosa para ellos. Aunque negarse a vacunar a los niños es un fenómeno marginal en Finlandia, puede ser significativo a escala local. En una entrevista al periódico *Helsingin Sanomat*, Markus Granholm, un pediatra de Jakobstad, declaró que él mismo había pedido a algunos padres cuyos hijos no podían recibir vacunas que considerasen mudarse a otro municipio debido a la falta de inmunidad de rebaño.

A pesar del evidente beneficio de las vacunas, muchas personas no se vacunan ni vacunan a sus hijos. Uno de los motivos es el egoísmo y la comodidad del polizón: la inmunidad de rebaño también protege a los negacionistas. Por otra parte, las vacunas también han resultado demasiado eficaces: cuando las enfermedades dejan de circular, las personas pueden olvidar fácilmente lo importante que es la vacunación. Afortunadamente, al menos de momento el programa de vacunación nacional de Finlandia funciona bien y una cantidad suficientemente alta de niños recibe las vacunas necesarias. El grupo antivacunas parece ser ruidoso, pero en realidad es muy pequeño. Los antivacunas tampoco parecen ser un grupo muy uniforme y los motivos para la no vacunación son variables.

Los superpropagadores

Ritva es la lémur ratón de mis sueños. Un investigador de parásitos valora de forma especial a los animales de investigación que llevan un buen botín de parásitos a la trampa de forma regular. Ninguno de mis lémures ratón tiene tantos parásitos constantemente como Ritva. Ritva vive en la zona de acampada y acude regularmente a la trampa T3B. Parece que pasa mucho tiempo en la misma zona que Juliet, la lémur ratón más agresiva que conozco, pero la cantidad de parásitos de Juliet siempre es mucho menor. Ritva es un cofre del tesoro para un investigador en muchos sentidos: además de tener muchos individuos parásitos, también tiene muchas especies parasitarias diferentes.

Ritva no se conforma con portar los parásitos en su interior, sino que, muchas veces, premia mis esfuerzos siendo la paciente ideal. Noche tras noche, coloco trozos de plátano en la trampa y, noche tras noche, Ritva viene, excreta en la trampa su regalo repleto de nematodos y se acuesta en las manos de mi técnico de investigación mientras le mido el bíceps, el muslo y el grosor de la cola (el bíceps y el muslo reflejan la condición física del lémur ratón, ya que cuando un lémur está desnutrido, sus músculos se quedan más pequeños; la cola, por su parte, funciona como reserva de grasa, por lo que su grosor también es una medida de salud).

En dos ocasiones, Ritva me ofrece un regalo especialmente valioso: un cestodo adulto. A partir de los huevos, ya hace tiempo que sé que Ritva tiene cestodos en su interior de forma constante. Sin embargo, el problema a la hora de determinar las especies de cestodo es que están dentro del animal y es difícil atraparlos. Por lo general, en un lémur hay un cestodo o varios a lo sumo, y pueden vivir durante muchos años. El cestodo solo sale del lémur cuando muere y la probabilidad de que esto suceda justo cuando el lémur ratón está en mi trampa es muy pequeña. Ritva es una excepción y, gracias a sus cestodos, podemos determinar la especie.

Ritva es una de mis lémures ratón con más parásitos. Las especies parasitarias no están repartidas de forma uniforme entre la población de lémures ratón, sino que, como sucede con los organismos en general, determinados individuos de lémur ratón portan notablemente más individuos y especies de parásitos que otros. Aunque la mayor parte de los lémures porta solo una cantidad pequeña de parásitos, también hay algunas Ritvas.

Ninguno de mis lémures ratón refleja exteriormente que el parasitismo le produzca ninguna molestia en su vida. La propia Ritva tiene cuatro años, es decir, es una lémur ratón de mediana edad con buena condición física que tiene descendencia cada año.

En los últimos tiempos, en el ámbito de la ecología de las enfermedades se ha investigado mucho a los «superpropagadores». Además de que la carga de enfermedades, por lo general, no se reparte de forma uniforme entre las personas, determinados individuos también propagan relativamente más enfermedades infecciosas que otros. La propagación se debe, en parte, a los contactos sociales: cuanta mayor relación tiene un humano con otras personas, especialmente entre personas de diferentes círculos sociales, mayor eficacia tiene como propagador de enfermedades.

No obstante, no toda la eficacia de propagación está relacionada únicamente con la ecología, sino que determinados individuos, tanto de lémur ratón como de ser humano o de plantas, propagan con más eficacia que otros los agentes patógenos en su entorno. Por lo general, estos individuos también tienen una gran cantidad de parásitos. Pero una gran cantidad de parásitos no implica automáticamente que el individuo vaya a ser un superpropagador. La superpropagación se debe a muchos motivos diferentes. Determinados individuos son capaces de portar una mayor cantidad de parásitos sin que eso afecte a su actividad. En ese caso, una persona que enferma de una gripe leve puede llevar a su lugar de trabajo una cantidad de virus que postraría a los demás en la cama de tal forma que no serían capaces de levantarse para seguir propagando la enfermedad. El peor grupo de superpropagadores, y el más difícil de detectar, es el de los portadores asintomáticos de la enfermedad. En casi todas las enfermedades infecciosas hay una parte importante de infectados asintomáticos que pueden propagar la enfermedad sin darse cuenta. A medida que avanza la propagación de enfermedades pandémicas infecciosas, también es complicado seguirles la pista.

Respecto a las enfermedades de propagación sexual, hace ya tiempo que se habla de la regla del 80/20, también llamada *principio de Pareto*. Este principio establece que el 20 % de los infectados es responsable del 80 % de la propagación de la enfermedad. Por lo general, los grupos entre los que más se propagan los contagios también se pueden reconocer fácilmente: por ejemplo, en el caso del VIH, los hombres que tienen relaciones sexuales con otros hombres son un grupo de riesgo, porque el virus se propaga junto con el esperma y, mediante el roce del recto, al virus le resulta más sencillo entrar dentro del cuerpo humano que, por ejemplo, mediante el sexo vaginal. Los consumidores de drogas intravenosas también pertenecen al grupo de riesgo, ya que, por medio de las agujas contaminadas, las enfermedades pasan de forma fácil y directa al torrente sanguíneo. La misma idea del grupo de riesgo suele funcionar con enfermedades de transmisión vectorial, como la encefalitis y la borreliosis transmitidas por garrapatas. A estas enfermedades están especialmente expuestas las personas que viven en sus zonas de propagación y se mueven por terrenos en los que hay muchas garrapatas.

La situación se vuelve problemática cuando hablamos de enfermedades que se propagan directamente de una persona a otra, como la gripe o el sarampión. Las diferencias en la eficacia de propagación pueden deberse a la herencia genética, a la debilidad del sistema inmunitario o al hecho de que un individuo hospedante tenga una condición física tan buena que sea capaz de mantener a una mayor cantidad de parásitos. A veces, los cambios en el genoma pueden hacer que las células de las que parten los agentes patógenos se conviertan en eficaces propagadoras. Los virus y las bacterias se instalan en las estructuras externas de determinadas células y toda su actividad se basa en el reconocimiento y aprovechamiento de esas estructuras. Conocemos varios cientos de mutaciones genéticas que previenen el contagio de enfermedades, ya que dicha mutación ha modificado las estructuras externas de las células humanas. De forma correspondiente, las mutaciones en determinadas estructuras celulares pueden promover el contagio y la propagación de enfermedades.

Un factor significativo que promueve el contagio es la infección simultánea de varias enfermedades: las personas infectadas por VIH que no reciben tratamiento son ocho veces más eficaces como propagadoras de la tuberculosis que las personas que solo son portadoras de la tuberculosis. También son más propensas a contraer diferentes infecciones, por lo que las enfermedades también pueden provocar un efecto de rosca en el que la persona que ha contraído una enfermedad obtendrá la siguiente con más facilidad, lo que, a su vez, la expondrá a una tercera enfermedad, y así sucesivamente. Las enfermedades simultáneas de propagación sexual también aumentan el riesgo de contagio del VIH. Cuando la puerta está abierta, parece que se cuelan varios parásitos.

Entre los superpropagadores finlandeses se conoce, por ejemplo, quién inició la epidemia de sarampión de Honkajoki en el año 1989: un estudiante de secundaria. Este superpropagador contagió el sarampión a otros veintidós estudiantes de primaria y secundaria en condiciones favorables: el inicio de la jornada escolar tenía lugar en un pasillo estrecho, era invierno y los estudiantes pasaban mucho tiempo en interiores, los pasillos del colegio estaban oscuros (por lo que los rayos UV no destruían las partículas virales) y la ventilación del colegio, según un artículo científico escrito sobre el caso, era «especialmente pobre». Hubo cincuenta y un contagios en total, pero la epidemia pudo controlarse mediante la vacunación de los alumnos y sus familiares.

Para detener la propagación de epidemias es necesario localizar al primer infectado. Cuando se determina el primer paciente, es posible identificar a todas las personas que han estado en contacto con él. Entonces, se puede poner a estas personas en cuarentena, proporcionarles medicación o vacunarlas, dependiendo de cuál sea la forma más razonable de actuar en función de la enfermedad. La misma localización se hace con todas las personas infectadas. Con las enfermedades de propagación lenta, como el ébola, el procedimiento previene de forma muy eficaz la propagación de la infección, pero se trata de una operación complicada que requiere muchísimo trabajo de búsqueda. Los humanos tampoco son una especie a la que resulte sencillo investigar, puesto que no se les da bien recordar qué han hecho y con quién. La propagación de las enfermedades para las que se ha desarrollado una vacuna que funciona se puede prevenir mediante la vacunación dirigida: se vacuna a las personas cercanas al infectado para que la enfermedad no pueda seguir propagándose. En el caso de Honkajoki, se vacunó a todos los alumnos y a los familiares de los infectados que aún no lo estaban.

La superpropagadora más conocida de la historia es Mary Mallon, más conocida como María la Tifosa. Entre finales del siglo XIX y principios del siglo XX, Mallon, que trabajaba como cocinera, contagió de tifus a decenas de personas en Nueva York; al menos cincuenta y un casos y cuatro muertes están vinculados con ella, pero la cantidad real de enfermos fue mucho mayor. Mallon era una propagadora eficaz porque era enferma asintomática del tifus. La bacteria *Salmonella typhi*, que produce la enfermedad, inició epidemias de forma regular en los países occidentales hasta la Segunda Guerra Mundial. El contagio se producía, sobre todo, debido a una mala higiene de las manos o por medio de comida poco hecha. En la actualidad, el tifus se presenta únicamente en zonas en las que la higiene alimenticia ha fracasado de forma estrepitosa, como Madagascar.

No se localizó a Mallon hasta varios años después y fue puesta en cuarentena. Sin embargo, ella nunca admitió haber propagado la enfermedad: sencillamente, no creía en los argumentos de las autoridades. En aquella época, no existía tratamiento para el tifus, por lo que Mallon prácticamente fue portadora de la infección durante toda su vida. Tras varios años en cuarentena, en las muestras de Mallon se seguían encontrando continuamente bacterias de *S. tyhpi*. Se libró a Mallon de la cuarentena a condición de que dejara de trabajar de cocinera. Sin embargo, ella se enroló como jefa de cocina y causó otra epidemia de tifus. Después de esto, fue puesta en cuarentena hasta el fin de sus días.

Los portadores asintomáticos suelen ser un problema en la prevención de la propagación de enfermedades. Actualmente, existe medicación eficaz contra la infección del VIH para que la enfermedad no se siga propagando por medio del sexo sin protección. En los países occidentales, la enfermedad también se propaga, principalmente, debido a aquellos que todavía no saben que la padecen. Por ese motivo, la mayor parte del trabajo de prevención del VIH se basa en marcar la importancia de los análisis regulares y de proporcionar las pruebas de forma gratuita.

Por lo general, las enfermedades de transmisión sexual las propagan personas que no saben que las padecen. El tratamiento de las enfermedades es relativamente sencillo y directo, pero es necesario saber que uno está infectado. De entrada, las enfermedades de transmisión sexual se han adaptado de tal modo que no es posible detectarlas con facilidad. Por eso, también sería primordial que, cuando una persona cambia de pareja sexual, tuviera por costumbre hacerse una prueba de detección de enfermedades. Detectar y tratar las enfermedades a tiempo también evita su propagación.

Al igual que existen diferencias entre los huéspedes, la capacidad de propagación de enfermedades de cada especie hospedante también varía. En este caso, se suele hablar de competencia* del huésped o del vector, de la capacidad de seguir contagiando al agente patógeno. En Europa, los pequeños roedores suelen ser competentes en relación con la *Borrelia afzelii*, causante de la borreliosis: por ejemplo, el topillo rojo es su principal propagador en Europa central. Por otra parte, los grandes mamíferos, como las cabras, no son huéspedes competentes. El ser humano tampoco es un huésped competente para la borrelia, ya que no se contagia de un humano a una garrapata. Sin embargo, el hecho de que el parásito tenga una mala competencia no significa que no pueda causar la enfermedad: por ejemplo, en el caso de la borrelia, da lugar a una enfermedad peligrosa y de larga duración.

Una mala competencia tampoco implica que el vector sea in-

* Aquí se percibe lo mucho que los ecólogos aprecian un buen propagador de enfermedades.

significante. La pulga de la rata, el más importante propagador de la peste, tiene una competencia ridículamente débil: requiere una enorme cantidad de bacterias de la peste para propagar la enfermedad, la propaga con relativa poca frecuencia y, por si fuera poco, muere rápidamente. La capacidad de propagación de la enfermedad se basa en que hay una cantidad inmensa de pulgas. La peste se propaga claramente en cantidad, no en calidad.

Una viruela ejemplar

La marcha triunfal del programa de vacunación ha sido inigualable. La mortalidad infantil de las enfermedades infecciosas es prácticamente inexistente. Por ejemplo, en Finlandia ya no se presenta el sarampión de forma endémica, sino que todos los casos son contagios producidos en el extranjero que, con posterioridad, se extienden un poco de forma local dependiendo del terreno no vacunado que encuentren. En muchos países, como Alemania, la cobertura de vacunación del sarampión es notablemente inferior, únicamente del 70 %. Las consecuencias también son claras: las epidemias son algo rutinario y no se libran de víctimas mortales.

El sarampión es un excelente candidato a enfermedad que podríamos erradicar fácilmente para siempre. No puede infectar a otros animales ni es capaz de sobrevivir en el entorno, por ejemplo, en el suelo. Solo puede vivir en un ser humano, por lo que para erradicar la enfermedad simplemente deberíamos matarla dentro de los humanos. Si curamos a todos los enfermos de sarampión, el agente patógeno se extinguirá. La forma más sencilla es vacunar al 95 % de la población. Sobre el papel, ni siquiera sería una operación muy costosa, ya que el preparado de una dosis de la vacuna solo cuesta diez euros.

Como ejemplo motivador podemos usar la peste bovina. El sarampión surgió cuando la peste bovina saltó de los artiodáctilos a los humanos. Por tanto, la peste bovina y el sarampión son especies hermanas. La peste bovina continuó viviendo en los artiodáctilos y matando a numerosos animales domésticos y salvajes. Especialmente en los grandes rebaños, como en las sabanas africanas o en los corrales de los ganaderos, la peste bovina pudo matar a la mayor parte de los animales, dejando únicamente montones de carne podrida. Sin embargo, la peste bovina tiene la misma naturaleza que el sarampión: se propaga con rapidez a la vez que se va consumiendo a sí misma. Las epidemias de peste bovina fueron relativamente infrecuentes, ya que pocas poblaciones de artiodáctilos eran lo suficientemente grandes como para poder mantener la enfermedad con vida. Las poblaciones de artiodáctilos salvajes se suelen reproducir en la misma zona al mismo tiempo, por lo que en las sabanas africanas no ha habido víctimas de la peste bovina de forma tan uniforme como en el caso del sarampión en las poblaciones humanas. Mediante determinados trabajos de vacunación y la limitación del tránsito de animales salvajes y animales domésticos, se logró proteger al ganado de la peste bovina. En el año 2001, la peste bovina se convirtió en el segundo parásito que hemos conseguido llevar a la extinción.

La primera enfermedad infecciosa que se logró erradicar con éxito fue la viruela. La facilidad para producir las vacunas y el poder destructivo e intimidatorio de la enfermedad propiciaron la suficiente voluntad política para llevar a cabo un programa de vacunación eficaz. El último caso de la enfermedad se dio en Afganistán en 1976. Desde entonces, la viruela solo ha existido en dos laboratorios: el laboratorio de los Centros para el Control y la Prevención de Enfermedades (CDC) de Estados Unidos y el Centro Nacional de Investigación de Virología y Biotecnología VECTOR de Rusia. Estos laboratorios ultraseguros conservan las últimas cepas de viruela bajo muchas llaves y ya no se realizan investigaciones sobre la enfermedad, por lo que el riesgo de que esta salga del laboratorio es mínimo.

La OMS intenta cada año que los laboratorios destruyan sus

muestras, pero todavía no se ha llegado a un acuerdo. La viruela es una amenaza aterradora desde el punto de vista del bioterrorismo: ya no existen en el mundo reservas de la vacuna contra la enfermedad y pocas personas tienen inmunidad ante esta. Tanto la destrucción de las muestras como su conservación se justifican mediante el bioterrorismo: si el virus acabase en manos de terroristas, sería más destructivo que cualquier bomba en el metro y, por otra parte, puede resultar complicado iniciar nuevas investigaciones en una situación de emergencia si no existen viejas muestras archivadas.

La viruela también podría volver a molestarnos por accidente, pues parece ser que el virus de la viruela sobrevive durante mucho tiempo en las personas muertas. Por ejemplo, nos hemos salvado «por los pelos» de algunos accidentes que han surgido entre las momias en Egipto: algunos faraones egipcios u otras personalidades importantes murieron de viruela, por lo que es posible que sus momias todavía porten virus con capacidad de contagio. Los cadáveres más recientes también son peligrosos: con frecuencia se ha enterrado a los muertos por viruela en cementerios masivos y los trabajos de excavación en esas zonas pueden ser peligrosos. En algunos lugares, como Nueva York, antes de iniciar trabajos de construcción se ha tenido que comprobar si en el terreno todavía existían virus vivos.

En el año 2011 se dio una situación especialmente peligrosa, cuando se encontró un cadáver en una obra de Queens (Nueva York). Los trabajadores sospecharon que se trataba de una víctima de asesinato enterrada, pero los forenses dataron el cuerpo, en función de la ropa conservada, de mediados del siglo XIX. La mujer de piel oscura había sido enterrada en un ataúd de hierro, lo que causó mucha extrañeza a la policía. Por lo general, en aquella época las personas de piel oscura no podían permitirse métodos de inhumación tan elegantes. Pronto los investigadores descubrieron en el cuerpo úlceras y marcas de furúnculos. En esa fase, la sospecha de asesinato se convirtió en una situación de riesgo biológico: la mujer había muerto de viruela y el objetivo del ataúd de metal era impedir la propagación de la enfermedad. Sin embargo, en investigaciones posteriores se descubrió que las partículas virales ya habían sido destruidas y el cadáver no suponía ningún peligro. El ADN se deteriora de forma relativamente rápida con el calor y la humedad, y la mayor probabilidad de contagio de la viruela parece proceder de cadáveres momificados en frío, por ejemplo, cerca de las regiones polares.

La viruela y la peste bovina son los únicos parásitos destruidos deliberadamente por el ser humano, pero muchos otros han desaparecido. Cada vez que una especie de animal hospedante se extingue en el mundo, es probable que se lleve consigo varias especies de parásitos especializados. A la mayor parte de esas especies parasitarias nunca llegaremos a conocerlas.

Sin embargo, se sabe que al menos nueve especies parasitarias han quedado destruidas; algunas de ellas se han descrito a la ciencia después de su extinción. Por ejemplo, el piojo *Rallicola extinctus* de la huia, un ave de Nueva Zelanda, porta esta información en su nombre científico. Todos los parásitos extinguidos que se conocen han sido ectoparásitos, principalmente piojos. Es fácil estudiar a los ectoparásitos, pero de los parásitos intestinales no sabemos nada porque es complicado investigar el contenido del intestino de las especies en peligro de extinción.

La extinción de un parásito no siempre requiere la extinción de la especie hospedante, sino que es suficiente con una reducción extrema en el número de individuos. La reducción en la cantidad de individuos hospedantes funciona igual que un programa de vacunación: los parásitos se propagan de forma más débil y se reduce el R_0. El cóndor de California se ha conseguido salvar poniendo a los últimos ejemplares en condiciones de cautividad. Sin embargo, el piojo del cóndor, el *Colpocephalum californici*, se ha extinguido. No se sabe si fue una elección consciente y los piojos se eliminaron en el momento de la captura o si se trata de una casualidad. Naturalmente, esto hace surgir preguntas, como si la protección de la naturaleza también debiera hacerse cargo de la diversidad de los parásitos. Por otra parte, los parásitos suelen extinguirse antes que sus especies hospedantes, por lo que la protección de los parásitos dificultaría aún más la protección de la naturaleza. Además, los parásitos son, por definición, especies perjudiciales para sus especies hospedantes. El deseo de los protectores de las especies en peligro de extinción de eliminar un factor que dificulte su protección es comprensible. Por otra parte, si todo sale estupendamente, la protección de las especies hospedantes también promueve la conservación de los parásitos.

La siguiente captura

El gusano de Guinea es un parásito especialmente repugnante. Se trata de un gusano de un metro de longitud y del grosor de un espagueti que vive en las extremidades inferiores del ser humano. Acaba en el ser humano a través del agua contaminada; en la fase larval de su ciclo vital, vive en los copépodos, en organismos planctónicos minúsculos. Cuando la larva llega con el copépodo al intestino humano, atraviesa la pared intestinal, entra en el torrente sanguíneo y pasa a los vasos linfáticos de la pierna. Allí, el gusano crece en longitud hasta que, al alcanzar la edad adulta, produce un doloroso furúnculo en la pierna y pone huevos en él. Cuando el humano logra aliviar el dolor echándole agua, el furúnculo estalla y los huevos del gusano pasan al agua. Una vez allí, los huevos se abren y penetran en los copépodos, de modo que el ciclo puede continuar.

Este gusano es especialmente desagradable porque es muy fácil matarlo dentro del ser humano y un gran gusano descomponiéndose en el sistema linfático no es beneficioso para la salud. Hacerse cargo del gusano es un proceso prolongado. Cuando se detecta la formación del furúnculo, para hacerlo estallar, se introduce el pie en un cubo lleno de agua que luego se vacía en el suelo, lejos de la red fluvial. De este modo, el gusano libera la mayor parte de sus huevos y se puede prevenir la contaminación de las aguas. Para deshacerse del gusano en sí, hay que agarrarlo por la parte posterior y enrollarlo alrededor de un palo. No se debe tirar demasiado de una vez, pues el gusano podría romperse y, en el peor de los casos, esto causaría su muerte y la reacción más desagradable en el sistema linfático. Como solo se pueden enrollar varios milímetros del gusano cada vez, deshacerse de él es un proceso que dura meses y una experiencia muy dolorosa. La vara de Esculapio, el conocido símbolo de la medicina, bien podría describir esta operación de bobinado.

El gusano de Guinea, también conocido como gusano o lombriz de Medina, es un viejo conocido del ser humano. Se generalizó de forma espectacular cuando los humanos pasaron a la agricultura, ya que era capaz de propagarse de forma muy eficaz. También tiene un papel fundamental en la historia de la cultura, puesto que ha sido una parte muy visible en la vida cotidiana. Los griegos conocían la enfermedad especialmente como una molestia de los pueblos que vivían a orillas del mar Rojo. Se cree que las serpientes venenosas mencionadas en el cuarto libro de Moisés (una de las referencias a los egipcios) son, precisamente, gusanos de Guinea. Aunque este gusano en raras ocasiones produce la muerte, caminar durante el proceso de bobinado es muy doloroso. Por tanto, la infección lleva prácticamente a varios meses de incapacidad laboral.

El gusano de Guinea también es capaz de engañar al sistema inmunitario humano, por lo que la infección no hace a las personas inmunes a futuras infecciones. Es decir, que en las zonas en las que el gusano de Guinea era habitual, muchos humanos estaban casi continuamente invalidados por él.

Sin embargo, erradicar el gusano de Guinea es, por suerte, sencillo. Los únicos animales hospedantes en los que puede vivir son el ser humano y los copépodos, por lo que si logramos frenar su propagación en el ser humano, se frenaría el ciclo de vida del gusano. Y somos capaces (de forma muy sencilla) de evitar su propagación. Si toda el agua potable se filtra a través de una tela, los copépodos quedarán en la tela y no podrán ayudar a los gusanos de Guinea a llegar hasta el ser humano. Las larvas de gusano de Guinea viven en los copépodos durante un máximo de cuatro meses; por tanto, el gusano morirá si se mantiene durante todo ese tiempo lejos del ser humano.

Pronto lograremos erradicar el primer parásito de gran tamaño, el gusano de Guinea. A finales de octubre de 2017, se habían detectado veintiséis casos. Se trata de un logro magnífico si tenemos en cuenta que, a mediados de la década de los ochenta, el gusano producía cada año unos 3,5 millones de infecciones. El único impedimento para la extinción del gusano de Guinea es que en el Chad ha empezado a infectar a los perros. No se conoce con exactitud la magnitud del problema, pero es posible que arruine nuestra posibilidad de erradicarlo.

Con la extinción del gusano de Guinea se extinguiría una parte significativa de la historia de la cultura humana. Estamos matando a una especie de la que sabemos desconcertantemente poco. No sabemos cómo llegó al ser humano. No hemos secuenciado su genoma. Sabemos que segrega activamente derivados de la morfina, probablemente para que el sistema inmunitario del individuo hospedante no lo ataque y, por otra, para mitigar el dolor que causa. Con el gusano de Guinea, además de un engorro prolongado para el ser humano, desaparecería también una forma de vida única y especial que, en realidad, no conocemos en absoluto.

Otro agente patógeno al borde de la extinción es el poliovirus. El poliovirus también lleva mucho tiempo incordiando al ser humano: ya en los textos de la Antigüedad se describen enfermedades muy similares a la poliomielitis. El poliovirus no produce ninguna enfermedad en la mayor parte de los infectados, pero la mitad de los que sufren la enfermedad presentan parálisis momentánea o permanente. No se trata de una cantidad grande en términos relativos; sin embargo, dado que antes del desarrollo de la vacuna prácticamente todas las personas contrajeron una infección de polio, la cifra total es considerable.

Con el desarrollo de la medicina y de la higiene, la mortalidad de muchas enfermedades se redujo de forma significativa; la polio se convirtió en una enfermedad infecciosa cada vez más importante. No obstante, a principios del siglo XX se dedicaron muchos recursos al tratamiento y la prevención de la polio. El poliovirus pasa al organismo humano a través del tracto digestivo y, con toda probabilidad, es capaz de propagarse tanto a través de la saliva como de los excrementos. Prevenir la propagación de la enfermedad es complicado porque el virus es capaz de contagiar al siguiente huésped incluso diez días antes de que se manifiesten los síntomas y puede continuar los contagios durante un periodo de hasta cuatro meses.

Sin embargo, la cuenta atrás de la polio se inició en la década de los cincuenta del siglo pasado, cuando el investigador americano Jonas Salk desarrolló la vacuna contra la polio. El poliovirus no vive en ningún otro organismo más que en el ser humano, por lo que podremos erradicar la enfermedad si vacunamos a todas las personas. Contra la polio se utilizan dos tipos de vacunas: la vacuna inyectable desarrollada por Salk, que contiene partes muertas del virus de la polio, y la vacuna oral desarrollada por Albert Sabin, que contiene virus de la polio debilitados. El problema de la vacuna oral es que los agentes patógenos debilitados producen infecciones asintomáticas que, en un caso de cada millón, desarrolla una infección real de polio. Tras la vacuna oral, el agente patógeno debilitado también puede propagarse a través de los excrementos hacia otra comunidad, lo que significa que, con un poco de mala suerte, la vacuna puede propagar la enfermedad. La vacuna inyectable no tiene este problema, pero es más cara y, dada su vía de administración, requiere personal sanitario. Por lo tanto, no resulta práctica en los países en vías de desarrollo.

En la década de los ochenta, la polio paralizaba a más de trescientos mil niños cada año, por lo que las ventajas de la vacuna oral contra la polio eran evidentes. Sin embargo, ahora nos encontramos en una situación en la que una parte significativa de los casos de polio se debe a las vacunas. Tres cepas diferentes producen la polio: los poliovirus 1, 2 y 3. La última vez que el poliovirus 2 se propagó de forma salvaje fue en 1999 en la India, por lo que en abril de 2016 se dejó de contribuir a su crecimiento con la vacuna oral. No obstante, la mayor parte de los casos de polio producidos por vacunas son de poliovirus 2. El poliovirus 3 no se ha propagado en cinco años, pero se sigue conservando en vacunas por motivos de seguridad. En 2017, se diagnosticaron casos de polio salvaje (es decir, la polio de tipo 1) en quince niños, de los cuales cinco eran de Pakistán y diez de Afganistán. Sin embargo, la cantidad de contagios real es unas mil veces mayor, puesto que la mayor parte de los casos no se detectan. Se habían detectado casos de infección de polio producidos por la vacuna en setenta y tres personas, la mayor parte de ellas en Siria.

La OMS ya se estaba regocijando con la idea de que lograríamos erradicar la polio por completo en el año 2015. El problema típico en la prevención de enfermedades son las zonas de riesgo, en las que ha vuelto a estallar la polio. En los últimos años se han producido contagios de polio en Afganistán, Sudán del Sur y Siria, entre otros lugares. Todos estos países son zonas de conflicto armado en las que el programa de prevención no se ha podido continuar hasta el final.

Siria es un ejemplo alarmante de cómo el caos social puede conducir rápidamente al empeoramiento de la situación de una enfermedad. La polio había desaparecido de Siria en la década de 1990, pero cuando empezó la guerra civil en 2012, las vacunas contra la polio dejaron de llegar a las zonas rebeldes. Un año y medio después del inicio del conflicto, en Alepo vivían miles de niños sin vacunar. En esa época, se detectaron los primeros casos de polio en la ciudad, lo que también desató el miedo en Europa, puesto que Siria es un país vecino. En muchos países europeos, la cobertura de vacunación contra la polio había descendido por debajo de los límites críticos.

Además, las organizaciones internacionales, como la OMS o Unicef, no podían intervenir en el asunto sin una invitación oficial del Gobierno de Siria. Por tanto, las organizaciones internacionales que operaban en la parte de Turquía organizaron una cadena de frío, gracias a la cual se pudieron hacer llegar más de un millón de vacunas a las zonas rebeldes. Sin embargo, la rápida (y, en muchos lugares, peligrosa) operación resultó eficaz, y el número de casos de polio se quedó en treinta y dos niños. Esto fue un logro increíble, ya que la vacuna contra la polio debe administrarse en tres dosis, por lo que, además de la cadena de frío, es necesario un registro preciso. Durante la primera campaña de vacunación, tres voluntarios murieron por disparos y bombardeos, y se estima que setecientos mil niños quedaron sin vacunar. Aunque esta vez se logró controlar la enfermedad, Siria e Irak siguen siendo entornos de crecimiento idóneos para el virus. Ojalá se consiga que también Pakistán y Afganistán sean zonas libres de polio antes de que el virus empiece a viajar hacia otros lugares.

CAPÍTULO 6

¿Por qué nunca lograremos erradicar algunas enfermedades infecciosas?

La viruela y la peste bovina, y esperemos que pronto también el gusano de Guinea y la polio, demuestran que es posible erradicar enfermedades. Las enfermedades que se presentan únicamente en el ser humano y cuya propagación puede prevenirse mediante vacunas u otras medidas son especialmente fáciles de combatir.

Sin embargo, no creo que logremos nunca erradicar todas las enfermedades. Existen, al menos, tres razones principales: la mayor parte de las enfermedades infecciosas viven en varias especies hospedantes o entornos, muchos parásitos desarrollan rápidamente inmunidad hacia los medicamentos y constantemente surgen nuevas enfermedades.

Hasta ahora, lo que conecta las enfermedades que hemos erradicado y las que casi hemos erradicado es que su existencia depende del ser humano. La viruela y la polio no sobreviven en otras especies hospedantes y, para el gusano de Guinea, el ser humano también es un huésped principal imprescindible. Esto supone una inmensa ventaja a la hora de controlar los agentes patógenos y los parásitos, puesto que tratando a los humanos se puede interrumpir su propagación y destruirlos. Cuando se logran tratar al mismo tiempo las causas de los síntomas y de la infección, resulta más sencillo mantener las enfermedades bajo control. Sin embargo, todavía hay muchas otras especies que claramente han sido siempre una molestia para los humanos, desde la malaria a la enfermedad del sueño. En relación con estas enfermedades, la OMS y sus socios intentan, en primer lugar, reducir la aparición de la enfermedad y, finalmente, erradicarla por completo.

Si resulta sencillo prevenir la propagación de una enfermedad por medios poco costosos, como en el caso del gusano de Guinea, las posibilidades de vencer al parásito mejoran. Los medicamentos eficaces o las vacunas que previenen la infección también logran reducir el contagio de forma efectiva. A pesar de ello, el ser humano únicamente ha vencido dos enfermedades infecciosas. La erradicación de las demás es notablemente más costosa, puesto que requiere más personal sanitario o fármacos más caros.

El parásito protege el animal o el suelo

Las orejas de Queenie están llenas de bolitas negras. Saco una lupa del bolsillo y examino una a una cada bolita. Escojo la más grande e impresionante de todas y la guardo en una pequeña probeta con tapa.

La selva esconde muchos secretos y uno de ellos son las garrapatas que aparecen en las orejas de los lémures ratón. Parecen garrapatas completamente normales, salvo que no son adultas, sino ninfas. Para que la vida de cada garrapata pueda considerarse un éxito, deberá picar, al menos, a tres individuos diferentes. Una larva de garrapata que acaba de salir del huevo busca tallos de hierba, hojas u otros lugares desde los que poder aferrarse a un animal hospedante. Cuando (o, mejor dicho, si) la larva encuentra un huésped vigoroso, disfruta de una ingesta de sangre y cae al suelo para transformarse en ninfa. Por su parte, la ninfa necesita una ingesta de sangre para poder desarrollarse y convertirse en adulta. Las hembras adultas necesitan una ingesta de sangre para poner huevos.

Nadie ha encontrado una garrapata *Haemaphysalis* viva en su forma adulta en un lémur ratón. Debido a que la garrapata crece en tamaño durante su desarrollo, también suele cambiar de especie hospedante. Mientras que las garrapatas pequeñas prefieren los animales hospedantes pequeños, las garrapatas grandes adultas buscan especies más grandes. Tiene sentido: seguramente el lémur ratón detectaría una garrapata grande en su pelaje y sería capaz de arrancársela con sus torpes patas. Por eso no resulta nada extraño que no se encuentren garrapatas adultas en los lémures ratón. Sin embargo, podría creerse que los grandes lémures, que abundan en Ranomafana, tendrían garrapatas adultas. Los grandes lémures de Ranomafana, como el lémur mano gris, el lémur rufo blanco y negro o el sifaca, se llevan investigando desde hace treinta años, pero, aun así, nadie ha visto tampoco garrapatas adultas en ninguno de ellos. Dónde se esconden las garrapatas adultas es un auténtico misterio.

Los biólogos principiantes muchas veces recogen larvas de mariposa en tarros y las alimentan con hojas de plantas hasta que se convierten en crisálidas. Cierta mañana, ha ocurrido un milagro de desarrollo individual y en el tarro hay una fastuosa mariposa adulta. Por su parte, el investigador de parásitos recoge las bolitas de ninfas de garrapata en tarros y espera que de ellas salgan (de forma igualmente mágica) garrapatas adultas. Yo también recojo las garrapatas de Queenie y les construyo un pequeño terrario. La garrapata chupa sangre para obtener el alimento que le permita crecer hacia la siguiente fase de desarrollo, por lo que una ninfa llena de sangre debería convertirse en una garrapata adulta.

Mi operación de crianza es un fracaso. Sospecho que arrancar las garrapatas de los lémures ratón es una operación demasiado violenta, o puede que las garrapatas no estén lo suficientemente llenas de sangre. Tampoco me atrevo a alimentar a las garrapatas de Madagascar con mi propia sangre, porque no conocemos todas las enfermedades que propagan.

El equinococo es un buen ejemplo de parásito que no logramos erradicar. El equinococo pertenece a la clase de los cestodos (al igual que nuestro viejo conocido, el gusano ancho de los peces) y tiene un ciclo de vida indirecto. Esto significa que el equinococo tiene un huésped intermediario y un huésped principal. Como huésped intermediario le sirve cualquier mamífero herbívoro, en el que el equinococo viaja hacia los músculos y otros lugares para conformar su forma de reposo. Los huéspedes principales del equinococo, por su parte, son los animales que se comen a los herbívoros, como los armiños o los lobos. Cuando un depredador se come a un animal infectado con el equinococo, las formas de reposo del equinococo se liberan en el intestino del depredador. El equinococo nunca crece en tamaño, como algunos cestodos, sino que se queda a vivir en el intestino con su longitud de tres segmentos. Los huevos de equinococo continúan su viaje junto con los excrementos, al igual que los huevos de otros cestodos, y esperan a que un herbívoro acuda a comer algún material vegetal manchado de excrementos.

El equinococo puede ser peligroso para el ser humano porque puede confundirlo con un huésped intermediario si el humano consume sus huevos, por ejemplo, procedentes de comida contaminada. Las dos especies europeas, la tenia del zorro *Echinococcus multilocularis* y la tenia del ciervo *Echinococcus canadensis*, se distinguen por su peligrosidad. Mientras que la tenia del ciervo, por lo general, solo forma un quiste claro que es sencillo quitar, el gusano ancho de los peces del zorro no es ninguna experiencia agradable: en los órganos internos empieza a formarse un quiste que crece y se propaga y que resulta difícil de eliminar. El periodo de incubación de la enfermedad es de entre cinco y quince años y no suele detectarse hasta que los quistes han aumentado de tamaño.

En Finlandia todavía estamos a salvo de la tenia del zorro, pero en Estonia o en Suecia este parásito ha empezado a propagarse. En este momento, en Finlandia solo hay tenias del ciervo cerca de la frontera oriental en Carelia del Norte, Kainuu y el este de Laponia. Tan solo hace medio siglo, la tenia del ciervo producía cada año infecciones en humanos en las zonas de crianza de renos, pero en el momento presente los contagios son escasos. En principio, en la actualidad podría darse el contagio de equinococo a través de los excrementos de perro o de lobo o del agua contaminada por excrementos. Además, los huevos se propagan bien por medio del viento o de los insectos. Al ser humano también le ha asustado la idea de que, si un lobo infectado ha defecado encima de las bayas del bosque y un humano las recoge y se las mete en la boca, el humano puede obtener una infección de equinococo. Sin embargo, lo que es seguro es que no se conoce ninguna infección a través de las bayas.

El equinococo también se contagia a los humanos de forma muy débil: solo un 1 %, aproximadamente, de los humanos que han consumido huevos de equinococo muestran la infección real. Por otra parte, hay grandes cantidades de equinococos en la naturaleza; por ejemplo, entre el 30 % y el 70 % de los zorros centroeuropeos es portador de tenias del zorro. En Europa central se dan entre dos y treinta contagios humanos al año por cada cien mil personas. El mayor riesgo de obtener el equinococo es que tu propio perro esté infectado. En ese caso, también puede propagar huevos de equinococo por el pelaje, y los huevos pueden acabar en la boca de una persona que rasca al perro con la mano.

Para algunos animales hospedantes, como las ovejas, existe una vacuna contra el equinococo. En su huésped principal, el equinococo vive en el intestino y es relativamente fácil de tratar con medicación. No existe vacuna contra el parásito para los humanos y, por lo general, el tratamiento de la enfermedad requiere una combinación de intervención quirúrgica y medicación. En principio, para los topos funciona la misma vacuna que para las ovejas, pero vacunar a los topos es poco práctico, porque son pequeños, numerosos y de vida corta. Por tanto, es imposible destruir al parásito en la naturaleza. Se intenta mantener la enfermedad bajo control reduciendo las posibilidades de infección de los parásitos en los humanos. Por ejemplo, a los perros de caza se les suministra medicación contra el equinococo para que no empiecen a propagar el parásito a los humanos en los terrenos cercanos.

La borreliosis es otro buen ejemplo de especie cuya erradicación requiere un trabajo considerable. Existen numerosas especies de bacterias espiroquetas que causan la borreliosis y, dependiendo un poco de la especie y del lugar, infectan a diferentes especies. La borrelia, es decir, la bacteria que causa la borreliosis, se propaga de un huésped a otro con ayuda de una picadura de garrapata. Las garrapatas son magníficas propagadoras de la enfermedad, puesto que necesitan varias ingestas de sangre. Esto hace posible que la bacteria que ha saltado a la garrapata en su fase larval pueda contagiar, al menos, a dos nuevos huéspedes.

En el ser humano ya se han detectado por lo menos cinco especies distintas de borrelia que se contagian de las aves, los lagartos y otros mamíferos. El ser humano no es un huésped importante para la borreliosis, ya que relativamente pocas personas enferman y el ser humano ni siquiera es un huésped competente. En otras palabras, una garrapata no puede obtener la infección de borrelia de un ser humano, por lo que el humano es un callejón sin salida para ella, ya que no puede seguir propagándose. La competición entre distintas especies hospedantes varía y, dependiendo de la zona, la especie hospedante más importante para la borreliosis puede ser, por ejemplo, el topillo rojo europeo o el norteamericano ratón de patas blancas o ardilla listada del este americano.

En Finlandia, la borreliosis es una enfermedad cada vez más generalizada.* En el año 2016, se registraron 1.931 casos de la

* En España, la borreliosis o enfermedad de Lyme se documenta desde 1977. Se estima una incidencia de 0,25 casos por cada cien mil habitantes al año, y es más frecuente en la mitad norte del país. Véase <https://www.elsevier.es/es-revista-medicina-familia-semergen-40-articulo-enfermedad-lyme-es-tan-infrecuente-S1138359311002760>. *[N. de la T.]*

enfermedad, poco más de un tercio de ellos en Ahvenanmaa. Además, la región costera que va de Kokkola a Virojoki es un área central de borreliosis. La cantidad de casos de borreliosis ha aumentado de forma brusca durante el siglo XXI. En parte, esto se debe a que, actualmente, la enfermedad se puede detectar con más facilidad, ya que el agente patógeno se describió científicamente hace relativamente poco, en el año 1978. En Finlandia, la borreliosis la propaga la garrapata común, *Ixodes ricinus*. La cantidad de garrapatas también ha aumentado en los últimos tiempos, lo que podría explicar la prevalencia de la borreliosis. Por su parte, el aumento del número de garrapatas se explica por el calentamiento climático y el aumento del número de animales hospedantes. En los últimos años, se ha propagado en Finlandia desde Oriente la garrapata de la taiga, *Ixodes persulcatus*, que también es capaz de propagar la borrelia. Parece que la extensión de la garrapata de la taiga no afecta del mismo modo a la propagación o generalización de la borrelia, pero esta ha traído dos nuevas cepas de otra enfermedad: la encefalitis transmitida por garrapatas. Ambas especies pueden propagar las tres cepas de virus encefálico, pero aún no se ha logrado aclarar qué tipo de diferencias existen entre la propagación de las diferentes especies de garrapatas.

¿Cómo podemos entonces erradicar la borreliosis? La vacunación de los topos no es especialmente eficaz y tampoco es posible erradicar a las garrapatas. La única manera de minimizar la influencia de la borreliosis sería desarrollar una vacuna contra la borrelia e, incluso en ese caso, tampoco lograríamos erradicar nunca al agente patógeno. En realidad, existen dos factores significativos para el riesgo humano: la cantidad de huéspedes competentes y la cantidad de garrapatas que propagan la enfermedad.

En Finlandia se ha hablado, entre otras cosas, de la importancia de las cabras en relación con la borreliosis. Cuantas más cabras hay en una zona, con más frecuencia acaba la borrelia en un huésped no competente debido a una picadura de garrapata. El efecto protector de la diversidad de la naturaleza se basa en la hipótesis del efecto de dilución: cuántas más especies diferentes haya en el entorno, con más frecuencia acabará el agente patógeno en un huésped no competente. Esto significa que en el entorno habría cada vez más especies que recibirían la bala de borrelia en nuestro lugar.

La situación no es tan sencilla. Las cabras no son huéspedes competentes, pero cuantas más cabras hay en el entorno, más alimento tienen las garrapatas. Cuanto más alimento tienen las garrapatas, más se reproducen y más propagan la borrelia. En Finlandia, actualmente no se sabe cómo afecta el número de cabras a la propagación de la borrelia: ¿reducen la cantidad de borrelia de forma suficiente en comparación con el aumento del número de garrapatas que la producen? Basándose en la evidencia parcial, podría decirse que no lo hacen. La mayoría de los investigadores, entre los que me incluyo, también han propuesto que se retiren todos los capreolinos de varias islas del archipiélago de Turku para observar cómo afecta a la cantidad de borrelia. Sería un experimento interesante, pero no es necesariamente viable. Mantener a los capreolinos fuera de las islas es laborioso y caro.

Aún más complicado que erradicar a los agentes patógenos vivos que se hospedan en varias especies es erradicar a los agentes patógenos que son capaces de vivir aislados de todas las especies hospedantes, por ejemplo, en el suelo. A este grupo pertenecen, entre otros, los agentes patógenos oportunistas. La aparición del cólera puede limitarse fácilmente manteniendo una higiene suficiente, pero nunca lograremos erradicar la bacteria del cólera en sí, ya que es capaz de vivir en aguas dulces o salobres de forma prácticamente indefinida.

El cólera es oportunista en todos los sentidos de la palabra: suele golpear cuando las estructuras sociales se están derrumbando. La peor epidemia de cólera de los últimos tiempos se dio en Haití. Haití ya era uno de los países más pobres del mundo, pero un fuerte terremoto en el año 2010 causó una ruina mucho mayor al país. Después del terremoto, Haití ha sido prácticamente dependiente de las ayudas extranjeras para situaciones de crisis y para la reconstrucción; también llegaron fuerzas de paz de la ONU para ayudar a calmar la situación y colaborar en la reconstrucción. Y para empeorar su suerte, las fuerzas de paz nepalíes llevaron consigo el cólera. La epidemia de cólera se propagó como la pólvora y, hasta ahora, ya ha matado a casi diez mil personas.

La participación de los nepalíes en la epidemia se ha verificado de dos maneras. El pariente más cercano de la cepa de epidemia de cólera de Haití es, precisamente, la cepa de cólera que circuló por Nepal varios años antes. Además, la propagación de la enfermedad empezó en el campamento de las fuerzas de paz nepalíes, desde donde continuó río abajo. El hecho de que la ONU no haya querido investigar el caso con mucho detalle ha dificultado su esclarecimiento. Sin embargo, en el año 2016, la ONU aceptó finalmente su responsabilidad en la propagación de la epidemia de cólera por no haber tomado medidas suficientemente enérgicas para determinar los posibles casos y prevenir su propagación.

Si existe una vacuna adecuada, en función de las posibilidades se puede vacunar a las personas contra los agentes patógenos que se esconden en el suelo. Sin embargo, a partir de este momento, la vacunación deberá continuar por toda la eternidad, a menos que logremos erradicar la enfermedad por otros medios. La vacuna contra el tétanos, por ejemplo, es una de esas vacunas dirigidas contra las enfermedades del suelo. El causante del tétanos, el *Bacillus tetanus*, es una bacteria del suelo a la que le gusta penetrar en el cuerpo humano a través de heridas abiertas. Por lo general, se administra una vacuna de refuerzo en intervalos de diez años o cuando un animal araña o muerde a un ser humano, o cuando, por ejemplo, un clavo oxidado causa una herida profunda.

El último grupo, y puede que el más complicado, es el de las especies que pertenecen a la flora bacteriana normal del ser humano, como la anteriormente mencionada *Neisseria meningitidis*, que produce la encefalitis, o la *Bacteroides fragilis*, general en las sepsis. Estas especies causan enfermedades con muy poca frecuencia (por lo general, son para nosotros especies acompañantes inofensivas) pero, llegada la ocasión, también pueden empezar a producir síntomas. Podemos desarrollar vacunas contra ellas, pero que resulten útiles o no es otra cuestión. Estas bacterias forman la mayor parte de nuestra flora bacteriana normal, por lo que eliminarlas también podría suponer un inconveniente. Por tanto, los agentes patógenos pueden tener un papel doble: dependiendo de la situación, pueden ser beneficiosos o perjudiciales. Casi cualquier bacteria, en el momento equivocado y en el lugar equivocado, puede resultar peligrosa, por lo que es complicado establecer un límite entre las especies que son suficientemente peligrosas como para que requieran nuestra atención.

Cada vez surgen más enfermedades

En 1918, la Primera Guerra Mundial ya llevaba cuatro años en marcha. Había ido avanzando lentamente, pero las pérdidas eran cuantiosas. Con el paso de los años, la guerra absorbía cada vez más Estados y, además, muchos países (incluida Finlandia) estaban sufriendo disturbios internos. Los gobiernos caían, los Estados se independizaban y se derrocaban formas de gobierno. Esas condiciones ofrecían a las enfermedades las mejores posibilidades de causar la destrucción.

Probablemente en algún lugar en la zona de las Ardenas, los cansados y exhaustos soldados compartían las trincheras con su propia comida, es decir, con los cerdos. Las condiciones tan cercanas en las que vivían los humanos y los animales hicieron que los cerdos contagiaran a los humanos con el virus de la gripe. Es posible que el primer soldado infectado llevara luchando ya mucho tiempo y padeciera estrés prolongado. Puede que se encontrara herido y muchos agentes patógenos estuvieran luchando en su cuerpo. Puede que hubiera regresado recientemente de un permiso y no estuviera preparado para la variedad de enfermedades en las trincheras. En semejantes condiciones, la eficacia del sistema inmunitario suele venirse abajo y el virus (que cualquier sistema inmunitario que funcionara medianamente bien habría aniquilado desde el principio) se afianza. El virus se aprovechó de la situación y empezó a reproducirse. Cada generación de virus se había adaptado al cuerpo humano mejor que la anterior. En algún lugar al fondo del refugio subterráneo, nuestro soldado dormía con muchos de sus compañeros de armas. Estornudar o limpiarse los mocos con el dorso de la mano y después tocar a otra persona de pasada hacían que el virus continuara su viaje hasta que se encontraba con otra víctima en malas condiciones de salud. Cada generación de virus se adaptaba mejor al ser humano y, después de cada contagio, se le daba un poco mejor infectar a los humanos.

Con sorprendente rapidez, al cabo de una o dos semanas, puede que varios meses, el virus emprendió el viaje desde el frente hacia el resto del mundo junto con los soldados enfermos que eran transportados. Cuando, finalmente, el virus llegó a la civilización (los hospitales de guerra de París, los transbordadores de Calais para el transporte de tropas o los burdeles de Lille) y a las personas que habrían logrado resistirse a la cepa original del virus porcino, ya se había adaptado al ser humano de forma excelente. Fue una amenaza nueva y sorprendente a la que no estaban acostumbrados ni los sistemas inmunitarios de las personas sanas.

La gripe es una enfermedad febril causada por el grupo de los influenzavirus. Las gripes extremadamente peligrosas son zoonosis, enfermedades que han pasado al ser humano desde los animales domésticos. La primera pandemia de cada nuevo tipo de gripe suele ser la más destructiva. La gripe española o pandemia de gripe de 1918 ha sido la más letal de todas.

El término *gripe española* es engañoso, puesto que la enfermedad no surgió en España. Al contrario, España superó la enfermedad con daños relativamente pequeños. España no participó en la Primera Guerra Mundial y en el país tampoco había, ni por asomo, una censura tan eficaz como en los países combatientes. Por tanto, la gripe letal saltó a la fama en España y entre la gente nació la idea de que España había tenido una influencia fundamental: por ese motivo, recibió el nombre de gripe española. Sin embargo, la prensa, que funcionaba con mayor libertad, posibilitó una comunicación más eficaz y, de ese modo, los españoles estaban bien preparados para la epidemia de gripe y supieron actuar minimizando sus daños.

En este momento, circulan entre los humanos tres influenzavirus A: H1N1, H1N2 y H3N2. Las cepas se nombran en función de los grupos de cubierta proteica, de la hemaglutinina y de la neuraminidasa de los virus. Las cantidades varían cada año: en el periodo de 2014-2015, la cepa más común fue la H3N2, pero en el siguiente periodo el virus de la gripe más típico fue H1N1. H1N1 es la denominada gripe porcina, que en el año 2009 pasó del cerdo al ser humano. Tras la aparición de la cepa, causó un estado de emergencia internacional, pero sus efectos fueron notablemente menores a lo que se temía en un principio. La mortalidad se mantuvo dentro de niveles normales para una gripe estacional y se estima que fallecieron doscientas mil personas de gripe porcina en todo el mundo. En comparación con una gripe estacional normal, la diferencia es que la mayoría de los casos de mortalidad afectaron a menores de sesenta y cinco años.

Muchas de las enfermedades más temidas son zoonosis. El ébola, el nipah y la rabia son enfermedades mortalmente peligrosas que se contagian desde su propio huésped a los seres humanos, especialmente durante las situaciones de desbordamiento. También pueden propagarse de un ser humano a otro, aunque bastante débilmente. El peor temor con cada una de estas enfermedades es que empiece también a propagarse de forma eficaz de un humano a otro.

Una parte relativamente grande de la investigación actual sobre enfermedades está dirigida a predecir la evolución de estas. Si supiéramos qué enfermedades presentan un riesgo especial de desarrollarse de tal modo que lleguen a propagarse de un ser humano a otro, podríamos prepararnos para la siguiente pandemia de forma mucho más específica. Lo cierto es que esta investigación no ha hecho más que empezar. Según estudios realizados en laboratorio, sabemos que el influenzavirus puede transformarse de forma relativamente fácil y rápida en un virus pandémico letal. Lo cierto es que esto no es ninguna noticia, ya que la historia puede contarnos casi con exactitud la misma realidad.

Colección gripal de primavera y otoño

En el siglo XX, el ser humano logró por primera vez ganar una batalla contra las enfermedades. Los nuevos medicamentos (especialmente, los antibióticos y las vacunas) eran auténticas armas de destrucción masiva para las bacterias. Ahora, el ser humano es capaz de hacer cosas que antes eran totalmente inconcebibles, como trasplantar un órgano de un humano a otro en una operación abierta que dura horas, sabiendo que continuamente hay sustancias disponibles que evitan que las bacterias y otros microorganismos se aprovechen de la incitante herida que es para ellos como un paraíso.

Sin embargo, la naturaleza no se queda como mera observadora, sino que desarrolla medios para beneficiarse de los trucos humanos. La evolución es un promotor fabuloso de las innovaciones, ya que se basa en una idea muy simple: solo cuentan los supervivientes. El motivo más importante por el que las enfermedades continúan molestándonos es, precisamente, la carrera evolutiva. Si ideamos una forma de darle una paliza a un agente patógeno, podemos confiar en que la evolución obligará al agente patógeno a idear un contragolpe. La ventaja de los parásitos es la enorme cantidad de individuos existentes y el corto espacio entre generaciones; en relación con las mutaciones, estos son los únicos factores significativos. Podemos estar seguros de que algún agente patógeno, en algún lugar, experimentará una mutación que lo protegerá de los trucos humanos. Una vez más, la historia funciona como prueba de la habilidad de la evolución: solo se ha logrado extinguir o casi extinguir cuatro agentes patógenos. A otros miles de ellos les va muy bien.

El mejor ejemplo de la rapidez de la evolución es la gripe doméstica. El virus de la gripe es igual que los demás agentes patógenos: cuando el humano ha enfermado una vez de gripe, el mismo virus ya no puede provocar la enfermedad. Sin embargo, parece que la gripe está en circulación año tras año y algunas personas enferman todos los años. ¿Cómo es posible, si el ser humano desarrolla inmunidad? Es muy sencillo: la gripe está por delante de nosotros en la carrera anual. Una persona desarrolla inmunidad de por vida contra la cepa de gripe de la que ha enfermado, pero la gripe que está en circulación al año siguiente no es la misma cepa, sino una versión ligeramente modificada de la anterior.

La mutación es una condición vital para la gripe. Se propaga con rapidez y eficacia, por lo que el sistema inmunitario podría llevarla rápidamente a la posición del sarampión, en cuyo caso necesitaría nuevas víctimas constantemente. Sin embargo, la gripe tiene más capacidad de mutación que el sarampión: su estructura simple le permite mutar más rápido. Cuando la estructura externa del virus de la gripe muta ligeramente, las células de nuestro sistema inmunitario ya no lo reconocen como el mismo virus de la gripe. De este modo, el virus gana un par de días para reproducirse en las células humanas e intentar seguir propagándose. Entontes, el ser humano sufre fiebre y malestar general.

El virus de la gripe es una pandemia a escala global. Se presenta, principalmente, en el hemisferio norte durante el invierno del norte y en el hemisferio sur durante el invierno del sur. No se sabe con exactitud el motivo de la rotación, aunque existen algunas teorías. Se cree que los cambios estacionales en las interacciones sociales humanas han influido en este ciclo. En este sentido, los finlandeses son un ejemplo extremo: cuando todos han desaparecido en sus cabañas para pasar el verano y nadie se relaciona con nadie, el virus no puede propagarse. En invierno, cuando las personas están aglutinadas en espacios interiores, en el trabajo y en el colegio, y en el exterior el tiempo es tan desagradable que a nadie le apetece salir a fumar, el virus se propaga con entusiasmo. También existen pruebas de que el sistema inmunitario humano muta en los ambientes fríos: un sistema inmunitario cuyas vías respiratorias superiores han recibido frío de forma regular se debilita y el virus puede contagiarse más fácilmente. Como suele suceder, lo más probable es que la verdad sea algún tipo de combinación entre todas esas teorías.

Es decir, el virus de la gripe muta de un año a otro, por lo que es capaz de seguir sorprendiendo a nuestro sistema inmunitario. El virus no intenta mutar de forma específica, pero nuestro sistema inmunitario mata a todos los virus de la gripe que no lo hacen. La rápida evolución del influenzavirus significa que es difícil desarrollar una vacuna contra la gripe. Con frecuencia, nuestras vacunas contra la gripe se preparan en función de la cepa que haya circulado medio año antes en el hemisferio sur. Esta cepa también logra mutar ligeramente antes de llegar a molestarnos a nosotros. Como la evolución de la gripe es, en parte, una lotería, la eficacia de la vacuna varía de un año a otro, dependiendo de la mutación.

Lo creáis o no, la gripe también es una de las enfermedades más temibles y peligrosas. La gripe española y otras especialmente agresivas, como la gripe de Hong Kong, han matado a millones de personas. En una gripe estacional habitual mueren cada año entre doscientas cincuenta mil y quinientas mil personas. El Banco Mundial ha estimado que una pandemia grave de gripe en la que hubiera millones de víctimas mortales podría suponer un gasto de tres billones de dólares, es decir, 3.000 millones de dólares para la economía mundial. Es una cantidad tan grande de dinero que es difícil de imaginar, pero podemos pensar que equivale a sesenta veces los gastos anuales del Estado finlandés.

Algunas enfermedades mutan de forma tan rápida que se desarrollan ya durante la infección de una persona. Esto dificulta el uso de medicamentos, puesto que el agente patógeno también desarrolla tolerancia al medicamento durante el periodo de la infección. Por ejemplo, en el tratamiento de la tuberculosis y del VIH, la medicación deberá programarse de modo que minimice la posibilidad de una evolución temprana de la infección. En la práctica, esto significa el uso de varios medicamentos a la vez. De este modo, los agentes patógenos deberán desarrollar tolerancia a varios fármacos a la vez para permanecer con vida. La probabilidad de que esto suceda es notablemente inferior al desarrollo de la tolerancia a un solo medicamento.

El virus del Zika es un ejemplo de enfermedad infecciosa que se volvió sorprendentemente peligrosa debido a una mutación. El zika se identificó por primera vez en África ya en el año 1947, pero los síntomas de la enfermedad no se consideraron peligrosos: provocaba una ligera fiebre y, después, desaparecía. No se llevó ningún seguimiento de la aparición de la enfermedad y tampoco tenemos ni la menor idea de lo generalizada que está en África.

Sin embargo, el virus del Zika empezó a propagarse hacia el este (o, al menos, eso es lo que se piensa según las investigaciones genéticas, ya que no se ha hecho un seguimiento). Con el tiempo, llegó primero al Sudeste Asiático y, finalmente, ocupó las islas del Pacífico. Se cree que llegó a Brasil entre 2014 y 2015. Pasado algún tiempo, cuando el virus había recorrido casi todo el mundo, desde la ciudad portuaria de Recife, en el nordeste de Brasil, nos llegó la noticia de que produce microcefalia. Si una mujer embarazada se infecta durante el primer trimestre, existe el riesgo de que el bebé nazca con la cabeza pequeña.

La microcefalia no es una enfermedad simple, sino que pueden influir en su aparición muchos factores de desarrollo diferentes. Anteriormente, se sabía que la microcefalia puede producirse si una mujer embarazada recibe la infección de algún agente patógeno perteneciente al grupo TORCH: el *Toxoplasma*, la rubeola, el citomegalovirus o el virus del herpes. Estos agentes patógenos producen distintos tipos de trastornos del desarrollo al penetrar en la placenta e infectar las células que forman el sistema nervioso central del feto. Parece que esa abreviatura tan práctica pierde su utilidad cuando tenemos que añadir el virus del Zika a la lista.

Sin embargo, en el momento en que escribo este libro, todavía hay muchas preguntas sin respuesta. ¿Por qué la cantidad más significativa de casos de microcefalia se observó en Recife y las cifras son mucho menores en otros lugares? ¿Qué mecanismo utiliza el virus del Zika para infectar las células del feto? ¿Qué especie de mosquito lo propaga? ¿Infecta a otros animales? ¿Por qué la cantidad de casos de microcefalia fue tan alta solo en el año 2015 y el virus del Zika no provocó la enfermedad en los años siguientes?

Es obvio que la cepa del virus del Zika actual que circula por América del Sur es diferente, en muchos sentidos, a las muestras africanas del año 1947. En algún momento, durante su viaje por el mundo, mutó de tal modo que ahora produce malformaciones fetales. Las mutaciones en el genoma del virus ya se conocen con exactitud, pero todavía no se comprende del todo cómo propiciaron los cambios funcionales.

Por otra parte, puede que la evolución del virus del Zika no sea más que una ilusión. Se considera que la cepa africana es más inofensiva, pero esto no es necesariamente cierto. Sencillamente, no se ha investigado su peligrosidad en África y es posible que la microcefalia haya pasado desapercibida entre otras muchas enfermedades en zonas en las que la asistencia sanitaria es inexistente o escasa. Además, es posible que muchas mujeres en África hayan enfermado de zika antes de tener hijos, por lo que el virus no habría causado riesgos durante el embarazo. En realidad, muchos experimentos en laboratorio realizados con el virus del Zika se han hecho, precisamente, con la cepa africana, por lo que es probable que esta también produzca microcefalia.

El zika, además, es relativamente difícil de reconocer, ya que tanto el agente patógeno como el cuadro clínico son muy similares a los del dengue y el chikunguña. Por este motivo, solo se pude identificar el virus con seguridad aislándolo del paciente y secuenciando las bases de su genoma. Sin embargo, esta medida requiere tiempo, dinero y, sobre todo, el equipo adecuado. La forma más típica de reconocer las enfermedades es la investigación de las reacciones de los anticuerpos. Es decir, se comprueba si el paciente tiene anticuerpos contra el agente patógeno en el organismo. Estos solo aparecen si el paciente ha recibido la infección en algún momento. Mediante la secuenciación se puede reconocer únicamente un virus cuyo ADN o ARN continúe en el huésped, pero los anticuerpos permanecen en el huésped hasta el fin de sus días. No obstante, el problema de la investigación de los anticuerpos es que diferentes virus tienen anticuerpos casi similares y pueden desempeñar una actividad cruzada: es difícil hacer una prueba del virus del Zika tan específica que reconozca solo y únicamente al virus del Zika.

El hecho de que los casos de microcefalia se presentasen en el mismo lugar durante el mismo año puede indicar que el virus no es capaz de hacer gamberradas por sí mismo, sino que necesita ayuda. El virus del Zika y una infección simultánea de alguna otra enfermedad, como el dengue o el chikunguña, pueden ser el origen de los casos de microcefalia. Por otra parte, algunos factores ambientales, como la presencia de toxinas u otros elementos, pueden influir en la aparición de la enfermedad. En términos generales, es difícil detectar un efecto combinado de este tipo.

Se espera que el virus del Zika acabe contagiando a todos los sudamericanos y es posible que se propague a otros lugares del mundo en los que haya especies de mosquitos adecuadas para la propagación de la enfermedad. Sin embargo, no está claro si el zika seguirá molestándonos de forma permanente. Si aparece una inmunidad de por vida contra él, como parece que puede suceder, es posible que en el futuro contagie únicamente a los recién nacidos. Esto puede suponer que el virus del Zika no sea capaz de propagarse de forma lo suficientemente eficaz para mantenerse con vida en el ser humano. En cualquier caso, la consecuencia podría ser que, si alguien en una zona de infección enferma de zika de joven, antes de la edad de reproducción, el virus ya no sería tan peligroso. Excepto para nosotros, los habitantes del norte que viajamos a zonas de infección de la enfermedad.

Adaptación a los venenos

«Mata al 99,9 % de los agentes patógenos» es el eslogan publicitario más alarmante que he visto nunca. Y es que de él se podría deducir, directamente, que deja con vida un 0,1 % de agentes patógenos, que toleran la sustancia.

La mayoría de las especies, desde el agente patógeno más pequeño hasta el ectoparásito más grande, pueden desarrollar inmunidad contra los medicamentos y los venenos. El principio siempre es el mismo: cuando envenenamos a los organismos, la intoxicación produce la destrucción masiva de los parásitos. Sin embargo, si alguno sobrevive, se trata del individuo que tiene la mejor tolerancia contra el veneno. Cuando las generaciones de parásitos nacen y mueren y los más tolerantes tienen más probabilidades de reproducirse, no transcurre mucho tiempo hasta que uno o más individuos acaban soportando mejor el veneno. Este mismo desarrollo es aplicable a las malas hierbas, las plagas de cultivo, los ectoparásitos, los endoparásitos y los agentes patógenos más pequeños. La tolerancia a los antibióticos es un caso especial que trataremos a continuación.

La adaptación no es ningún milagro. Todos los parásitos se han acostumbrado a que sus huéspedes hagan todo lo posible por erradicar a sus parásitos. Las plantas desarrollan nuevos venenos con los que tratan de producir más daño a sus parásitos. Los animales, por su parte, modifican continuamente su sistema inmunitario.

Los parásitos que siguen existiendo son justo aquellos que han tenido éxito en esta competición.

La evolución de la tolerancia es rápida: el insecticida DDT se utilizó ampliamente a principios de la década de 1940 y las primeras moscas domésticas tolerantes al DDT se detectaron en el año 1947. A principios de la década de los sesenta, las primeras chinches habían desarrollado inmunidad frente al DDT. A medida que se desarrollaban las sustancias insecticidas, como los piretroides, las chinches fueron desarrollando inmunidad contra ellas. La nueva llegada de las chinches durante el siglo XXI se debe, además de al aumento de los viajes, a las cepas que son tolerantes a la mayoría de los venenos.

Las chinches cuentan con varias artimañas en su caja de herramientas: la chinche actual, en comparación con su compañera de especie de hace cien años, tiene una corteza más gruesa, más enzimas destructoras de veneno, diferentes estructuras protectoras del sistema nervioso y un tratamiento y transporte de los venenos dentro del cuerpo más eficiente. En realidad, el uso de venenos es una forma absurda de matar a las chinches, ya que se han adaptado muy bien a ellos durante su historia evolutiva. A las chinches conviene matarlas, por ejemplo, con calor, ya que el desarrollo de la tolerancia al calor es notablemente más complicado y, a partir de cierto límite, imposible.

Los mosquitos son el grupo de ectoparásitos más combatido, pues propagan muchas enfermedades diferentes en el trópico. Las medidas contra la malaria y el dengue suelen estar dirigidas, precisamente, a destruir las poblaciones de mosquitos envenenando las aguas y los humedales adecuados para su reproducción. Estas medidas también se han visto dificultadas por la tolerancia a los insecticidas que han desarrollado los mosquitos. Actualmente, además de las enfermedades propagadas por ellos, la OMS realiza un seguimiento de la tolerancia de los mosquitos hacia los diferentes venenos. Se controlan mediante cuatro grupos distintos de insecticidas: los piretroides (como la permetrina), los carbamatos (como el carbosulfán), los organoclorados (DDT) y los organofosforados (entre otros, el malatión). En Afganistán, Etiopía y Sudán se han detectado mosquitos tolerantes a cada uno de los tipos de veneno. En casi diez países se ha encontrado tolerancia al menos a tres de los grupos.

Entre los insectos resistentes, sin embargo, uno es superior a los demás: el escarabajo de la patata ha desarrollado tolerancia a casi sesenta pesticidas diferentes. En Finlandia se sigue con interés la propagación del escarabajo de la patata, porque es complicado librarse de este bichejo una vez que se ha establecido. Se intenta evitar su propagación eliminando todos los ejemplares encontrados. La verdad es que esto es luchar contra molinos de viento. Gracias al calentamiento climático, el escarabajo de la patata se propagará hacia Finlandia en un futuro próximo. Sin embargo, cada año que pasa sin este escarabajo es una victoria en nuestras plantaciones de patatas, por lo que conviene continuar con las acciones preventivas mientras se pueda seguir haciendo con facilidad.

Cuanto más deseamos erradicar un organismo, más tiene que aprender a resistir dicho organismo. Por ejemplo, las ratas se han adaptado a soportar cantidades de raticida cada vez mayores. La *Amaranthus palmeri*, una mala hierba general en las plantaciones de soja y algodón, tolera el glifosato, un herbicida de amplio espectro cuya tolerancia se ha transferido a las especies de cultivo con ayuda de una mutación genética. También es posible la adaptación contra otras medidas de adaptación, además de las químicas. Por ejemplo, los agentes patógenos pueden desarrollar la capacidad de hibernar en los campos en los que se utiliza la rotación de cultivos. La rotación de cultivos consiste en cultivar en el mismo terreno distintas plantas de producción en años sucesivos. De este modo, los parásitos que se han adaptado a las especies cultivadas el año anterior mueren cuando dejan de encontrar alimento en la zona al año siguiente. Sin embargo, el escarabajo del maíz, *Diabrotica barberi*, es capaz de sobrevivir como huevo en fase de reposo durante varios años cuando en los campos se utiliza la rotación de cultivos.

La amenaza de la resistencia antibiótica

La tolerancia contra los venenos no se limita únicamente a los campos y los humedales, sino también a lugares que son aún más peligrosos para la salud humana. Los quirófanos de los hospitales son uno de estos lugares. En la actualidad, las intervenciones quirúrgicas extensas son rutinarias, aunque antes eran muy peligrosas. Por supuesto, ahora sabemos mucho más sobre la cirugía en sí, pero la fase de la operación no es la fase más difícil. La fase más complicada llega cuando hemos hecho un enorme corte en la piel de una persona y los agentes patógenos pueden introducirse sin obstáculos en el interior del cuerpo; el cirujano prácticamente abre la puerta a los agentes patógenos. Cosas que consideramos muy simples, como la higiene y los antibióticos, han reducido el riesgo hasta hacerlo casi inexistente. El primer paso que se tomó en el siglo XIX —que los médicos se lavaran las manos antes de las operaciones quirúrgicas y hervir los utensilios antes de su uso— redujo a una quinta parte la tasa de mortalidad en las operaciones. En la actualidad, los antibióticos intravenosos posteriores a la operación también se encargan de que los parásitos que se han deslizado por el orificio mueran antes de lograr reproducirse en el interior.

Sin embargo, nos hemos quedado durmiendo en los laureles: el desarrollo de nuevos antibióticos prácticamente ha terminado, aunque la tolerancia de los agentes patógenos hacia los antibióticos en uso ha aumentado. En las noticias se ven constantemente superbacterias, es decir, cepas bacterianas que cada vez toleran mejor más cantidad de antibióticos. Este fenómeno se denomina *resistencia antibiótica*. De todos los medios desarrollados por los agentes patógenos, la resistencia antibiótica plantea la lucha más complicada. Se trata también de una cuestión de vida o muerte. Cuando ya no es posible matar un agente patógeno con antibióticos, las situaciones que nos hemos acostumbrado a considerar como relativamente inofensivas (cirugías, neumonías o diarreas) pueden ser mortalmente peligrosas.

Una bacteria puede desarrollar resistencia antibiótica de muchas formas diferentes. Salvo alguna excepción, su desarrollo no significa realmente el desarrollo de una nueva propiedad, sino más bien su generalización. La resistencia antibiótica en las bacterias suele basarse en un gen que se encuentra en un plásmido dentro de una célula bacteriana. Un plásmido es un pequeño fragmento de ADN que no forma parte del cromosoma auténtico de la bacteria, sino que es una partícula separada. Esto significa que el plásmido puede pasar de una bacteria a otra con relativa facilidad. Pueden trasladarse entre bacterias, por ejemplo, en un sistema conjugado en el que dos bacterias trasladan material genético. Los plásmidos también se mueven entre distintas especies, porque las bacterias no son demasiado precisas en el cambio de material genético. Con ayuda del sistema conjugado, el gen de la resistencia puede pasar rápidamente de una población de especies a otra. Si la especie bacteriana beneficiosa para el intestino tiene el gen de la resistencia antibiótica, puede pasar rápidamente también a los agentes patógenos.

Las bacterias con resistencia antibiótica no aparecen de la nada. Todos los antibióticos que se han desarrollado hasta la fecha son moléculas que ya han existido en la naturaleza. Se han aislado de alguna especie —con frecuencia, un hongo u otro organismo— que intenta mejorar su propio entorno de crecimiento tratando de deshacerse de sus competidores. Muchos grupos de organismos diferentes tienen la capacidad natural de desarrollar venenos que matan a los microorganismos. El primer antibiótico aislado que se introdujo en la producción industrial, la penicilina, recibió su nombre de su organismo productor, las especies de hongos de la familia *Penicillium*. Debido a que la penicilina, durante su historia evolutiva, ha salido en «carrera armamentística», seguramente en alguna parte se encuentre también una bacteria que ha desarrollado tolerancia contra los antibióticos que la aíslan. No es de extrañar que contra cada antibiótico se hayan desarrollado contramedidas también durante la evolución, y que se hayan encontrado ya bacterias resistentes a cada antibiótico utilizado por el ser humano.

Si se trata de una característica ya existente, ¿a qué nos referimos entonces cuando hablamos del desarrollo de la resistencia antibiótica? Tomemos como ejemplo una población de bacterias que se encuentra en tu propio intestino. Si tomas un antibiótico para eliminar a los agentes patógenos, el antibiótico matará a todas las especies bacterianas que se hayan vuelto más sensibles a él. La eficacia se basa en que el antibiótico que tomas impide algunas funciones bioquímicas de este grupo bacteriano en cuestión. Aunque en el grupo hubiera solo algunas bacterias con resistencia antibiótica, estas sobrevivirían a la dosis de antibióticos y lograrían reproducirse. Por tanto, tomar antibióticos aumenta la contribución relativa de las cepas con resistencia antibiótica. Lo mejor (desde el punto de vista de las bacterias con resistencia antibiótica) es que acabas de despejar el camino de la mayor parte del resto de flora bacteriana, por lo que las cepas resistentes pueden reproducirse a una velocidad exponencial en el intestino vacío.

La resistencia antibiótica no siempre es un fenómeno blanco o negro: las bacterias también sufren alteraciones naturales en función de su grado de resistencia a los antibióticos. En este caso, un tratamiento con antibióticos insuficiente o interrumpido puede causar problemas. Sobrevivirán a él las cepas que soporten mejor pequeñas dosis de antibióticos. Por eso, es necesario tomar los tratamientos con antibióticos hasta el final. Queremos matar a todos los agentes patógenos, no únicamente a los más débiles.

En la actualidad, la resistencia antibiótica se encuentra especialmente allí donde se utilizan muchos antibióticos: en los hospitales y en las granjas. En Estados Unidos existe la costumbre de medicar a los animales de producción de forma preventiva, es decir, prácticamente proporcionan antibióticos de forma regular a todos los animales. Esta es la forma más eficaz de asegurarnos de que aparezcan en algún momento cepas con resistencia antibiótica. En Finlandia no existe la costumbre de utilizar medicación preventiva. Las consecuencias también son claras: mientras que en Finlandia las bacterias con resistencia antibiótica son escasas, en Estados Unidos son más una norma que una excepción.*

Sin embargo, son más preocupantes las cepas con resistencia antibiótica que circulan por los hospitales y que se han establecido en ellos. De entrada, en los hospitales hay personas con mal estado de salud, por lo que su inmunidad está debilitada. Se les practican grandes cirugías que constituyen una oportunidad excelente para que los agentes patógenos entren dentro del cuerpo humano. Además, en los hospitales se utilizan muchos antibióticos que dejan el camino libre matando a las cepas más débiles. Un hospital es un paraíso para las bacterias con resistencia antibiótica.

La bacteria de los hospitales *Staphylococcus aureus* resistente a la meticilina (SARM) es una de las cepas con tolerancia antibiótica más generalizada. El estafilococo pertenece a las especies normales de los humanos, pero causa problemas cuando acaba en el lugar equivocado. El lugar equivocado puede ser una llaga, una incisión o un pulmón, donde puede producir una infección o una neumonía. Por lo general, el estafilococo puede tratarse fácilmen-

* Aunque el uso de antibióticos para fomentar el engorde de los animales en granjas está prohibido en España desde 2006, la industria ganadera sigue utilizando los antibióticos como medio de prevención de enfermedades; así, «las granjas españolas consumen cuatro veces más antibióticos que las francesas y ocho veces más que las del Reino Unido». Según un informe elaborado por la Agencia Europea del Medicamento en 2020, «España es el tercer país donde más antibióticos se utilizan por animal detrás de Chipre e Italia». Véase <https://igualdadanimal.org/noticia/2020/11/18/espana-es-el-tercer-pais-europeo-donde-los-animales-reciben-mas-antibioticos/>. *[N. de la T.]*

te con antibióticos, pero combatir el estafilococo resistente a la meticilina es más complicado y requiere antibióticos más eficaces. Por su parte, antibióticos más eficaces causan un mayor daño a las bacterias beneficiosas del tracto digestivo, lo que significa un aumento de los problemas para los pacientes con mal estado de salud. Si se detecta SARM en un hospital, se suele aislar al paciente del contacto para que la bacteria no infecte a otras personas. Esta es la forma más leve de aislamiento: se mantiene al paciente solo en su habitación del hospital, se evita el contacto físico con él y se tiene especial cuidado con la higiene de las manos. En Finlandia se detectan cada año más de mil casos de SARM. Para detectar los posibles casos de SARM, se inspecciona de forma rutinaria a los nuevos pacientes que han estado en tratamiento hospitalario en el extranjero o en un campamento de refugiados.

¿Cómo podemos eliminar la resistencia antibiótica? Si ya existe resistencia a todos los antibióticos, ¿se propagarán todas las resistencias a todas las cepas bacterianas por todo el mundo? La resistencia antibiótica es relativamente escasa entre las bacterias que viven en la naturaleza. En cierto modo, esto resulta extraño: si la resistencia antibiótica protege tan bien a otros organismos de la guerra química, ¿por qué todas las bacterias del mundo no tienen ya resistencia a todos los antibióticos del mundo? La razón es sencilla: la resistencia antibiótica tiene un precio. Cuando los investigadores ponen una cepa bacteriana resistente y una no resistente a competir entre sí haciéndolas crecer en el mismo caldo de cultivo en la misma probeta, por lo general, gana la cepa que no tiene inmunidad. Esto se debe a que son mejores competidoras siempre que no entren los antibióticos en juego. La resistencia antibiótica no es gratuita y las bacterias tienen que pagar por ella un precio un poco más elevado, como puede ser, por ejemplo, un metabolismo más ineficaz o un movimiento más lento. El coste suplementario puede ser muy pequeño, pero como existen muchas bacterias y sus generaciones son cortas, una pequeña ventaja competitiva es suficiente.

Nunca conseguiremos eliminar la resistencia antibiótica, pero podemos mitigar su aparición de forma sencilla reduciendo el uso innecesario de antibióticos.

La tuberculosis es un asesino traicionero

Hice los dos primeros cursos de educación primaria en el colegio de Käppärä, en Pori, a un tiro de piedra del mausoleo del empresario Jusélius. Durante el primer curso, fuimos a visitar el mausoleo. El interior del magnífico monumento funerario está decorado con seis frescos, obra del pintor Akseli Gallén-Kallela, que reflejan el ciclo de vida tanto del año como de las personas. El fresco *Primavera* refleja la juventud y el apareamiento; *Construcción* representa la edificación de una casa de troncos en un paisaje veraniego mientras una mujer amamanta a un niño. Sin embargo, tampoco es posible olvidar a la muerte en verano, ya que uno de los constructores es la propia muerte. Los demás frescos son aún más directos: los títulos *En la corriente del Tuonela*, *Destrucción*, *Otoño* e *Invierno* reflejan el estado de ánimo general de los frescos.

El mausoleo fue construido en memoria de Sigrid Jusélius, la hija del empresario de Pori, que murió a los once años de edad. Sigrid Jusélius también es el nombre de la fundación finlandesa que más dinero dona a la investigación médica: en el año 2016, la fundación repartió un total de dieciséis millones para la investigación. En 1898, Sigrid enfermó de sarampión y, como secuela, contrajo una infección de tuberculosis. En aquellos tiempos (y también en la actualidad), la tuberculosis era uno de los asesinos más temidos. A principios del siglo XX, era una de las principales causas de muerte entre los jóvenes y no hacía distinción entre clases sociales. En Finlandia, una de cada siete muertes tenía detrás una infección de tuberculosis. A principios del siglo XX, una de cada cuatro muertes en Tampere se debía a esta enfermedad. En la década de 1930 morían de tuberculosis nada menos que diez mil finlandeses al año. Después de esto, se desarrolló medicación para la enfermedad y se inició un cribado eficaz de la población; la cantidad de casos de tuberculosis se ha reducido a varios cientos al año.

La tuberculosis la provocan la *Mycobacterium tuberculosis* y sus parientes cercanos, que se propagan únicamente entre las personas. La bacteria se contagia mediante infección por gotitas, por lo general, desde los pulmones a través de una tos abundante, por lo que antiguamente en Finlandia se conocía como «enfermedad pulmonar». Se luchó contra ella mediante la construcción de sanatorios donde se probaban nuevos tratamientos, como el neumotórax. Sin embargo, el objetivo principal de estas instituciones era aislar a los enfermos de tuberculosis. Esto se puede observar, por ejemplo, en la ubicación de los centros: los sanatorios de Paimio, Satalinna en Harjavalta, Oulainen o Ruovesi estaban situados en parcelas espaciosas lejos de las poblaciones para evitar la propagación de la tuberculosis.

Durante el contagio activo, la enfermedad destroza el tejido pulmonar; esto se puede detectar mediante una radiografía de pulmón. A partir de 1950, se empezaron a hacer radiografías pulmonares cada tres años a todos los mayores de quince años y, de forma anual, a los pertenecientes a grupos de riesgo, como el personal sanitario y educativo. En la década de los setenta, se tomaron casi dos millones de radiografías cada año a los finlandeses. A partir del año 1980, se redujo la cantidad de radiografías y el cribado se finalizó en 1989. La tuberculosis sigue siendo la segunda enfermedad infecciosa más letal en el mundo, por detrás de la malaria: cada año mueren, aproximadamente, un millón y medio de personas por esta enfermedad. Sin el tratamiento adecuado, aproximadamente la mitad de las personas que presentan síntomas muere.

La tuberculosis está en la lista de enfermedades infecciosas epidémica. Este tipo de enfermedades infecciosas, como la viruela, la peste, la sífilis y el cólera, son enfermedades que hay que tomar en serio, que producen una gran mortalidad y que pueden propagarse fácilmente. Tienen un estatus especial en la ley, y los enfermos pueden ser tratados contra su voluntad. Sin embargo, el tratamiento contra la tuberculosis no es especialmente eficaz, ya que dura al menos seis meses. Por lo general, se trata de cuidados ambulatorios: el paciente acude cada día a su centro de salud a recoger los medicamentos. Si el paciente no accede a los cuidados ambulatorios, se le pone en tratamiento involuntario durante el periodo de medicación. Podemos consolarnos con el hecho de que, en Finlandia, el tratamiento de estas enfermedades es gratuito para los pacientes.

La tuberculosis no se contagia con especial facilidad y solo uno de cada diez infectados desarrolla síntomas. La enfermedad se propaga únicamente si los focos de enfermedad se forman en las vías respiratorias, de modo que las bacterias de la tuberculosis sean excretadas con la mucosa. No obstante, la tuberculosis se ha propagado extensamente. El periodo de incubación de la tuberculosis es largo: la mitad de los casos sintomáticos brotan al cabo de dos años, y el resto, después de un periodo aún más largo, incluso al cabo de diez años. Con frecuencia, la tuberculosis aparece cuando se ha debilitado el sistema inmunitario, por lo que las infecciones son más frecuentes entre las personas mayores. Esto también significa que la tuberculosis es una causa de muerte general en zonas en las que hay muchas infecciones de VIH. Según las investigaciones, una tercera parte de las personas vivas actualmente ha estado infectada de tuberculosis en algún momento, pero todavía no ha desarrollado la enfermedad.

La bacteria de la tuberculosis desarrolla con especial facilidad inmunidad hacia los medicamentos. Sin embargo, se distingue de otras bacterias que desarrollan inmunidad en que dicha inmunidad se vuelve a desarrollar cada vez a través de mutaciones y no se propaga con el plásmido. Esto significa que las bacterias de la tuberculosis son muy eficaces a la hora de desarrollar la inmunidad durante el tratamiento con antibióticos. Por este motivo, se necesitan al menos cuatro antibióticos diferentes en su tratamiento, pues no es capaz de desarrollar inmunidad contra todos los medicamentos al mismo tiempo. El tratamiento también es largo porque la tuberculosis crece muy lentamente y, de forma correspondiente, se sume durante mucho tiempo en estado de reposo. La mayoría de los antibióticos afectan a la diseminación y al crecimiento de las bacterias y, si las bacterias no se diseminan, los medicamentos tampoco surten efecto. Las mismas propiedades que hacen que la tuberculosis se incube lentamente son la causa de que el tratamiento sea tan largo; por lo general, la medicación tampoco mata a las bacterias que están en estado de reposo. Si una cepa de tuberculosis que ha provocado una infección es inmune a los medicamentos, el tratamiento requerirá un compuesto de cinco o seis fármacos, por lo general, durante un periodo de dos años. Ese tratamiento destruye, aproximadamente, dos tercios de las infecciones de tuberculosis.

Mientras que, en Finlandia, la tuberculosis es relativamente infrecuente y no se propaga de forma endémica, la situación cambia inmediatamente al otro lado de la frontera.* Tanto en Rusia como en Estonia, la tuberculosis se presenta de forma regular. En ambos países, la aparición es relativamente baja, pero una gran parte (aproximadamente una quinta parte) de todos los casos de tuberculosis tienen resistencia antibiótica. Las cárceles siguen siendo un lugar especialmente peligroso en relación con las enfermedades: si la idea de una cárcel rusa ya resulta desagradable, la alta cantidad de casos de tuberculosis seguro que no ayuda en absoluto.

* En 2021, en España, se notificaron tres mil cuatrocientos casos de tuberculosis, un 7,6 % menos que en 2020 y un 16,3 % menos que en 2019, año en el que se notificaron cuatro mil cuatrocientos casos. No obstante, la Sociedad Española de Neumología y Cirugía Torácica (SEPAR) advierte que la situación generada por la pandemia de COVID-19 en el sistema de salud puede haber provocado un descenso en la notificación de los casos de la tuberculosis. Véase <https://www.separ.es/node/2301>. *[N. de la T.]*

Hay siete cepas de tuberculosis circulando por el mundo. Se dividen en tres cepas antiguas que llevan existiendo cientos de miles de años y en cuatro cepas más jóvenes datadas hace varias decenas de miles de años, con las personas que abandonaron África. Todas estas cepas nacieron inicialmente en África (al igual que los seres humanos), pero se diferenciaron rápidamente cuando el ser humano salió a conquistar el resto del mundo. Por este motivo, las distintas cepas dominan distintas zonas geográficas. Sin embargo, debido a que proceden de África, allí están presentes las siete cepas. Parece que las cepas de tuberculosis se han adaptado al ser humano en todas las zonas. Cuando los investigadores examinaron en San Francisco a los pacientes de tuberculosis que seguramente habían contraído la infección en la misma ciudad, el origen étnico de cada uno de los pacientes ayudaba a predecir, en gran medida, qué cepa de tuberculosis habían obtenido. Los pacientes de origen asiático tenían la cepa general de Asia con más frecuencia que ninguna otra. En la investigación no se pudieron descartar las influencias culturales, como el hecho de que los inmigrantes procedentes de determinado país suelen instalarse en una misma zona y suelen tener contactos entre ellos. Este mismo fenómeno se ha repetido una y otra vez también en investigaciones posteriores.

Se ha planteado que el lento crecimiento de la tuberculosis y su largo periodo de incubación son una adaptación al hombre prehistórico. Cuando los grupos humanos eran relativamente pequeños y apenas tenían relación entre ellos, el lento avance de la enfermedad y el largo periodo de incubación se encargaban de que siempre hubiera personas disponibles como huéspedes. Si el agente patógeno hubiera matado a las personas rápidamente, se habría acabado extinguiendo rápidamente. Por el contrario, un largo periodo de incubación significaba que daba tiempo a que nacieran nuevas personas antes de que estallase la enfermedad. Sin embargo, la situación cambió durante la Edad Media en Europa, en la India y en China, donde había personas más que de sobra como posibles víctimas. En esas zonas, las cepas más jóvenes también son más peligrosas y su periodo de incubación es más corto que los de las «viejas» cepas de tuberculosis de las demás zonas. Es decir, que el cambio de las sociedades humanas ha ocasionado la lenta adaptación de la tuberculosis a las nuevas condiciones, en las que la enfermedad puede desarrollarse y hacerse más peligrosa y letal. Afortunadamente para nosotros, el cambio ha sido lento.

CAPÍTULO 7

¿Por qué surgen cada vez más enfermedades infecciosas?

Junto con los avances de la medicina y del nivel de vida, la carga de las enfermedades humanas, en términos generales, se ha reducido. El riesgo de morir de una enfermedad infecciosa ha disminuido en todas partes, a excepción de las zonas de crisis. Mientras que, en el año 1900, la tasa de mortalidad de las enfermedades infecciosas era, aproximadamente, del 1 %, en la actualidad se ha reducido a una fracción. En general, la importancia de las enfermedades infecciosas como causa de muerte en los seres humanos ha disminuido: mientras que, en el año 1936, una cuarta parte de todas las muertes se debía a las enfermedades infecciosas, ahora solo es la causa de muerte de una de cada treinta personas. La reducción de las enfermedades infecciosas fuera de los países industrializados es la razón más importante del aumento de la esperanza de vida. Cabe destacar el descenso de la mortalidad infantil causada por la malaria y la diarrea.

Por el contrario, la incidencia de enfermedades diferentes está en continuo crecimiento. Entre los años 1980 y 2000, se describieron 163 nuevas enfermedades infecciosas a la medicina. Una parte de ellas no es «nueva» si consideramos que ya existían anteriormente, pero no se habían descrito hasta ahora. Sin embargo, otras son enfermedades completamente nuevas. La conclusión es clara: la humanidad contrae nuevas enfermedades con más rapidez de la que las erradica. Pero ¿por qué?

LOS HÁBITATS SE RESQUEBRAJAN, LOS PARÁSITOS SE PROPAGAN

Papel higiénico. En el suelo, bajo el lugar habitual de una de nuestras trampas para lémures ratón, se ve papel higiénico. No es necesario decir que en la selva no debería haber papel higiénico porque una de las normas del parque nacional es que no se puede dejar basura en el bosque ni está permitido salirse de los caminos para adentrarse en la selva.

Por supuesto, el papel higiénico en sí no es un problema. Pero se dice que no hay humo sin fuego y, a mi pesar, observo que tampoco hay papel higiénico sin excrementos. Bajo la rama de mi trampa hay un pequeño zurullo. Parece que alguno de los guías del parque nacional no ha podido aguantar hasta la letrina más próxima y ha hecho sus necesidades en medio de la selva.

Me quedo mirando el excremento fijamente y mi primera idea es hacerle una foto y enviársela a uno de los evaluadores de mi solicitud de beca. Había escrito en la solicitud que es importante investigar los parásitos de los lémures ratón porque son parientes cercanos del ser humano y, por tanto, es posible que los parásitos humanos los infecten. Entonces, los lémures ratón podrían propagar estos parásitos humanos a otras especies en la selva. Mi evaluador había comentado que es improbable que los humanos y los lémures ratón tengan un contacto tan cercano como para que las enfermedades se propaguen fácilmente de una especie a otra. El zurullo revela que, al menos en este punto del bosque, la distancia entre los excrementos humanos y los del lémur ratón es de un máximo de un metro y medio.

La aparición de nuevas enfermedades supone una carga para la medicina y exige que desarrollemos nuevos medicamentos, tratamientos y vacunas. Es necesario investigar a los nuevos agentes patógenos y formar al personal de los servicios sanitarios en el tratamiento de enfermedades y la prevención de contagios. Sin embargo, el nacimiento de nuevas enfermedades no se debe a la medicina, sino que se trata de un problema ambiental. La mayor parte de las nuevas enfermedades nos las contagian otros animales, es decir, se trata de zoonosis. No es una casualidad: mientras que la medicina ha encontrado las formas de controlar nuestras viejas enfermedades, los distintos cambios en nuestro entorno han causado que el traslado de los agentes patógenos de otros animales al ser humano sea notablemente más sencillo.

La historia de las enfermedades humanas es la historia de cómo no solo hemos compartido nuestra vida de forma íntima con nuestros organismos acompañantes, sino también hemos buscado la cercanía de otras especies animales. Estas especies, a su vez, han traído a sus propias especies acompañantes, que también están en contacto físico con nosotros. El inicio de la actividad agropecuaria nos trajo la compañía de una multitud de animales. Algunas enfermedades que nos han contagiado ya las hemos tratado: tanto el origen del sarampión como de la gripe se encuentran en nuestros animales domésticos. Nuevas especies de parásitos pasan a nosotros constantemente de nuestros animales domésticos, especialmente en las zonas en las que los humanos están en contacto cercano con los animales: piensa, por ejemplo, en los mercados de aves de China, en las granjas de cerdos de México o en las rutas a camello de la península arábiga. Estos son los lugares de origen del SARS, de la gripe porcina y del MERS. Sin embargo, la historia médica de los siglos XX y XXI no es la historia de las enfermedades traídas por los animales domésticos. La higiene en la crianza de los animales y en la preparación de productos alimenticios ha mejorado al mismo ritmo que hemos ido comprendiendo los riesgos de las zoonosis. Además de evitar que los animales nos transmitan enfermedades, también sabemos prepararnos para la aparición de nuevas especies. Conocemos relativamente bien los agentes patógenos probables. La salud de los animales de producción se evalúa de muchas maneras. Especialmente en los grandes mercados de animales de Asia, se supervisan constantemente los tipos de enfermedades. Sin embargo, el gran cambio de nuestro tiempo en el espectro de enfermedades infecciosas son aquellas contagiadas por animales salvajes, como el ébola, el zika y la borreliosis.

La pandemia más destructiva de los siglos XX y XXI es el VIH, que pasó a los humanos desde los animales salvajes. Existen muchas más especies de animales salvajes que domésticos, y tienen notablemente más parásitos y agentes patógenos, simplemente, debido a que conforman un espectro mucho más amplio de especies hospedantes. Si y cuando las enfermedades empiezan a pasar de un grupo mucho más amplio a los humanos, nos encontramos con un problema. Anteriormente, nos protegía el hecho de que nos habíamos relacionado bastante poco con los animales salvajes. Pero esto ya no es aplicable.

El mundo se está reduciendo constantemente: en todas partes hay cada vez más humanos que tienen una relación cada vez más cercana con el entorno natural que aún queda en el mundo. El motivo no es otro que la fragmentación de los hábitats: ya se trate de bosques, humedales o estepas, se están reduciendo a gran velocidad. Esto significa que el ser humano se encuentra cada vez con más frecuencia con animales salvajes y, por otra parte, los animales salvajes se acercan cada vez con más frecuencia a las poblaciones humanas. Al mismo tiempo, aumenta el uso de animales salvajes como alimento, ya que están fácilmente disponibles. Cuando las tierras vírgenes desaparecen, el hombre está en contacto con los animales salvajes en todas partes.

Por otra parte, los animales salvajes se ven forzados a vivir cada vez más cerca unos de otros. Por ejemplo, la tala de bosques obliga a los primates a huir, lo que propicia que los primates supervivientes tengan que apretujarse en una zona más pequeña. Un hábitat de menor calidad significa menos comida, lo que también lleva a una debilitación de la salud. Una salud más débil para un individuo hospedante significa que los parásitos se encuentran con menos resistencia y pueden propagarse de forma más eficaz. Una mayor densidad de huéspedes significa que a los parásitos les resulta más fácil propagarse y crecer en cantidad. Los *animales del bosque* no son mera ficción, ya que la destrucción del hábitat obliga a los individuos que quedan a tener una convivencia mucho más cercana. Entonces, las enfermedades se propagan con más rapidez de una especie a otra y, finalmente, también al ser humano.

Una parte de los cambios también beneficia directamente a los propagadores de enfermedades: cuando se tala la selva, los pequeños arroyos suelen quedar destruidos a medida que se destroza la superficie del suelo y aumenta la evaporación. Aunque la cantidad de lluvia no varíe, en lugar de los riachuelos aparecen estanques permanentes. Las aguas estancas son un paraíso para los insectos y para otros propagadores de enfermedades, ya que pueden poner huevos en el agua. El número de mosquitos aumenta como una explosión. Por tanto, la tala de bosques hace aumentar el número de mosquitos, y un mayor número de mosquitos significa, directamente, más enfermedades transmitidas por mosquitos.

Los mosquitos no son los únicos beneficiarios de la tala masiva. También los gasterópodos, que suelen ser huéspedes intermediarios de los trematodos, se encuentran especialmente a gusto en zonas despejadas. Tienen menos enemigos naturales y competidores, y el microclima en una zona abierta les resulta más favorable. Por consiguiente, las enfermedades que tienen a los gasterópodos como huéspedes intermediarios también se benefician de la destrucción de los bosques. Por ejemplo, la esquistosomiasis se reproduce de forma significativa tras la tala de bosques.

He identificado a la primera especie de helminto del lémur ratón. Me quedo mirando fijamente el resultado de la secuenciación. El resultado es desagradablemente sorprendente. No puedo decir que esté horrorizado, pero mi estado refleja que he salido de mi zona de confort. Me pica un poco el antebrazo y pienso que los gusanos están penetrando a través de mi epidermis en ese punto. Intento no rascarme.

Tengo delante seiscientos caracteres, una fila formada por las letras A, T, C y G. Cuando quiero identificar a un nematodo, aíslo todo su material genético o ADN, reproduzco una pequeña parte de ADN de uno de los genes, resuelvo la secuencia de bases de ese ADN y la comparo con las bases de datos. Ahora la base de datos me dice que la coincidencia más cercana del nematodo de mis lémures ratón es *Strongyloides stercoralis*, un parásito común también del ser humano.

En los excrementos de los lémures ratón se encuentran únicamente larvas de la segunda fase del nematodo. Por cada cien mil nematodos, hay más o menos el mismo tipo de larva de segunda fase, por lo que me resulta inútil proceder a la identificación de especies en función de su aspecto. La única solución es utilizar procedimientos de identificación genética e intentar encontrar una secuencia correspondiente a la secuencia de bases del ADN en las bases de datos. Si algún taxónomo ha identificado con seguridad un nematodo adulto, ha secuenciado al gusano y enviado la secuencia de bases a la base de datos, entonces me será posible ponerles nombre a los parásitos de mis lémures ratón.

Primero, compruebo que mi memoria no me falla. Abro Wikipedia y hago una búsqueda. Sí, *Strongyloides stercoralis* es, precisamente, ese parásito humano que penetra en el cuerpo a través de la piel y que puede permanecer allí eternamente como parásito. El hecho de haber recordado correctamente me alivia hasta cierto punto, pero también me queda mala conciencia por haber utilizado Wikipedia como fuente de información. Compruebo en un par de publicaciones diferentes que la información es correcta. No estoy completamente seguro de una publicación en alemán de principios del siglo XX, pero las imágenes parecen corresponderse con mi hipótesis.

A cada descubrimiento científico le siguen, en primer lugar, el miedo y la duda; después, viene el entusiasmo. Entusiasmo por haber conseguido explicar algo. Entusiasmo por el hecho de que, cuando se comprueba, verifica y confirma el resultado una y otra vez, eso significa que tiene que haber algo. Echo un vistazo a mi alrededor y compruebo que no haya nadie en la misma estancia antes de dar un pequeño grito de júbilo.

Mi grito de júbilo es moderado porque todavía no quiero revelarle a nadie mi descubrimiento. Por un breve instante, sé algo que nadie más sabe. En cuanto se lo cuente a otra persona, dejará de ser «mi perla de sabiduría» y se convertirá en información general. Sé que no soy capaz de guardarme la información durante mucho tiempo y solo logro deshacerme de esa sensación de sofoco escribiéndole un correo electrónico a mis tutores. Me regocijo en mi suerte durante un par de minutos, escribo el mensaje y me voy a casa. Por el camino, decido que se trata de un éxito lo suficientemente grande y que tengo motivos para comprar una botella de vino espumoso y celebrarlo.

Todavía no hemos aclarado si el parásito es realmente *Strongyloides stercoralis* o algún pariente cercano del gusano. Tampoco sabemos si justo esa especie también se propaga a los humanos. Si se propaga, los lémures ratón son un espléndido propagador de enfermedades: se desenvuelven tanto en la selva virgen como cerca de los asentamientos humanos. El lémur ratón es feliz siempre que tenga ramitas por las que corretear mientras atrapa muérdago y mariposas. En cualquier caso, recomiendo a los estudiantes que están visitando el centro de investigación que no se quiten los zapatos en la zona de la tienda.

Todavía no he hecho la prueba de *Strongyloides stercoralis*.

Los peores efectos ocurren en las intersecciones. Se sospecha que algunas enfermedades se transmiten a los humanos precisamente por influencia conjunta entre los animales domésticos y los animales salvajes. Muchos de los virus más peligrosos, como el virus Hendra y el virus Nipah, circulan entre los murciélagos. Los murciélagos portan muchas enfermedades mortalmente peligrosas para los humanos, pero no se conoce el motivo. Los investigadores tienen muchas ideas, pero es complicado someterlas a prueba. Durante su vida, los murciélagos se han adaptado a los virus de tal modo que ya no les causan enfermedades. Sin embargo, propagan cantidades ingentes por medio de la saliva: cuando un murciélago come una fruta y deja caer parte de ella al suelo, el virus pasa a la fruta y, a través de ella, al siguiente huésped. En el Sudeste Asiático, los humanos suelen dejar que sus cerdos domésticos pasten en el bosque y, cuando encuentran frutas que han caído al suelo, se las llevan a la boca. El virus empieza a crecer en los cerdos antes de pasar a los humanos.* La mortalidad de los virus Nipah y Hendra es superior al 50 %. Por suerte, las epidemias de esos virus son poco frecuentes. Hasta ahora, ha habido ocho epidemias de Nipah y solo unos cientos de muertos. Solo han surgido epidemias de Hendra en el nordeste de Australia y los cincuenta casos empezaron por contagios de caballos. Han muerto cuatro personas infectadas, ochenta y cuatro caballos y ocho perros.

Sabemos muy poco sobre el ciclo del ébola en la naturaleza. Parece que algunas especies de murciélagos son portadoras, pero a ellos les causa la enfermedad en muy pocas ocasiones. Por el contrario, para otros mamíferos, incluyendo el ser humano, el contagio es mucho más peligroso. Hasta ahora, las epidemias de ébola se han iniciado de dos maneras diferentes: una persona ha podido contagiarse, por ejemplo, al comer carne de un animal infectado. Algunos contagios se han relacionado con el consumo de carne de chimpancé. Otra forma de contagio es un supuesto encuentro con murciélagos. La primera víctima de la epidemia más destructiva,

* Si esta trama te resulta conocida, quizá se deba a que has visto su versión cinematográfica: la película de Steven Soderbergh *Contagio* (2011) se basa, precisamente, en este tipo de mecanismo de contagio.

que hizo estragos en África occidental entre 2014 y 2015, fue Emile Ouamouno, un niño de dos años que vivía en la aldea de Meliandou. Se sospecha que el niño se contagió mientras jugaba en las afueras de la aldea en un árbol podrido que contaba con una gran colonia de murciélagos.

El virus del Ébola se mantiene con vida en la selva en especies hospedantes a las que no les causa una enfermedad grave. Esto lo sabemos porque raramente se encuentran en la selva cadáveres de animales muertos de ébola. La situación de desbordamiento suele suceder al mismo tiempo en los humanos y en otros animales; cuando una epidemia de ébola se ha propagado entre los humanos, en las mismas zonas suelen encontrarse otros animales muertos por la misma causa. La epidemia de África occidental se relacionó con la temporada seca. Cuando hay menos alimento disponible, los animales interactúan más unos con otros y, entonces, es más probable que el virus del Ébola pase de los murciélagos a otras especies. Los murciélagos, por su parte, viven en colonias densas durante la estación seca, por lo que es probable que el virus también se propague mejor de unos murciélagos a otros.

La destrucción de los hábitats acerca más el ébola a los humanos, principalmente, porque hace que los murciélagos se acerquen más a los humanos y, por otra parte, hace aumentar los contactos entre animales. Si en el entorno de Meliandou hubiera habido más bosque, habría sido improbable que los murciélagos portadores del virus del Ébola se hubieran acercado tanto a la aldea. No obstante, su propagación es un proceso tan complejo que es muy difícil de predecir. Las epidemias de ébola probablemente se propagan cuando, debido a las condiciones climáticas, los animales portadores de la enfermedad se encuentran unos con otros con más frecuencia de lo habitual. En la mayoría de las epidemias, eso se ha debido al inicio de una estación especialmente seca. En cierto modo, este dato es reconfortante: detener las epidemias es más sencillo durante la estación seca, puesto que las carreteras están en buenas condiciones de conducción y resulta más fácil obtener ayuda. La parte negativa es que se predice que el cambio climático aumentará los fenómenos meteorológicos extremos en zonas de presencia de ébola. Esto puede significar que las epidemias serán cada vez más comunes.

Los ejemplos de enfermedad más terroríficos suelen venir de las zonas del trópico, pero la fragmentación de los hábitats no es un problema únicamente tropical. La silvicultura finlandesa también afecta a nuestra salud. Al igual que los ácaros de los lémures malgaches, la garrapata finlandesa necesita ingestas de sangre en su vida. Las dos primeras ingestas corresponden al crecimiento de la garrapata y, tras llegar a la vida adulta y tomar la tercera ingesta, la hembra pone huevos. La garrapata cambia de huésped después de cada ingesta, por lo que es un excelente propagador de borreliosis. Las garrapatas más pequeñas prefieren succionar la sangre de los pequeños mamíferos, como los topos, y las garrapatas más grandes, por su parte, buscan mamíferos más grandes.

Mientras que el cambio climático crea condiciones excelentes de calor y humedad suficientes en Finlandia, la reducción de los bosques pone la sangre en bandeja a las garrapatas. Se trata de una red de interacción ecológica de libro: la fragmentación de las extensas áreas forestales ha reducido la cantidad de depredadores en Finlandia. A medida que disminuye el número de pequeños depredadores, como comadrejas o halcones, aumenta el número de topos. A medida que se reduce el número de grandes depredadores, como lobos o linces, aumenta el número de cabras. A medida que aumenta el número de topos y cabras, las garrapatas tienen sangre suficiente y aumentan en número. Que haya más garrapatas significa que la bacteria *Borrelia* se propaga más fácilmente también a los humanos.

Los roedores también portan otras enfermedades. A pesar de su nombre popular (fiebre del topillo), la nefropatía epidémica es una enfermedad bastante exótica. Su causante es el virus Puumala, perteneciente al grupo de los *Hantavirus*. Los *Hantavirus* son virus generales de los roedores que pasan con relativa facilidad también a los humanos. Es decir, se trata de zoonosis típicas. Los *Hantavirus* no suelen producir más que una fiebre extrema de la que lo habitual es recuperarse a la perfección. Tampoco se trata de virus inofensivos: en verano de 2014, un investigador israelí murió por complicaciones de nefropatía epidémica tras infectarse en Konnevesi, en el centro de investigación de la Universidad de Jyväskylä.

La nefropatía epidémica suele propagarse a los humanos a través de los excrementos de topillo rojo. Una situación de contagio típica se produce cuando un topillo rojo se ha instalado en un rincón de una cabaña para pasar el invierno y, durante su estancia, defeca en la cabaña. Los picos de fiebre del topillo se sitúan en otoño, cuando los topillos buscan la protección de los edificios. Cuando se pasa el aspirador durante la limpieza general de la cabaña, los virus de las heces saltan al aire y acaban en las vías respiratorias de la persona que limpia o de los demás presentes. En unas semanas, la persona infectada desarrolla una fiebre alta. Cuando una persona ha enfermado de nefropatía epidémica, desarrolla inmunidad de por vida. Esto también afecta a los topillos que son (dudo que esto sea una sorpresa) los portadores principales de la fiebre del topillo. Desde el punto de vista de los virus, los topillos son huéspedes más prácticos que los humanos, ya que se encuentran en poblaciones densas y nacen nuevos individuos expuestos a la enfermedad en varias tandas a lo largo del año.

Otro grupo que se está generalizando son los *Flavivirus*. Se trata de un grupo extenso de peligrosos agentes patógenos propagados por mosquitos, como el dengue y los virus del Zika, del Nilo Occidental y de la fiebre amarilla. Como consecuencia del aumento de charcos en bosques talados y de la urbanización, proliferan las cantidades de mosquitos, a la vez que crece la cantidad de enfermedades propagadas por ellos. Finlandia también cuenta con sus propios *Flavivirus*: el virus de la encefalitis transmitida por garrapatas (TBEV, por sus siglas en inglés) y los virus de Lammi, Ilomantsi y Hanko, transmitidos por mosquitos. En los últimos años, se han detectado casos de encefalitis transmitida por garrapatas cada vez más hacia el norte: el motivo puede ser una combinación entre el aumento de la cantidad de garrapatas y la influencia del cambio climático. Los últimos tres virus parece que únicamente contagian a los mosquitos y no se conoce su efecto en los humanos en absoluto. En general, los virus propagados por mosquitos se han investigado relativamente poco en Finlandia, aunque la búsqueda se ha intensificado en los últimos tiempos. No cabe duda de que también encontraremos muchísimos nuevos virus.

Parásitos polizones

En los últimos años, cada vez somos más conscientes de la amenaza que suponen las enfermedades infecciosas. Siguiendo el rastro de la perspectiva de una buena amenaza, Hollywood ha empezado a producir películas sobre catástrofes en las que las enfermedades infecciosas ponen en peligro el futuro de la humanidad. El punto de partida de todas estas películas es muy similar: sin sospechar nada, un portador contagiado viaja en avión y lleva una enfermedad infecciosa al otro lado del mundo. Puede que los hechos transcurran de la siguiente manera: en la primera escena, una mujer asiática camina por el mercado de aves y elige un hermoso ganso para la cena; en la siguiente escena, la mujer está limpiando habitaciones en un hotel y estornuda encima de un hombre blanco trajeado que pasa por delante. Poco después, en el aeropuerto de Hong Kong, el hombre trajeado sube a un avión con dirección a Nueva York. En el avión, el hombre bebe champán y suda un poco. Cuando llega a su destino, acude a una reunión de la junta directiva para hablar del crecimiento de los mercados chinos; de pronto, en medio de la reunión, el hombre cae desplomado al suelo. La sangre que brota aumenta de forma adecuada el dramatismo de la situación.

Hay mucha verdad en esta imagen. En la actualidad, las personas viajan por el mundo, aumentan las cifras de viajeros, se eliminan las fronteras y no paran de crearse nuevas líneas aéreas. Especialmente en la década de los noventa, empezó a dispararse la cantidad de pasajeros aéreos internacionales. En la actualidad, todo nuestro sistema económico se basa en el rápido movimiento de personas y artículos por todo el mundo. Las mismas enfermedades pueden desplazarse en cuestión de horas de una punta a otra del mundo.

La propagación de enfermedades no es solo un problema de nuestro tiempo: también se han propagado pandemias anteriormente, aunque de forma mucho más lenta. La pandemia de peste del año 1348 barrió Europa en unos diez años. El ritmo de propagación fue totalmente insólito en comparación con cualquier epidemia anterior, aunque en nuestra vara de medir duró una eternidad. La peste ni siquiera llegó a todas partes: en el País Vasco y en Polonia existían lugares tan aislados que nunca habían sufrido la peste. Sobre la situación de la peste en Finlandia no se sabe prácticamente nada: parece ser que, en aquella época, Finlandia era un lugar tan remoto que la peste tampoco llegó a molestarnos.

Durante cientos de años, la humanidad y, sobre todo, el movimiento entre comunidades creció. Solo algunas islas del Pacífico se libraron de la gripe española entre 1915 y 1918. Eso también se debió al perfecto aislamiento determinado por los gobernadores de las islas. Tras la epidemia de gripe de 1918, esa cepa se quedó circulando por el mundo, por lo que es probable que los habitantes de las islas acabaran contagiándose más adelante. La diferencia con el momento actual es que las enfermedades se propagan rápidamente y el tiempo de preparación, tanto para los planes de contingencia como para la producción de vacunas, es notablemente menor. En la actualidad, el cierre de ciudades, islas o países enteros es prácticamente imposible, pero, mediante acciones de cuarentena efectivas, se puede ralentizar la propagación de los contagios. Puede ser una medida muy valiosa a medida que se propaga una enfermedad, ya que el colapso del sistema sanitario y de la paz social supone una amenaza real en la propagación de una pandemia.

¿A qué velocidad puede propagarse una enfermedad? Un buen punto de comparación es la gripe porcina, que empezó a propagarse desde México en el año 2009. La cepa del virus de la gripe se describió en abril de 2009, fecha en la que, con toda probabilidad, ya llevaba varios meses circulando de forma local. Durante ese mismo mes, la enfermedad se propagó a Estados Unidos, Canadá, Europa, Sudáfrica y Nueva Zelanda. El primer caso en Finlandia se detectó a mediados del mes de mayo, cuando ya se habían confirmado cinco mil casos en todo el mundo.* La preparación de la vacuna estuvo lista a finales de septiembre, cuando ya habían muerto cuatro mil personas según las estadísticas de la OMS. En agosto de 2010, se hizo público el fin de la pandemia, cuando la gripe porcina dio paso, en parte, a la gripe estacional normal.

La epidemia de ébola de África occidental en 2014 se propagó cinco meses antes de ser identificada como tal. La gripe porcina también se propagó durante un tiempo equivalente de forma local antes de que comprendiéramos que se trataba de una nueva cepa de gripe. No es de extrañar que, en los últimos tiempos, además de en el control de enfermedades, se haya hecho un fuerte énfasis en la detección temprana de epidemias. Los investigadores han desarrollado procedimientos para identificar las epidemias lo más rápidamente posible. Además, en África se están desarrollando varios sistemas para el cribado de la fauna local en busca de los agentes patógenos más peligrosos. La idea es que,

* En España, se confirmó el primer caso el 26 de abril de 2009, al día siguiente de comunicarse oficialmente el brote en México. Fue así el primer país europeo en reportar un caso de gripe A. Probablemente, el primer contagiado fue un joven de Almansa (Albacete), que había viajado recientemente a México. Véase <https://es.wikipedia.org/wiki/Pandemia_de_gripe_A_(H1N1)_de_2009-2010_en_Espa%C3%B1a>. *[N. de la T.]*

si sabemos cuándo se generaliza el ébola en los animales salvajes, sabremos que el riesgo de contagio a los humanos también está en aumento.

Sin embargo, las pandemias son poco frecuentes y los viajes propagan, principalmente, molestias más cotidianas. En Finlandia se tratan cada año varias decenas de infecciones de dengue y malaria que se traen de vuelta los turistas. También llegan al país enfermedades de transmisión sexual con turistas entusiastas pero despreocupados. Sin embargo, el *souvenir* parasitario que más se ha reproducido en los últimos tiempos es, probablemente, la chinche. Una invasión de chinches comienza cuando alguien trae consigo una, puede que una hembra portadora de huevos, de una zona tropical donde se presentan de forma endémica. Este ejemplar de chinche pone en marcha un auténtico aluvión reproductivo que lleva a la conquista de la vivienda (y, si hay mala suerte, también de las viviendas vecinas) y a una operación de envenenamiento de larga duración. Los investigadores han aclarado la estructura poblacional de las chinches en la zona de Londres y se han dado cuenta de que las poblaciones de chinches de los diferentes edificios son familiares muy lejanos unos de otros. Es decir, parece ser que no se propagan en absoluto de un edificio a otro y la mayoría de las invasiones de chinches se han traído como recuerdos desde el extranjero. Las chinches son, en cierto modo, el sarampión de los parásitos: aunque no existen de forma endémica en Finlandia, pueden volver a incordiarnos una y otra vez porque las personas viajan y las llevan consigo.

Sin embargo, en la actualidad la pandemia tampoco se propaga rápidamente. Un buen ejemplo de ello es la pandemia de sida provocada por el VIH en la actualidad. Se estima que la enfermedad procede de la década de los años treinta del siglo pasado y no fue descrita hasta que empezó a producir más casos de enfermedad en los países industrializados. La pandemia del VIH no surgió hasta la década de los ochenta, cuando llegó a Estados Unidos. Mediante procedimientos de genética molecular se ha determinado que la mayoría de las cepas de VIH en el mundo han pasado por Estados Unidos. En sus inicios, el VIH llegó a Estados Unidos, principalmente, procedente de África y América del Sur; sin embargo, a partir de entonces el virus se propagó por todo el mundo, sobre todo, debido a los contagios producidos en Estados Unidos. Los motivos son el activo tráfico de viajes de los norteamericanos y la emigración.

Mientras que el aumento del nivel de vida hizo estallar el VIH como pandemia, sus daños son mayores en aquellos lugares donde existen menos recursos para tratar a los enfermos. La pandemia del VIH continúa su conquista, especialmente en la zona sur del Sáhara en África, donde en muchos países es el motivo más importante de la baja esperanza de vida existente. Se trata de un hecho especialmente triste cuando sabemos que los medicamentos actuales contra el VIH son tan efectivos que son capaces de reducir la cantidad del virus hasta que deja de ser detectable en sangre. Según la información actual, cantidades de virus tan pequeñas no son capaces de contagiarse de unas personas a otras por medio del sexo. Por lo tanto, el VIH podría ser, si no totalmente erradicable, al menos tratable.

A bordo de los animales

Las especies introducidas son el tercer factor importante en el surgimiento de enfermedades infecciosas. El ser humano no solo se ha diseminado por todo el mundo, sino que también les hemos allanado el camino a muchas otras especies. La rata negra es, probablemente, la especie introducida más importante que hemos propagado, aunque también hay una gran abundancia de otras especies.

La ciudad es un hábitat interesante porque es muy diferente a los hábitats naturales. Claro que también hay muchas semejanzas: por ejemplo, las palomas se han adaptado de forma excelente al entorno urbano y los halcones peregrinos eran inicialmente moradores de las zonas montañosas o rocosas. Los búhos reales tienen tendencia a anidar en la naturaleza, por ejemplo, bajo raíces levantadas del suelo de abetos caídos, por lo que las plataformas de los tejados de las ciudades son magníficos lugares de anidación. Por otra parte, muchas especies urbanas son especialmente acompañantes del ser humano: en casi cualquier ciudad pueden encontrarse ratas negras, ratones domésticos, gorriones y muchas otras especies. Sin embargo, no sabemos con exactitud qué conecta a todas esas especies. A grandes rasgos, son omnívoras, inteligentes y se reproducen con eficacia. Las especies de las diferentes ciudades son similares, porque, junto con los humanos, se han propagado por todo el mundo aquellas que se encuentran a gusto en entornos construidos. El ser humano, en cierto modo, equilibra la naturaleza al expandir ciudades y asentamientos. Al mismo tiempo, nos encargamos de que en nuestro entorno existan las mismas especies que ya están acostumbradas a nosotros y de las que hemos obtenido enfermedades y parásitos.

Algunos parásitos se benefician directamente de la urbanización. Por ejemplo, el dengue es más común en las ciudades porque allí están las mejores zonas de reproducción del mosquito que lo propaga, el *Aedes aegypti*. El *A. aegypti* es un poco como la rata negra: sobrevive dondequiera que el ser humano lo haga y es habilidoso a la hora de propagar todo tipo de enfermedades. También se denomina *mosquito de la fiebre amarilla*, pero la especie puede propagar, por ejemplo, el chikunguña y el virus del Zika, así como el nematodo del perro. Anteriormente, el mosquito de la fiebre amarilla era una especie africana y del sur de Europa, pero parece ser que se propagó al Nuevo Mundo con los barcos de esclavos. En la actualidad, el mosquito de la fiebre amarilla puebla las zonas tropicales y subtropicales de todo el mundo. Por suerte para nosotros, esta especie requiere un clima lo suficientemente cálido para sobrevivir y ese clima no se da en el norte de Europa. Las poblaciones de mosquitos de la fiebre amarilla más cercanas a nosotros viven en el sur de Europa, donde pueden propagar ocasionalmente el dengue.

Además del *A. aegypti*, se sabe que otras especies introducidas también transportan parásitos por todo el mundo. El virus del Nilo Occidental llegó a Estados Unidos en 1999, cuando se diagnosticó la primera meningitis producida por el virus en Queens, Nueva York. Después de esto, se descubrió cómo había llegado al país. La cepa de virus norteamericana es pariente cercana de la cepa de virus israelí y todos los casos parecen pertenecer a ella. Es decir, que el virus llegó al hemisferio occidental porque un mosquito solitario lo transportó desde Israel hasta Estados Unidos, puede que en avión o en barco. El cangrejo de Shanghái, la especie de braquiuro que se ha introducido en Finlandia, entre otras cosas, con el tráfico marítimo, ha propagado el platelminto *Paragonimus westermani* por Europa y América del Norte. El cangrejo es el segundo huésped intermediario del gusano, por lo que puede contagiar al huésped principal, como un felino o un humano. Desde el huésped principal, el gusano puede contagiar a las especies locales de cangrejo y quedarse parcialmente en el ecosistema local, aunque consiguiéramos erradicar a los cangrejos de Shanghái.

Las especies introducidas pueden influir en la propagación de enfermedades de muchas maneras. En primer lugar, pueden traer consigo nuevos parásitos a sus nuevas regiones, como ha demostrado el mosquito de la fiebre amarilla. Antes de la llegada del mosquito, el dengue no era capaz de propagarse en América, pero en la actualidad es posible. En segundo lugar, las especies introducidas pueden intensificar la propagación de las especies que ya están en un lugar, puesto que aumenta el número de individuos hospedantes. En tercer lugar, las especies introducidas pueden ser mejores huéspedes para los parásitos que las especies locales originales y, por consiguiente, aumentar la cantidad de parásitos y potenciar su propagación. En cuarto lugar, las especies introducidas pueden potenciar la propagación de especies de un hábitat a otro.

Aunque las especies introducidas no trajeran consigo nuevos parásitos, pueden aumentar la carga parasitaria de las especies hospedantes endémicas aumentando el número de animales hospedantes en el ecosistema. Esto puede comprenderse mediante un sencillo experimento mental: antes de la llegada de la rata negra a la zona, allí vivían una media de cien roedores por hectárea a los que un parásito podía infectar. Si la rata negra y el roedor endémico compiten entre sí, podemos suponer que, tras la llegada de la rata negra, en la zona habrá sesenta roedores endémicos y sesenta ratas negras por hectárea. Si este parásito contagia también a la rata negra, la densidad de huéspedes de la especie ha aumentado a ciento veinte individuos por hectárea y el parásito puede propagarse a sus anchas. Se trata de un auténtico escenario invencible: el número de individuos de la especie endémica se desploma y las enfermedades se propagan con mucha más facilidad.

Claro que también puede suceder lo contrario. ¿Y si el número de roedores endémicos se desplomase y la rata negra no sirviera de huésped para el parásito? Entonces, la cantidad de parásitos también se reduciría. Es una lástima que la rata negra sea un huésped tan bueno para las enfermedades: respecto a muchas enfermedades, se ha observado que la rata negra es capaz de portar una carga parasitaria notablemente mayor que las especies endémicas. Como especie, la rata negra es un superpropagador, ya que su llegada a un nuevo hábitat aumenta las posibilidades de reproducción de los parásitos e intensifica su propagación.

Las especies introducidas también pueden formar una ruta hacia parásitos de distintos hábitats. La rata negra habita especialmente en compañía de los humanos, pero también se encuentra a gusto en el campo e, incluso, en los bosques vírgenes. Cuando las ratas se desplazan entre los diferentes entornos, pueden portar enfermedades del bosque virgen de los animales endémicos a los humanos, y viceversa. En Madagascar, las ratas negras viven, principalmente, en los alrededores de las viviendas humanas y comen de los campos de arroz. También se mueven algunos cientos de metros hacia el bosque. Si una rata negra recibe un contagio en el bosque de una especie local, puede transportar la enfermedad desde el bosque hasta los humanos. El mismo individuo de rata negra puede olfatear los excrementos de lémures en el suelo de la selva y, más tarde, ir a defecar a las reservas de arroz de los humanos.

Por otra parte, se ha planteado que, cuanto mayor es la riqueza de especies de un hábitat, mejor se mantiene a las enfermedades bajo control. La idea es bastante sencilla: si cada agente patógeno se ha adaptado bien a un huésped (como han hecho muchas enfermedades), cuantas más especies diferentes haya dentro de un hábitat, menor será la probabilidad de que el agente patógeno se pueda propagar entre los individuos de esa especie. Esto se conoce como *hipótesis del efecto de dilución*, puesto que prácticamente consiste en que el parásito tiene menos probabilidades de encontrarse con un representante de la especie «correcta» para continuar con su vida.

Por tanto, es muy posible que las especies introducidas reduzcan, incluso, la carga de enfermedades infecciosas. Esto sucedería en la situación descrita anteriormente si la rata negra se introdujera en una nueva zona, pero no fuera capaz de propagar al agente patógeno. En ese caso, el aumento de la población de ratas negras significaría que el agente patógeno se encontraría con más frecuencia con una especie que debilita su éxito reproductivo. Es una lástima que los resultados actuales parezcan demostrar que esto sucede con muy poca frecuencia.

El efecto de dilución parece funcionar algunas veces, cuando existe una alta diversidad de especies endémicas. Este tema se ha investigado, principalmente, en Estados Unidos, donde la diversidad de especies de mamíferos parece estar relacionada con la propagación de ciertos agentes patógenos. Cuando hay más especies, los parásitos se propagan más débilmente. Dicho de otra manera: cuando las especies se extinguen de forma local, las enfermedades infecciosas se propagan más fácilmente entre los supervivientes. Algunos parásitos también desaparecen cuando desaparecen especies de forma local. Sin embargo, a los humanos nos interesan, especialmente, los agentes patógenos que pueden infectarnos también a nosotros. Estas especies suelen ser aquellas que se han adaptado a vivir mejor en las especies más generales. También son aquellas que se benefician de la desaparición de las especies menos comunes.

La peor situación posible para la propagación de los parásitos sería que la especie foránea redujera la diversidad de las especies endémicas destruyéndolas, bien mediante la caza, bien mediante la competición, y, al mismo tiempo, fuera un propagador eficaz de especies nativas y especies introducidas. En muchos lugares parece que eso es, precisamente, lo que hace la rata negra.

Los efectos del cambio climático

Durante los últimos veinte años, el cambio climático ha tenido una posición especial en la investigación biológica. Sabemos que el clima ya ha cambiado y que va a continuar haciéndolo. A pesar de eso, tenemos una idea bastante pobre de cómo va a afectar el cambio al funcionamiento de los ecosistemas. ¿Cómo afecta el calentamiento climático al éxito de los parásitos? ¿Cómo afectan a los parásitos las demás áreas del cambio climático: la variación del nivel del mar, el aumento de la variación climática o los cambios en la cantidad de lluvias?

Conocemos el tema de forma muy pobre porque es complicado investigar el cambio climático. Se trata de un proceso lento y el clima también tiene muchas variaciones naturales. Para observar los efectos, el investigador deberá recopilar material durante décadas y no solo durante años. No hay muchos investigadores que sean capaces de hacerlo y hay aún menos fuentes de financiación.

La investigación de algunos efectos biológicos del cambio climático puede ser lineal. Por ejemplo, podemos medir y predecir con relativa facilidad cuándo crecen las plantas o cómo migran las aves. Sin embargo, los parásitos tienen un grado o dos más de complejidad. Como muestran los ejemplos sobre la importancia de las especies introducidas, la propagación de enfermedades y parásitos es una interacción entre varias especies. Cuando evaluamos los efectos del cambio climático en la aparición de la borreliosis, no es suficiente con que tomemos como modelo únicamente a la bacteria *Borrelia*. El éxito de las garrapatas que propagan bacterias es un factor clave también para el éxito de la borrelia. Por su parte, la cantidad de garrapatas se ve afectada, además de por el clima, por el tamaño de las poblaciones de sus huéspedes (las aves y los mamíferos).

Sin embargo, nosotros tenemos una ventaja en relación con los parásitos y las enfermedades infecciosas. En muchos países se confeccionan estadísticas sobre la aparición y la propagación de enfermedades. Por ejemplo, determinadas enfermedades en Finlandia están clasificadas, según la ley de enfermedades infecciosas y el decreto de enfermedades infecciosas, como las que suponen un peligro general por lo que siempre hay que informar a las autoridades. Las autoridades también compilan estadísticas sobre otras enfermedades por iniciativa propia en función de las notificaciones de los médicos. La calidad de este material está a la altura de la precisión con la que se recogen las estadísticas. De este modo, sabemos, por ejemplo, cuándo han surgido muchas enfermedades en Europa, pero no podemos conocer el grado de propagación de las enfermedades en África, Asia o Rusia.

A falta de material adecuado, los investigadores tienen que recurrir a lo que mejor saben hacer: la investigación de modelos y simuladores adecuados. El cambio climático se puede investigar, por ejemplo, modelizando los factores determinantes para la aparición de especies. Ubicamos la propagación de la especie en un mapa y observamos qué une a todas las zonas en las que existe dicha especie (y a la inversa: qué une a aquellas zonas en las que no existe la especie). Si somos capaces de modelizar los factores ambientales en cuyos límites se presentan determinadas especies —como una determinada temperatura, humedad, cantidad de lluvia, cobertura vegetal, especie hospedante—, podemos utilizar el modelo también para predecir cómo los cambios en dichos factores afectarán al grado de propagación de la especie. Si nuestro mapa nos dice que la encefalitis transmitida por garrapatas aparece en zonas con unas determinadas condiciones climáticas, seremos capaces de estimar qué factores son importantes para la supervivencia del virus. Además, existen pronósticos de cómo irá cambiando el clima en las diferentes zonas con el avance del calentamiento climático. Cuando relacionamos el modelo de aparición de especies y el modelo del cambio climático, obtenemos el mejor pronóstico posible de la influencia del cambio climático en la aparición de especies. Dicho de un modo sencillo: tomamos un modelo en el que se ha medido el grado de propagación actual de la encefalitis transmitida por garrapatas y observamos qué zonas futuras afectadas por el calentamiento global responden a las predicciones del modelo de propagación.

El mayor interés lo ha acaparado el efecto del cambio climático en las enfermedades de transmisión vectorial. Hay varios motivos para ello. La malaria es una enfermedad muy importante en cuanto a sus efectos secundarios y su dependencia climática es bien conocida. La malaria requiere una temperatura suficientemente elevada para desarrollarse en su mosquito huésped, por lo que la temperatura afecta directamente a las zonas en las que puede aparecer la enfermedad. Por otra parte, las cantidades de lluvia afectan de forma significativa también a la zona y a la estación del año en la que los mosquitos pueden reproducirse. En la India, un monzón más fuerte de lo normal y una mayor cantidad de lluvias se han relacionado con la propagación de la malaria, ya que la reproducción de los mosquitos se intensifica cuando hay más charcas y lagunas.

En Finlandia se ha temido que el cambio climático acarree un descontrol de las garrapatas. Lo cierto es que el nivel de propagación tanto de la borreliosis como de la encefalitis transmitida por garrapatas se ha extendido en los últimos años y se sospecha que el cambio climático es uno de los factores que lo explican. Las garrapatas adultas se ponen en movimiento en un clima bastante fresco, pero el segundo grado de desarrollo, la ninfa, requiere ocho grados de temperatura y el primer grado de desarrollo, la larva, diez grados de temperatura. El efecto del clima es evidente: cuanto más cálido es, más tiempo están los ácaros en movimiento y mejores posibilidades tienen de propagar la enfermedad. A los ácaros también les gustan los hábitats húmedos, por lo que el aumento de las lluvias es maná para ellos.

Dependiendo de la enfermedad, el cambio climático puede afectar a través de los cambios de temperatura o debido al cambio de precipitaciones. Algunas enfermedades, como los agentes patógenos oportunistas que son las bacterias del cólera y sus acompañantes, se ven afectadas directamente por el calentamiento climático y el aumento de fenómenos meteorológicos extremos. Se ha previsto que esas enfermedades provoquen epidemias con más frecuencia cuando el clima se vuelva más variable. La influencia del cambio climático es más significativa para los huéspedes de muchas enfermedades que para el propio agente patógeno. ¿Cómo cambia el nivel de propagación de las garrapatas y los mosquitos? ¿Cómo aparecen los insectos que actúan como huéspedes intermediarios de los cestodos? ¿Cómo se muestra el nivel de propagación de los megamurciélagos en el futuro?

En cualquier caso, los cambios mencionados anteriormente son pequeños en comparación con el cumplimiento de las peores amenazas acarreadas por el cambio climático. Los fenómenos meteorológicos extremos, como las tormentas e inundaciones, y el cambio climático local, como el calentamiento y desertización de algunas zonas, llevan a la desestabilización de las estructuras sociales. Cuando la cosecha queda destruida, el aumento del nivel de mar arruina las zonas de residencia y el agua potable se acaba, las personas tienen que desplazarse. Cuando se acaba el agua potable, se generalizan las enfermedades que se propagan con el agua contaminada. La hambruna debilita la salud de las personas, por lo que las enfermedades se propagan con mayor facilidad. En los campamentos de refugiados, las enfermedades pueden propagarse de forma rápida y eficaz. Las masas migratorias humanas, por su parte, pueden desestabilizar los servicios sanitarios al desplazarse a nuevas zonas. La amenaza más importante del cambio climático es el desequilibrio de las sociedades.

Los más expuestos a los efectos secundarios del cambio climático son las personas más pobres, y las personas más pobres también son las más expuestas a los parásitos y a las enfermedades. La gran amenaza del cambio climático es que aumente el número de pobres y que la situación de los pobres actuales empeore. Entonces, también aumentará el número de enfermedades. Las crisis siempre suponen una oportunidad para los parásitos, mientras que la estabilidad es una amenaza para ellos.

CAPÍTULO 8

¿Cómo afecta el entorno a la propagación de enfermedades?

En los últimos tiempos, además de sobre las zoonosis, se ha empezado a reflexionar sobre las enfermedades que se transmiten de los humanos a otros animales, es decir, las antroponosis. Los humanos están presentes en todas partes y portan una gran cantidad de enfermedades, por lo que es probable que nosotros también seamos agentes patógenos importantes para otros animales. También existen pruebas de la propagación de enfermedades de los humanos a los animales salvajes: los gorilas del Congo reciben regularmente enfermedades originarias de los humanos, como el resfriado común. La leishmaniosis, producida por el euglenoideo *Leishmania*, se propaga a los humanos y a muchas especies animales, como los perros y los roedores que conviven con los humanos, pero también a los perezosos y a los simios. En los próximos años, seguramente sabremos mucho más sobre el movimiento de enfermedades entre humanos y animales, cuando los nuevos procedimientos genéticos hagan posible un seguimiento más preciso de los agentes patógenos y de los parásitos.

En el año 2003, el veterinario William Karesh declaró en una entrevista en el *Washington Post*: «Ya no se puede hablar de la salud de los humanos, los animales domésticos o los animales salvajes sin tener en cuenta a todos esos grupos. Solo existe una salud. Las soluciones requieren una actuación conjunta en los distintos niveles del problema». De esta cita surgió una nueva estrategia: *One Health* (Una Sola Salud).

Las nuevas enfermedades infecciosas son actores temibles en un mundo en el que las enfermedades conocidas están relativamente bien controladas desde el punto de vista occidental. El SARS, el MERS, el ébola y el zika no saltan a las noticias debido a su peligrosidad o a su imprevisibilidad, sino, principalmente, porque son enfermedades nuevas para las que no existe tratamiento. Nos dan miedo porque no sabemos curarlas, ni mucho menos impedir su aparición. En cualquier caso, puede ser más sencillo prevenir la aparición de nuevas enfermedades que buscar un tratamiento tras otro para cada una de ellas. A pesar de que siempre surgen más enfermedades, con nuestras acciones podemos influir en la cantidad en que aparecen.

Las enfermedades infecciosas no son únicamente un problema médico, sino que también están relacionadas con factores ecológicos, culturales, de planificación urbanística e históricos. Detrás de esta red de relaciones complejas, en los últimos años se ha empezado a hablar de un enfoque más amplio a la hora de tratar las enfermedades infecciosas. La idea es sencilla: incluir en las enfermedades infecciosas, además del alcance clínico humano, a los demás animales, el entorno y la propia cultura humana.

La peste avanza con la fuerza del clima

Los ecólogos de las enfermedades llevan mucho tiempo preguntándose por qué la peste negra surgió en el siglo XIV. ¿Por qué la peste empezó a propagarse justo en esa época y por qué logró provocar una epidemia tan letal? Hay partes de la historia de la peste que son bien conocidas: las pulgas propagaron las bacterias de la peste a los roedores y la rata negra la acabó de propagar por toda Europa. Sin embargo, la peste provoca una enfermedad grave a las ratas negras y estas suelen morir de peste de forma relativamente rápida. Por tanto, la peste no puede mantenerse permanentemente con vida en una población de ratas. Este es el motivo por el que la peste nunca se ha presentado en Europa como endémica, es decir, nunca ha sido capaz de quedarse permanentemente en el continente.

También se sabe desde hace tiempo que la peste aún sobrevive en algunos lugares cercanos a Europa. Uno de estos lugares son las estepas de Asia central, en las que la peste circula entre los grandes jerbos, un primo más grande de los roedores conocidos como mascotas. La enfermedad en los jerbos no es tan grave como en las ratas, aunque también provoca una tasa de mortalidad bastante significativa. Los jerbos viven en pequeños grupos que construyen redes de túneles subterráneos. La enfermedad se propaga por esas redes de túneles: cuando los jerbos u otros animales portadores de pulgas se mueven entre las redes de túneles, la peste pasa de una red a otra. Dentro de la red de túneles, la peste se suele propagar rápidamente a todos los individuos. De manera regular, una parte de esas manadas de jerbos sufre epidemias de peste, pero los grupos siempre varían de un año a otro. A veces, cuando el tiempo es favorable, hay una alta cantidad de jerbos y las demás piezas del puzle también encajan, la peste se propaga a casi todas las poblaciones de jerbos.

Las cantidades de jerbos varían significativamente tanto a lo largo de un año como entre un año y otro. Tras una primavera húmeda y un verano cálido, los jerbos tienen especial abundancia de alimento y estas condiciones provocan un crecimiento en el número de individuos. Igualmente, las pulgas que viven en los jerbos son especialmente robustas y también se reproducen. Cuando hay suficientes jerbos y pulgas, la peste se generaliza entre los jerbos.

Un año con una mayor cantidad de jerbos y pulgas (y, por tanto, de aparición de la peste) viene seguido de un año de colapso. Las grandes masas de jerbos han comido más alimento del que el entorno es capaz de producir. La reducción del alimento no es suficiente para mantener el aumento de la población de jerbos y esta se desploma. Cuando los jerbos mueren en masa a causa del hambre, en la zona hay muchas pulgas que pierden a su huésped. La muerte de los jerbos provoca la peregrinación de las pulgas sin huésped, que salen a buscar alimento e infectan a otros animales de la zona. Al mismo tiempo, la peste contagia cada vez con más frecuencia a otros animales. Este es otro buen ejemplo de cómo puede surgir una situación de desbordamiento. Como resultado final, la peste provoca una gran mortalidad entre todos los habitantes de las estepas de Asia central. Sin embargo, con frecuencia, la peste se queda a incordiar a los animales locales o, a lo sumo, contagia a algunos humanos que están en el momento equivocado en el lugar equivocado.

El juego cambió significativamente en el siglo XIV, con el esplendor de la Ruta de la Seda: a través de Asia central pasaban continuamente caravanas de comercio que transportaban mercancías entre Europa y China. Las caravanas eran un punto práctico para la peste, ya que se trata de una enfermedad leve para los camellos. Como la muerte masiva de jerbos había provocado un desbordamiento de la enfermedad, los camellos también recibieron lo suyo. La caravana pasaba, los perros ladraban y la peste se propagaba. Probablemente, la peste partió de los jerbos, contagió después a los camellos de las caravanas y, finalmente, se extendió como una avalancha por toda Europa y, por supuesto, China. El término *avalancha* es relativo: el viaje desde las estepas de Asia central hasta orillas del mar Negro duró diez años y, desde allí, la peste tardó otros tres años en propagarse por el continente europeo. Al igual que los humanos, las ratas negras mueren de peste de forma relativamente rápida; sin embargo, las ratas tuvieron una gran importancia cuando la peste llegó a las puertas de Europa. Las ratas viajan de forma eficaz a bordo de los barcos y, de este modo, es probable que la rata haya sido un propagador significativo de la peste en las ciudades portuarias.

Una vez que la peste hubo contagiado a una cantidad suficiente de personas, solo era cuestión de tiempo ver cuándo uno de los casos de peste bubónica provocados por pulgas llevaría a la aparición de la peste pulmonar. Cuando se presenta la peste pulmonar, aumenta la velocidad de propagación, ya que entonces empieza a pasar directamente de unas personas a otras. La alta densidad de población en Europa posibilitó la propagación eficaz de la peste a casi todas las zonas habitadas.

Al fin y al cabo, la aparición de la peste estaba regulada por el clima. Cuando se dio un tiempo favorable para la reproducción de los jerbos en Asia central, unos quince años más tarde, estalló la epidemia de peste en Europa. Esto volvió a repetirse tras la peste negra en al menos quince ocasiones, si bien de forma mucho menos devastadora. Sin embargo, quedan suficientes preguntas sin responder. Parece ser que la peste desaparece de las poblaciones de jerbos durante varios años y nadie sabe cómo se mantiene con vida durante ese tiempo. ¿Contagia a otras especies? ¿Se mantiene viva en el suelo? Todavía no lo sabemos, pero las investigaciones adicionales no solo arrojarán luz sobre la actividad de un agente patógeno significativo, sino que también nos ayudarán a reducir la aparición de peste en todo el mundo.

El tizón tardío causa estragos

Una enfermedad no necesita infectar a los humanos para causar víctimas mortales. Puede que la destrucción más conocida causada por una plaga de plantas fuera la Gran Hambruna que asoló a Irlanda en los años 1845-1852. La causa más evidente de la hambruna fue el tizón tardío, que destruyó las cosechas de patata. El tizón tardío lo provoca un oomiceto cuyo nombre científico es *Phytophthora infestans*, que también se conoce como el mildiu de la patata, y se propaga rápidamente con el viento de una plantación a otra y destruye las cosechas.

La población agraria de la Irlanda del siglo XIX vivía en la pobreza y las granjas eran tan pequeñas que la patata era la única especie de cultivo rentable: en el complicado clima irlandés no era posible obtener suficientes nutrientes de ninguna otra especie de cultivo para alimentar a la familia. Dos millones de irlandeses, es decir, una cuarta parte de la población, cultivaba pequeñas granjas, plantaba y recogía sus patatas cada año. La enfermedad supuso un golpe completamente inesperado. Durante el primer año propiamente dicho de destrucción, 1845, el tizón tardío destruyó casi la mitad de las cosechas de patata; en el año 1846, la destrucción fue de tres cuartas partes. Esto tuvo como consecuencia tanto la hambruna como la escasez de patatas de siembra y, con ello, el desplome de la producción de estos tubérculos. Tras la hambruna, se produjo una epidemia de fiebre tifoidea. Se sospecha que la hambruna y la enfermedad mataron a más de un millón de irlandeses. Una gran parte de ellos logró escapar; durante los años de destrucción, se estima que emigraron desde Irlanda entre un millón y medio y dos millones de personas, principalmente hacia Estados Unidos.

El tizón tardío es un parásito de la patata silvestre, un precursor de las patatas de cultivo sudamericanas. En el entorno natural resulta desagradable, pero no es una enfermedad de la patata especialmente destructiva. Sin embargo, cuando el tizón tardío empezó a propagarse por Europa, no afectó a la misma variedad de patata a la que había infectado en América. Quizá sea más correcto decir que la patata europea ya se había olvidado de su viejo enemigo. En Europa se llevaban cultivando patatas durante unos trescientos años sin presencia de tizón tardío. Las variedades de patata no tenían presión selectiva para mantener la tolerancia hacia la enfermedad y, con el transcurso de las décadas, la patata perdió su tolerancia hacia el tizón tardío. Cuando la enfermedad, finalmente, llegó desde Sudamérica hasta Europa, causó la destrucción de extensos cultivos de patata que no tenían inmunidad.

Irlanda nunca recuperó la población anterior después de la Gran Hambruna: en la actualidad, el país tiene 6,5 millones de habitantes. Las personas de origen irlandés son una minoría significativa en muchos países; en Estados Unidos, Canadá y Gran Bretaña, más de un 10 % de la población ha declarado tener raíces irlandesas. En Australia, la cantidad supera al 30 %. Un agente patógeno individual (que ni siquiera infecta a las personas) puede tener una importancia descomunal.

El tizón tardío también ha seguido siendo un incordio permanente para los cultivadores de patata. Se estima que causa unas pérdidas anuales de 5.000 millones de euros en todo el mundo. Afortunadamente, no ha prosperado en Finlandia, puesto que aquí no hay suficiente calor ni humedad. Al menos de momento.

La agricultura industrial busca problemas

Durante los últimos cien años, la tendencia de la agricultura y de la producción alimenticia en general ha sido el de un mayor tamaño unitario. Cada vez se hacen campos y naves más grandes para poder producir cada vez más comida en un mismo lugar. Otra tendencia ha sido la homogeneización de las especies de cultivo y de las razas de animales: con un número cada vez menor de especies de producción se alimenta a un grupo de personas cada vez mayor. Las especies de cultivo más importantes (el maíz, el arroz y el trigo) cubren más del 50 % de las necesidades energéticas de la humanidad. Es decir, dependemos cada vez de menos especies de cultivo. Si miramos la idea desde el otro lado, resulta más fácil ver el problema del desarrollo: somos más dependientes que antes de la continua productividad de todas nuestras especies de cultivo. No podemos permitirnos perder las cosechas de maíz, arroz o trigo. Si alguna vez sucede tal cosa, morirán millones de personas. La tercera tendencia ha sido la homogeneización entre las especies. Mientras que, hace solo cien años, en el mundo aún se usaban incluso miles de razas de gallinas, en la actualidad las tres razas más comunes producen el 90 % de toda la carne de pollo. Esa homogeneización causada por la cría selectiva supone una amenaza para todas las especies. Esto significa que las especies quedarán al margen de la diversidad genética lo que, a su vez, significa que las adaptaciones internas de las especies también se verán reducidas.

La reducción en la diversidad de especies de cultivo no sucede por error, sino que es el objetivo del cultivo selectivo. Cuando se hace cultivo selectivo para la producción industrial masiva, todo lo que resulte innecesario queda eliminado. Tanto las plantas como los animales se acostumbran a unas condiciones óptimas de vida en las que siempre tienen disponible la cantidad adecuada de alimento, las enfermedades se eliminan mediante venenos, y el comienzo y el final de la vida están en el punto adecuado para maximizar la producción. La optimización no acarrea problemas siempre que se cumplan todos sus objetivos. Los problemas surgen cuando sucede algo inesperado. Debido a la garantía de suministro, en Finlandia, por ejemplo, ha habido preocupación por la conservación de las especies autóctonas. Las especies autóctonas son antiguas especies tradicionales de animales y plantas que, a través de la selección natural, se han acabado adaptando al entorno finlandés. El largo invierno y el seco mes de julio no suponen un problema para estas especies. Uno de los motivos para la protección de las razas autóctonas es que, en algún momento, podremos necesitar el rasgo característico de esas especies: la capacidad de supervivencia. Las especies de producción intensiva no cuentan con esta característica en absoluto.

Los cultivos extensivos homogéneos se denominan *monocultivos*, ya que en ellos crece solo una misma planta de cultivo de la misma edad y del mismo tamaño. Los monocultivos están en todas partes: las plantaciones de cereales finlandesas, las granjas de pollos y los bosques comerciales son cultivos de este tipo. El cultivo selectivo de plantas se ha llevado tan lejos que los monocultivos de muchas especies son incluso clones. Todas las manzanas Granny Smith y las naranjas *navel* son clones de un ejemplar de cultivo selectivo. Entre las uvas, una variedad contiene varios clones: por ejemplo, en Francia se cultivan, aproximadamente, cuarenta clones distintos de *chardonnay*. Los animales pueden tener la misma escasez de diversidad genética que las plantas clónicas. La variación genética es un buen punto de partida en la cría y el cultivo selectivo de animales y plantas: cuanta más variedad haya, más alternativas tendrá la persona que realiza la selección. Sin embargo, esto resulta un problema con los productos finales: cuando hemos encontrado un individuo perfecto, queremos que los demás sean similares. Nada resuelve mejor el problema que la endogamia. Cuando se cruza al mejor ejemplar posible con un ejemplar similar, obtenemos exactamente el resultado que queremos.

Puede que estas tendencias en sí no sean preocupantes, pero cada una de ellas nos hace más vulnerables a los efectos de las enfermedades infecciosas. En los grandes cultivos, los parásitos se propagan rápidamente de un individuo hospedante a otro; cuando estos animales hospedantes son genéticamente muy similares unos a otros, o incluso idénticos, un agente patógeno que se haya adaptado a un individuo se habrá adaptado a los individuos de todo el cultivo o, incluso, de toda la especie a escala mundial. Pongamos por caso un campo de cultivo en el que hay un millón de plantas cuyos sistemas inmunitarios contra los parásitos son exactamente iguales, hasta la última molécula. A este campo llegan continuamente distintos parásitos y agentes patógenos, aunque muy raramente logran poner en marcha una enfermedad. Sin embargo, cuando uno de ellos lo consigue, esto significa que dicho agente patógeno se ha adaptado justamente a ese individuo hospedante con cierta precisión. En la naturaleza, esto no sirve de mucho porque los demás individuos hospedantes son diferentes. Sin embargo, en el campo hay millones de individuos exactamente iguales a ese primer huésped y el agente patógeno puede conquistar todo el campo de cultivo únicamente copiándose a sí mismo. En la realidad, el primer parásito exitoso no necesariamente se ha adaptado tan bien a los individuos del campo, pero los parásitos cuentan con la ventaja de una gran variabilidad hereditaria. Esto significa que, tras varias generaciones, nacerán parásitos que estén perfectamente adaptados.

En el peor de los casos, un agente patógeno puede llevarse por delante toda la vegetación de toda la variedad de la especie. De las calorías ingeridas por los humanos en todo el mundo, el 90 % procede de quince especies. Estas quince especies son prácticamente un bufé libre para los agentes patógenos.

Existen varios casos de propagación de enfermedades de las plantas. En la actualidad, la mitad de los plátanos cultivados y la mayoría de los que se ven en las tiendas internacionales (es decir, los que nos llegan a nosotros) pertenecen al grupo Cavendish. El grupo Cavendish cuenta con un puñado de clones: el más general es, claramente, *grand nain*, también conocido como plátano Chiquita. Aún antes de la década de los cincuenta, Gros Michel era la variedad de plátano más vendida en todo el mundo, pero la enfermedad de Panamá producida por el hongo *Fusarium* destruyó una gran parte de los cultivos de la variedad en Centroamérica. Después de esto, el cultivo comercial se centró en las variedades Cavendish, que tienen peor sabor pero son resistentes a la enfermedad de Panamá. En los últimos años, sin embargo, la enfermedad de Panamá se ha adaptado a los plátanos Cavendish y, en algunos países, como Mozambique, la enfermedad está provocando que su cultivo sea imposible. Si la enfermedad se propaga hacia América Latina (o cuando se propague), habrá que buscar una nueva variedad de plátanos. Puede que volvamos a tener que hacer una selección y acabemos eligiendo un plátano con un sabor ligeramente peor, pero que sea resistente a la enfermedad de Panamá.

Por su parte, los cítricos se ven amenazados por una bacteria que provoca el llamado enverdecimiento. La enfermedad la propagan dos especies de psiloideos que son insectos parientes de los heterópteros y viven absorbiendo el néctar del tronco de las plantas. La enfermedad está provocando que el cultivo de cítricos, especialmente de naranja, resulte imposible en Florida. No se trata de una pequeña molestia: únicamente en Florida, el valor del cultivo de cítricos es de 8.000 millones de euros al año. El cultivo de plantas se da a escala industrial; por ese motivo, la prevención de enfermedades de las plantas también mueve miles de millones de euros. Lo cierto es que no se conoce una sola especie de cítrico que sea naturalmente resistente a la enfermedad. Por eso, los agricultores han puesto sus esperanzas en la creación de cepas modificadas genéticamente para poder desarrollar variedades a las que esta no les afecte.

Los animales domésticos tampoco están a salvo de los parásitos. La tilapia es un pescado de piscifactoría muy exitoso porque no solo es sabroso, sino también fácil y barato de criar. Su consumo ha aumentado de forma significativa: la producción actual es de más de cuatro millones de toneladas al año y, después de las carpas, es el pescado de piscifactoría más importante. Cuatro millones de toneladas significa un poco más de medio kilo por cada habitante del planeta. Sin embargo, las cosechas de tilapia han sido destruidas en muchos lugares de Oriente Próximo debido a la aparición de un nuevo virus, el virus de la tilapia lacustre, que se ha propagado por los criaderos y ha matado a estos peces. Nadie sabe de dónde procede este virus.

Finlandia tampoco está protegida contra las enfermedades de los animales y de las plantas. En Finlandia, el desplome más espectacular de una cepa lo ha sufrido el cangrejo de río. Todavía hasta el siglo XIX, el cangrejo era un animal de consumo relativamente común. En el año 1859, la peste del cangrejo, un oomiceto que provoca enfermedades letales en los cangrejos, llegó a Italia, probablemente con las aguas de lastre, y desde allí se propagó por Europa hasta Finlandia. Inicialmente, la peste del cangrejo la causaba un parásito procedente de América del Norte, donde las especies de cangrejo originarias de la región estaban bien adaptadas a la enfermedad. Aunque allí también causaba problemas, no era tan peligrosa como para los cangrejos de río, que no estaban acostumbrados a la peste del cangrejo. La enfermedad se propagó lentamente de unas aguas a otras, al tiempo que destruía las cepas de cangrejos por dondequiera que pasase. La peste del cangrejo llegó a Finlandia en 1893 y, a partir de ese momento, el cangrejo de río empezó rápidamente a escasear. A partir de la década de 1960, se empezó a introducir en Suecia y Finlandia una especie, el cangrejo del Pacífico, para completar la escasez de las cepas de cangrejo de río. Sin embargo, más tarde se descubrió que el cangrejo del Pacífico puede ser portador asintomático de la peste del cangrejo y aumentar la destrucción previa de la enfermedad entre las poblaciones endémicas de cangrejos de río. Además, se sospecha que el cangrejo del Pacífico también trajo consigo una cepa más agresiva de la peste del cangrejo.

Muchas otras especies tienen agentes patógenos que se teme que se propaguen: el café tiene sus propias enfermedades micóticas, y el cacao, enfermedades causadas por oomicetos y virus. En Finlandia se teme, por ejemplo, al escarabajo de la patata, la loque americana, el escarabajo asiático de cuernos largos, la propagación a los cerdos de la peste porcina africana de los jabalíes y las enfermedades priónicas de los cérvidos. Por tanto, la actividad humana no solo supone una amenaza de enfermedades infecciosas en crecimiento para el ser humano, sino también para aquellos animales y organismos de los que nos beneficiamos.

Del establo al hospital

Me despierta el jadeo de un perro. Cuando acampas en la selva tropical, hay muchas cosas que no quieres experimentar, y el jadeo de un perro local es una de ellas. Un chucho de Madagascar medio salvaje es, en todos los sentidos, completamente diferente a un perrito faldero finlandés. Los perros propagan una gran cantidad de enfermedades diferentes, desde los relativamente inofensivos gusanos intestinales hasta la enfermedad letal de la rabia. Lo que hace al perro especialmente desagradable es que come cualquier cosa. Una vez, cuando me iba a acostar, pasó corriendo por delante un perro con una rata muerta en la boca. Nunca me he sentido tan sucio recién salido de la ducha.

«Circo de pulgas» es una forma de llamar a los perros que seguramente haya visto por primera vez en un cómic del Pato Donald. Mi encuentro con los perros malgaches ha arrojado luz sobre el origen de la expresión. Únicamente las ratas con las que me he topado tenían más pulgas que los perros.

Lo cierto es que el perro y la rata son propagadores de enfermedades muy similares: viven cerca de los asentamientos humanos, tienen una habilidad especial para recolectar parásitos (principalmente, porque comen lo que sea, incluyendo a sus especies acompañantes) y no tienen reparos en aventurarse un poco más allá de los asentamientos humanos. Por supuesto, el perro tiene mayor tamaño, por lo que hay menos ejemplares y no son tan ágiles a la hora de escalar y meterse en pequeñas cavidades. Sin embargo, al perro le resulta mucho más fácil acercarse al ser humano.

No cabe duda de que los perros de la zona de acampada son propagadores de enfermedades muy activos. Pasan la mayor parte del tiempo en las aldeas, merodeando entre los humanos y comiendo comida de los vertederos. De vez en cuando, se aventuran a ir un poco más lejos e intentan capturar pequeños roedores de la selva o animales un poco más grandes. Y, ahora, uno de ellos está olfateando los palos de mi tienda.

La tienda se ha convertido en el apoyo y la seguridad de mi temporada de campo. Habrá quien considere desagradable vivir en una tienda durante cuatro meses, pero, lo creas o no, tener una tienda propia genera una sensación de seguridad notablemente mayor que una cama malgache. Lo que se pierde en comodidad y suavidad se gana en cantidad de parásitos. Cuando cierro la cremallera de la puerta de la tienda, lo que hay fuera se queda fuera, y yo estoy en el interior. Los mosquitos y otros bichos, lagartos o ratas, no entran en mi tienda. Claro que las ratas entrarán si quieren, por lo que es una buena idea tener el menor número posible de cosas en la tienda, lavar el saco y demás bártulos de dormir de vez en cuando y, bajo ningún concepto (y realmente quiero decir bajo ningún concepto), llevar a la tienda nada remotamente comestible.

Cuando los humanos y los animales están cerca unos de otros, las enfermedades se propagan entre las especies. En los últimos tiempos, ha habido dos enfermedades especialmente temibles: el SARS y el MERS. El MERS saltó a los titulares a finales del año 2014. MERS son las siglas correspondientes a *Middle Eastern respiratory syndrome*, es decir, el síndrome respiratorio de Oriente Medio. El modelo del nombre es similar a la enfermedad aparecida anteriormente y denominada SARS (*severe acute respiratory syndrome* o síndrome respiratorio agudo grave). Tanto el MERS como el SARS se propagan por medio de un virus que, en ambos casos, pertenece a la familia de los betacoronavirus.

El SARS provocó una epidemia durante los años 2002 y 2003. Llegó por sorpresa y desapareció con la misma rapidez. Las especies emparentadas más cercanas al virus del SARS han vivido en los vivérridos y en los murciélagos. El SARS no provoca una enfermedad grave a ninguno de los dos. Probablemente, el SARS pasó primero desde los murciélagos a contagiar a los vivérridos, depredadores felinos que se consumen como alimento en China, en el Sudeste Asiático, más ampliamente como productores de café de civeta. El salto de los vivérridos a los humanos posiblemente sucediera en un mercado en el que se vendían vivérridos. Toda la epidemia SARS se inició en un hombre, por lo que el contagio del virus a los humanos fue una auténtica casualidad.

Los puntos de partida del MERS son igual de exóticos: la enfermedad contagió a los humanos procedente de los camellos. Los camellos no son en sí mismos un propagador sorprendente, ya que, en los últimos años, la cría de camellos se ha generalizado de forma considerable en la península arábiga. No se debe únicamente a los turistas que hacen trayectos cortos en ellos, sino también a un capricho de los millonarios árabes: las competiciones de camellos. La cría y las carreras de camellos suponen el mismo entretenimiento para los ricos locales que los deportes hípicos para los europeos. Este entusiasmo implica que los camellos se crían, se transportan y se encuentran unos con otros. Esto significa que el MERS puede propagarse rápidamente entre los camellos. El MERS no es especialmente peligroso para los camellos ni les causa siquiera una enfermedad visible. Por el contrario, para las personas puede ser una enfermedad letal, especialmente si se contagia directamente desde un camello a un ser humano.

De una persona a otra, el contagio de MERS es muy débil, si es que se produce. En realidad, los únicos lugares en los que se ha producido una propagación significativa del MERS han sido los hospitales de Arabia Saudí. Todas las cadenas de infección del MERS han empezado con una única persona enferma que ha acudido al hospital y no ha sido puesta directamente en cuarentena. En un hospital, el MERS puede contagiar tanto al personal sanitario como a los pacientes y a los visitantes. Por lo general, las cadenas de infección se frenan con relativa rapidez, pero los superpropagadores suponen un problema: con frecuencia se dan casos de un solo enfermo que ha contagiado a decenas de personas. Todavía no se sabe el motivo por el que esto sucede.

El R_0 del MERS, es decir, su eficacia de reproducción, es claramente inferior a uno, lo que significa que, en general, las epidemias desaparecen por sí mismas. Sin embargo, la aparición de superpropagadores contraviene esta lógica: cuando un solo infectado puede transmitir la enfermedad a otras cincuenta personas, la epidemia tarda mucho en remitir. Especialmente, si una de esas cincuenta personas es un futuro superpropagador.

En el año 2015, el MERS se extendió hacia Corea después de que un hombre que había estado de visita en Baréin resultara infectado. Desde la primera visita del hombre al hospital hasta su diagnóstico pasaron nueve días, durante los cuales el hombre logró contagiar el MERS a otras treinta y seis personas. Tras el diagnóstico de MERS, las autoridades actuaron de forma eficaz y en Corea hubo incluso más de seis mil personas en cuarentena y más de dos mil colegios permanecieron cerrados. Finalmente, la enfermedad contagió a 186 personas, de las que treinta y seis murieron.

Los superpropagadores son fundamentales para la transmisión de la enfermedad: entre el portador original y una de las personas a la que este contagió causaron más de la mitad de todos los casos de MERS. En este sentido, la historia del MERS es un reflejo de la historia del ébola: un sistema eficaz y funcional logró acabar rápidamente con la propagación de la enfermedad cuando se detectaron los primeros casos en Nigeria.

Ni el MERS ni el SARS son especialmente peligrosos, si tenemos en cuenta las estadísticas. En el siglo XXI, han muerto de SARS 774 personas, y de MERS, 513. Sin embargo, lo más alarmante de estas enfermedades es que existen y que la evolución puede volverlas más peligrosas. Si cualquiera de ellas se desarrolla de tal forma que se contagie eficazmente de unas personas a otras, nos encontraremos ante una catástrofe.

La pandemia de coronavirus revoluciona el mundo

El MERS y el SARS no han causado pandemias, es decir, una propagación a escala mundial de una enfermedad infecciosa. Sin embargo, su pariente cercano el SARS-2 sí lo ha hecho. Para un ecólogo de enfermedades, el seguimiento de la pandemia es una experiencia escalofriante: los peores miedos están en mi mente de forma continua y busco señales de peligro en cada nueva información a medida que avanza la situación. A pesar de eso, en el fondo soy optimista: la pandemia ha demostrado que, ante una situación de crisis, los humanos nos volvemos más decididos. Me sorprendió la insólita rapidez con la que los investigadores generaron y compartieron nueva información.

Escribo esto a principios del otoño de 2020, cuando la pandemia causada por el nuevo coronavirus todavía está en su fase inicial y es difícil predecir cómo va a desarrollarse la situación. Este capítulo ha sido redactado tras la publicación de la primera edición en finés del libro, pero la pandemia merece su propio capítulo adicional. El nuevo coronavirus ha ejemplificado muchos de los conceptos descritos en páginas anteriores.

Muchas de nuestras percepciones sobre el virus y su propagación también cambiarán con el tiempo, a medida que se recabe más información. Por ese motivo, trato de escribir únicamente sobre aquellas cosas que sabemos a ciencia cierta en este momento.

El coronavirus provocó la pandemia

«Cuando llegamos a la fase en la que los políticos están dispuestos a escuchar sobre ecología de las enfermedades, es que la situación es realmente mala», digo y río levemente. Veinte diputados del Parlamento me miran totalmente impasibles. Pienso que quizá no sea momento para bromas y empiezo mi presentación explicando lo que debe hacerse en Finlandia para frenar la epidemia.

Por primera vez en mi vida, me han invitado a una comisión parlamentaria para dar un comunicado como experto. Hace tan solo unos meses no habría podido imaginarme que acabaría en una consulta de expertos, y mucho menos habría creído que el Comité de Finanzas finlandés quisiera oírme hablar sobre el presupuesto suplementario que requiere la situación de pandemia.

Por otra parte, siento firmemente que se trata de un punto lógico en mi carrera. He descubierto métodos de investigación, he presupuestado gastos, he planificado horarios y evaluado la viabilidad de incontables solicitudes de financiación para la investigación. Redactar en cuatro días un comunicado sobre el presupuesto para la gestión de la pandemia es, precisamente, el tipo de tarea para la que estoy cualificado.

Antes de ponerme con el trabajo, hablé con varios colegas y recabé información sobre los gastos. Cuánto cuesta una prueba de anticuerpos, cuál es el precio unitario de una prueba de coronavirus y cuánto cuesta la secuenciación del genoma de un virus particular. Cuál es la probabilidad de que se desarrolle la vacuna en un año y cuál era la estimación de hasta qué punto las medidas de tratamiento pudieran realmente reducir la morbilidad y la mortalidad. Sabía quién podía darme las respuestas, pero hacer las preguntas adecuadas requería planificación. A muchos investigadores les resulta complicado cambiar la mentalidad y comprender que ahora hablamos de grandes cantidades de dinero. Ahora se trata de cientos de millones, porque la crisis económica provocada por la pandemia de coronavirus consume miles de millones de euros.

«¿Qué es exactamente eso de la secuenciación?», pregunta un diputado, y yo lo explico. Comparando las mutaciones en el genoma del virus, podemos aclarar con qué muestras del virus está más cercanamente emparentado el detectado aquí. Cuando llegue el momento en que abramos las fronteras y se produzcan nuevos casos de contagio en Finlandia, podremos estimar de dónde proceden. Esto afectará a la evaluación de riesgos y a las acciones específicas.

En algún momento, a finales del año 2019, el coronavirus saltó de los animales a los humanos y empezó a propagarse de unas personas a otras. Podemos determinar las fechas comparando el genoma de los virus. La población de coronavirus modifica aproximadamente una base cada dos semanas, por lo que, si juntamos todas las muestras de coronavirus del mundo cuyo genoma ha sido secuenciado, podemos calcular que el antepasado común de todos esos virus existía, aproximadamente, en noviembre de 2019. Este supuesto virus se llama *ancestro común más reciente* (ACMR). Este ancestro común no necesariamente es el virus que pasó de los animales a los humanos: el virus también pudo propagarse entre los humanos anteriormente, pero todos los virus que circulan en la actualidad entre las personas descienden de este ejemplar. El ancestro común de los virus tampoco estuvo necesariamente en un huésped humano: también pudo estar en algún otro animal que, después, contagió a varias personas.

En comparación con los nuevos agentes patógenos anteriores, el nuevo coronavirus se identificó rápidamente: fue detectado en el transcurso de un mes desde el inicio de la epidemia y, unos días más tarde, ya se había secuenciado su genoma. De forma inmediata, se pudo determinar que se trataba de un nuevo y peligroso agente patógeno. Al nuevo coronavirus se le dio el nombre oficial de SARS-CoV-2, puesto que su genoma es muy similar al del virus que provoca el SARS. Por su parte, la enfermedad provocada por el virus recibió el nombre de «enfermedad por coronavirus de 2019» o, en su versión abreviada, COVID-19. El motivo de los diferentes nombres es que un comité de virólogos se encarga de la nomenclatura de los virus, pero la OMS es la que nombra las enfermedades.

Los coronavirus suelen ser virus de murciélagos, animales domésticos y roedores. Hasta ahora, entre los coronavirus detectados en humanos, se han encontrado parientes cercanos de MERS, SARS-1, SARS-2, 229E y NL63 en murciélagos; de HKU1 en roedores; y de OC43 en vacas y cerdos. Los virus de los murciélagos no necesariamente contagian a los humanos de forma directa, sino que, entre medias, pueden pasar a algún otro animal, como el camello en el caso del MERS o los vivérridos en el caso del SARS-1. En relación con el SARS-2, no se ha encontrado con seguridad ningún otro supuesto animal y, en este momento, ni siquiera existe una estimación probable de qué especie animal ha podido estar implicada. Se propusieron los folidotos como escala intermedia del virus, pero las cepas de virus identificadas en folidotos son parientes más lejanos que algunas cepas encontradas en murciélagos. Al principio, el mercado húmedo de Wuhan saltó a la fama como lugar de propagación del virus: se trataba de un candidato adecuado, porque en él, además de carne ordinaria, se venden todo tipo de animales salvajes. Sin embargo, es posible que el mercado húmedo sea totalmente inocente de haber iniciado la pandemia, ya que solo algunos de los primeros casos detectados de la enfermedad tenían conexión con él. También es probable que el mercado húmedo fuera uno de los primeros eventos de superpropagación: alguno de los visitantes del mercado estaba infectado y propagó allí el virus.

Nuevos virus pasan continuamente de los animales a los humanos, lo cual no tiene nada de extraño. Muchos virus no reconocen nuestras células y no son capaces de penetrar en ellas. Nuestro sistema inmunitario es capaz de hacerse cargo de la mayor parte de los virus antes de que provoquen una enfermedad. Un nuevo virus también puede propiciar una enfermedad, pero no necesariamente ser capaz de propagarse de unas personas a otras. El problema surge cuando el agente patógeno es capaz de contagiar a otras personas a partir de una persona infectada. Los agentes patógenos que se contagian de unas personas a otras son más peligrosos, porque pueden provocar epidemias que se propagan de unas zonas a otras. En los casos más extremos, estas epidemias pueden propagarse por todo el mundo, como el nuevo coronavirus, y provocar una pandemia. Hay muchos tipos de agentes patógenos que provocan pandemias: hasta ahora se han conocido, entre otras, la peste, el VIH y la gripe. De ellas, la pandemia causada por el VIH sigue en marcha y el virus de la gripe provoca pandemias de forma regular. Las pandemias de gripe se producen cuando una nueva cepa de virus se propaga por todo el mundo, como la gripe porcina de 2009.

Cuanto más se relacionan los humanos y los animales entre sí, más virus pasan de una especie a otra. Cuantos más virus se desplazan entre los humanos y los animales, más probable es que alguno de ellos esté tan bien adaptado a los humanos que logre propagarse de unos individuos a otros. En la actualidad, el nacimiento de pandemias es algo generalizado y de ningún modo sorprendente, puesto que hay muchos seres humanos y aún más animales, especialmente animales domésticos que se crían como alimento. No fue una sorpresa que la pandemia de 2020 estuviera provocada por el coronavirus y que se pusiera en marcha, precisamente, desde China, puesto que allí viven una cantidad inmensa de personas. En el país se produce mucha carne para la población acomodada. Por todo el país se han reducido los entornos naturales y los animales salvajes entran fácilmente en contacto con los animales domésticos y con las personas.

Limitar la propagación del virus

Durante los primeros meses de 2020, se habló de cuál es el índice de refracción básico del virus, R_0, es decir, la eficacia con la que se propaga. En los primeros meses de la pandemia, se recibían continuamente valores R_0 procedentes de nuevos materiales. Un día, los titulares decían que el virus se propagaba más rápidamente de lo que se pensaba y, al día siguiente, que la propagación era más lenta. El R_0 era una cuestión fundamental por dos motivos: por una parte, describe la velocidad de propagación del virus (si se tiene también en cuenta el tiempo que transcurre entre un contagio y otro, es decir, la distancia intergeneracional) y, por otra, proporciona indicios de cuántas personas deberán contagiarse antes de que surja la inmunidad de rebaño y se detenga la epidemia.

Las preguntas fundamentales al principio de la pandemia fueron, por supuesto, hasta dónde se extendería, cuál era la necesidad de tratamiento y cuántas personas iban a morir. Sin embargo, la importancia de esas preguntas se volvió secundaria cuando nos dimos cuenta de que la respuesta para todas era «demasiado». Enseguida quedó claro que el virus provoca una epidemia que se propaga rápidamente, que la mayor parte de los infectados necesitan cuidados intensivos en el hospital y que puede tener una duración relativamente larga. El virus no tardó mucho tiempo en llevar la capacidad de los hospitales a límites extremos, y las unidades de cuidados intensivos, los dispositivos y el personal se agotaron rápidamente tanto en Wuhan como en Lombardía o en Nueva York. Entonces, no quedó otra opción que limitar la propagación del virus. Que los servicios sanitarios tuvieran una capacidad suficiente era una cuestión de vida o muerte, independientemente de cuál acabara siendo la letalidad del virus. Los países de todo el mundo decidieron que había que detener la propagación del virus.

Entre los países europeos, el procedimiento general inicial pareció ser tratar de ralentizar la epidemia: se pensaba que la epidemia, sencillamente, no se podía detener porque era inevitable que acabara propagándose por toda la población. Esta forma de pensar provocó un fenómeno conocido como *suposición de la gripe*. La mayor parte de los países del mundo estaban preparados para que la siguiente pandemia fuera de gripe y nunca antes se había logrado detener una pandemia de gripe. Sin embargo, la situación de los coronavirus es diferente: la propagación del SARS-1 se consiguió detener de forma eficaz. En la primera fase, muchos países asiáticos lograron bien controlar la epidemia, como Vietnam, Taiwán y Singapur, bien detener por completo una epidemia que se había desatado a gran velocidad, como China y Vietnam. Estos ejemplos demostraron que el SARS-2 no es incontrolable del mismo modo que la gripe.

El problema de posicionamiento de los primeros meses se vio dificultado por el hecho de que el SARS-2 no era tan letal como las enfermedades muy letales, como el SARS-1. Sin embargo, era significativamente más letal que, por ejemplo, la gripe estacional. Muchos países tardaron en reaccionar a este hecho: por ejemplo, en Finlandia al principio se pensaba que la inmunidad de rebaño es lo que había detenido la propagación de la enfermedad en Wuhan. La suposición de la gripe influyó en las estimaciones sobre la letalidad del virus. Por otra parte, la suposición de la gripe también se pudo observar en el hecho de que muchos países no pensaron que la epidemia pudiera detenerse con medidas de restricción. Por ejemplo, en Suecia la epidemia pareció terminar un poco por sorpresa. Por otro lado, al principio también quedó claro que, probablemente, su propagación no se lograría controlar de forma discreta. Parecía imposible establecer restricciones para que la enfermedad se propagase lentamente.

Entonces, ¿por qué este SARS-2 provocó una pandemia y pasó a propagarse por todo el mundo? Es difícil limitar la propagación del coronavirus porque pueden transmitirlo personas que no presentan síntomas. Los síntomas empiezan unos cinco días después del contagio, pero los humanos pueden empezar a propagar el virus incluso dos días antes de la aparición de dichos síntomas. Esto significa que el solo hecho de identificar y aislar a las personas que presentan síntomas, como se hizo con el SARS-1, no es suficiente para limitar la transmisión del virus. Para la limitación de la propagación, lo principal son las cuarentenas de las personas expuestas al virus: se intenta aislar de los demás a las personas que han sufrido un posible contagio porque se han relacionado con personas enfermas, de modo que no puedan propagar el virus en los días precedentes a los síntomas. Por supuesto, el problema es que las ventanas de tiempo con el nuevo coronavirus son cortas: si una persona presenta síntomas, eso significa que puede que haya contagiado el virus a otras personas incluso dos días antes, y las personas que han estado expuestas a ella, y que es posible que se hayan contagiado, pueden empezar a contagiar el virus ya al día siguiente.

El modo y la velocidad de propagación del virus implican que es imposible limitarlo mediante el viejo procedimiento de las pruebas y el seguimiento. Este es el modo con el que normalmente se impide el avance de las enfermedades infecciosas. La idea es sencilla: cuando se descubre que una persona que se ha sometido a la prueba del virus ha sido infectada, se la aísla y los rastreadores de infecciones la entrevistan. Los rastreadores recogen información sobre las personas con las que se ha relacionado el infectado en los dos días anteriores al contagio. Entonces, se ponen en contacto con las personas que han podido estar expuestas. Si no han tenido un contacto suficientemente estrecho (por ejemplo, la pauta general de la OMS es de más de quince minutos a menos de dos metros de distancia), se determinará que deben ponerse en cuarentena y se les indicará que soliciten la prueba si empiezan a mostrar síntomas. La prueba y el seguimiento funcionan sorprendentemente bien como procedimiento y, al mismo tiempo, nos ofrecen información valiosa sobre dónde se producen los contagios. El problema con la COVID son dos rasgos complicados que causa el virus: la ventana de tiempo de todo el proceso es corta y el procedimiento es muy laborioso.

En muchos países europeos, el virus empezó a propagarse con total libertad porque las pruebas eran limitadas. Al principio, solo se realizaba la prueba a los viajeros procedentes de China, aunque la enfermedad ya se estaba propagando por el norte de Italia. Cuando se aumentó la cantidad de pruebas, el virus ya había logrado propagarse a nuevas zonas. Al final, había tantos casos que la capacidad de realizar pruebas y seguimientos no era suficiente, y hubo que poner en práctica modos de limitación de la propagación de enfermedades infecciosas de los viejos tiempos: restricciones de reunión, cierre de restaurantes y, como medida extrema, toques de queda. Cuando estas medidas lograron prevenir los contagios (porque las personas ya no establecían contacto unas con otras), los sistemas sanitarios lograron, poco a poco, volver a realizar las pruebas y el seguimiento, y se pudieron eliminar las restricciones.

Según la modelización, también sabemos que las pruebas y el seguimiento por sí mismos no son un medio suficiente para mantener los casos de infección bajo control: también se requiere que las personas tengan menos contacto físico y que los riesgos de esos contactos sean menores que antes. En la práctica, esto significa lavarse las manos de forma regular, evitar los apretones de manos, tener una buena higiene de la tos, usar mascarillas, evitar los espacios cerrados y estrechos, etcétera.

La situación se ve aliviada cuando solo una pequeña parte de los infectados sigue propagando la enfermedad. Un fenómeno típico en cualquier agente patógeno es que menos de la mitad de los infectados sigan propagando la enfermedad. Este fenómeno se acentúa con el nuevo coronavirus, ya que los casos de superpropagación, en los que la enfermedad puede llegar a decenas de personas al mismo tiempo, están relativamente generalizados. Según las primeras estimaciones, un 10 % de los infectados serían responsables de aproximadamente el 80 % de todos los contagios. Si se lograse impedir esta parte de los contagios, la propagación de la enfermedad terminaría como si chocara con una pared.

Las paredes también tienen un papel protagonista: los espacios cerrados pequeños en los que hay mucha gente son lugares de peligro claramente más significativos. Las fiestas de cumpleaños de Sipoo, los bares homosexuales de Corea del Sur, las cárceles americanas, las misas alemanas, las viviendas de trabajadores extranjeros en Singapur, los cruceros y, sobre todo, las residencias de ancianos en todo el mundo: ya en los primeros pasos de la pandemia estaba claro que las superpropagaciones eran relativamente generales.

Las redes de contactos sociales influyen en la transmisión de las enfermedades infecciosas. El modo en que las personas se encuentran afecta a las posibilidades de propagación de los virus. Sobre los coronavirus tenemos poca información, pero podemos suponer que funcionan del mismo modo que los demás virus que producen enfermedades de las vías respiratorias, como la gripe. Si las redes de relación son muy desiguales (es decir, algunas personas tienen muchos contactos, mientras que otras tienen relativamente pocos), será necesario que menos personas resulten infectadas antes de que la epidemia se ralentice. Esto se debe a que si las personas más importantes en las redes desarrollan inmunidad al virus, al virus le resultará más difícil propagarse. Si, por el contrario, la red de contactos sociales es muy uniforme, la situación cambia de forma radical. Las redes en las que cada uno tiene un número uniforme de contactos con otras personas se llaman *pequeños mundos*. En ellos, los contagios se propagan de forma notablemente mejor que en las redes esporádicas. Las residencias y las cárceles son buenos ejemplos de este tipo de redes y, de modo fehaciente, el SARS-2 también se ha propagado en ellas de forma más eficaz.

Finalmente, nuestra forma de mitigar la propagación del coronavirus se corresponde, con sorprendente precisión, con el modo en que intentamos limitar la propagación de enfermedades de transmisión sexual. Lo fundamental es la identificación de los infectados, que mejorará mediante la realización de pruebas de bajo umbral, las campañas informativas, especialmente entre las comunidades de alto riesgo, y una concienciación eficiente. Por otra parte, la evaluación de riesgos personales también desempeña un papel fundamental: se comparte información sobre dónde y con qué comportamientos hay más probabilidades de contagio. Aunque no es posible impedir que las personas realicen actividades de riesgo, al menos pueden reducir dicho riesgo hasta un nivel tolerable.

Cambio en la peligrosidad del virus

Debido a que resulta difícil limitar la propagación del coronavirus SARS-2 y, en muchos países, no hay deseo político o, sencillamente, recursos o capacidad para erradicar el virus en su territorio, es probable que siga circulando por el mundo de forma permanente. Cuando un virus se ha propagado de forma generalizada, ya no es posible erradicarlo. Además, hay muchos virus por todo el mundo y esto afectará a su evolución.

Naturalmente, siempre existirán el miedo y la esperanza por la evolución del virus. Durante la pandemia, de vez en cuando aparecían en las noticias historias inesperadas de cómo el virus, en algún lugar del mundo, había mutado en una forma más o menos peligrosa. Los médicos locales de cada país explicaban los cambios en el número de enfermos en función de cómo se había desarrollado la nueva cepa. Los médicos romanos explicaron la reducción de la mortalidad en Italia por una cepa de virus más débil (cuando, en realidad, se trataba únicamente de una menor propagación del virus); los médicos chinos, por su parte, culparon de la nueva epidemia a una cepa de virus más fácilmente contagiosa (cuando, en realidad, se trataba únicamente de que el virus había empezado a propagarse de forma inadvertida en Pekín).

Entonces, ¿en qué dirección podemos suponer que se desarrollará la virulencia del virus o su capacidad de propagación durante la pandemia? Justo durante los primeros pasos en una nueva especie hospedante, es decir, en los humanos, el virus se ve afectado enormemente por una fuerte presión selectiva para propagarse de forma más eficaz. Los primeros virus que se propagan de unas personas a otras compiten unos con otros: qué virus logrará que su descendencia contagie a las personas cercanas y qué virus logrará propagarse de forma más eficaz de unas personas a otras antes de que el sistema inmunitario elimine a los agentes patógenos. Por tanto, podemos suponer que, justo en las fases iniciales de la propagación del virus, los posibles cambios que aumentan la propagación se generalizan con facilidad. En cuanto a la virulencia provocada por un agente patógeno, es decir, su patogenicidad o capacidad para provocar la enfermedad, la situación es más compleja: siempre que el agente patógeno consiga propagarse (es decir, que el animal hospedante no muera antes de que el agente patógeno haya pasado al siguiente individuo hospedante), la elección en ese aspecto no tiene por qué ser muy decisiva. Las personas no tienen un sistema inmunitario adquirido de antemano contra el nuevo agente patógeno, por lo que, prácticamente, todos los humanos están expuestos al contagio. En teoría, en una situación así el virus se haría más virulento o más peligroso, lo que facilitaría una rápida propagación.

En la realidad, que el virus se haga más o menos peligroso en mitad de la pandemia no es un gran motivo de preocupación. Por regla general, se trata de un juego frío de números: si en el mundo hay un millón de personas infectadas, las probabilidades de que una mutación que ha hecho un virus más peligroso en una persona se generalice entre la población humana son insignificantes. Debido a que una persona tiene miles de millones de virus, es poco probable que los virus individuales que han mutado y se han vuelto más o menos peligrosos lleguen a generalizarse. Debido a que la mayor parte de las personas no propagan el virus, es más probable que estas mutaciones individuales de virus individuales nunca lleguen a propagarse. Además, aunque en algún lugar del mundo empezase a propagarse una cepa más peligrosa de unas personas a otras, llevará su tiempo antes de que se generalice de tal modo que sus efectos puedan siquiera detectarse.

La evolución de un virus dura años, incluso décadas: las modificaciones más rápidas detectadas de virus peligrosos, como la atenuación del *Myxoma virus* o del virus NHV, sucedieron en una escala de tiempo de varios años. Las mutaciones en los agentes patógenos de los humanos han sido mucho menores y más inseguras. La información histórica demuestra que la sífilis ha podido volverse menos peligrosa a lo largo de décadas, desde finales del siglo XV hasta mediados del siglo XVI. Los cambios a través del tiempo de la virulencia de los virus actuales de la gripe y los que provocan los resfriados no se conocen en absoluto. El mayor problema al comparar la peligrosidad o la capacidad de propagación de un virus humano es, naturalmente, que no tenemos modelos de investigación auténticos con los que comparar su actuación. En modelos animales, no podemos infectar a los animales de laboratorio con diferentes virus y obtener información comparativa sobre su peligrosidad en los humanos.

Por ejemplo, es complicado decir en qué medida el nuevo coronavirus es más peligroso que los antiguos coronavirus que causan el resfriado común. El nuevo coronavirus no es especialmente peligroso para los niños, pero para las personas mayores es relativamente mucho más peligroso. Sin embargo, no sabemos cuál es la peligrosidad de los coronavirus que provocan el resfriado para las personas mayores que no han recibido el contagio anteriormente. Sencillamente, en el mundo no hay personas que no hayan tenido un resfriado por coronavirus. Cada uno de nosotros recibimos distintos contagios de coronavirus a lo largo de nuestra vida. Si los contagios anteriores producen una inmunidad parcial, eso significa que los contagios posteriores de coronavirus ya no causarán una enfermedad tan grave. La pandemia provoca una alta mortalidad y eso influye en la domesticación del siguiente agente patógeno, lo que se aprecia en una tasa de mortalidad inferior. Sin embargo, esto no se debe a la evolución del agente patógeno, sino al desarrollo parcial del sistema inmunitario humano. Por lo general, las personas mayores superan mejor las pandemias de gripe que los jóvenes, porque es posible que sigan teniendo inmunidad parcial desde su infancia contra las cepas de gripe generales.

Cuando la mayor parte de las personas se ha contagiado y la fase pandémica propiamente dicha se ha superado (cuando un virus se queda circulando por el planeta, quizá de forma estacional como el virus de la gripe), se pasa a la siguiente fase de su evolución. En ese caso, por lo general, la selección natural elige una virulencia menor. Sin embargo, la mutación seguramente sea lenta y en ella influyen muchos factores.

De entre los virus pandémicos, la mutación en la peligrosidad del VIH se ha podido investigar con datos más extensos durante ya casi veinte años. En la mortalidad del VIH no pueden detectarse diferencias rápidamente porque las muertes producidas por el virus no suceden hasta varios años después del contagio. Sin embargo, en la fase asintomática del VIH, su virulencia se puede evaluar en la carga viral: cuanto mayor sea la cantidad de virus, con mayor rapidez matará. Por otra parte, cuanta mayor cantidad del VIH haya en la sangre, más fácilmente se contagiará el virus por contacto sexual. Por tanto, puede suponerse que el VIH tiene una solución de compromiso muy clásica que pone a la peligrosidad y a la propagación a competir entre sí. La evolución también ha llevado al VIH en dos direcciones: en América del Norte y en Europa, el virus parece volverse más peligroso, mientras que en la parte norte del Sáhara, en África, parece volverse menos peligroso. El entorno cultural seguramente influya en el equilibrio entre la propagación y la peligrosidad del virus: el virus se contagia con distintas probabilidades a lo largo de distintas rutas de infección (por ejemplo, el contagio es más probable a través de jeringuillas infectadas que mediante el sexo vaginal), por lo que la frecuencia de los diferentes modos de transmisión será relevante para que se establezca dicho equilibrio.

La epidemia de los débiles

Las enfermedades infecciosas no son, de ninguna manera, igualitarias. La pandemia de coronavirus desveló una desigualdad clara y visible. Por todo el mundo, algunas personas lograron protegerse del virus de forma eficaz. Para quien podía trabajar de forma remota, el riesgo de contagio era notablemente inferior. Por su parte, las personas que podían trabajar más fácilmente de forma remota eran aquellas con una mejor situación socioeconómica. Los cajeros de las tiendas, los conductores de autobús, los obreros de la construcción y otros trabajadores no podían hacerlo. Los riesgos también se acumulan, ya que, por lo general, las personas más pobres también tienen otros factores de exposición, como obesidad o enfermedades crónicas sin tratar. Del mismo modo, las personas más pobres suelen ser las que reciben menos tratamiento y también las que menos solicitan tratamiento. La carga de enfermedades infecciosas de los más pobres suele ser mayor y el coronavirus siguió el mismo patrón con precisión. Las personas en una peor situación socioeconómica suelen tener viviendas más pequeñas, por lo que los contagios son más probables y, por ejemplo, los familiares de más edad viven en las mismas viviendas.

En muchos lugares, la situación socioeconómica está estrechamente relacionada con la etnia. Debido a que los afroamericanos y los latinos tienen una peor situación socioeconómica en Estados Unidos, suelen hacer más trabajos que requieren asistencia presencial. Una parte notablemente mayor de afroamericanos y latinos se contagió de coronavirus. Una pandemia es una cuestión de igualdad.

Además, una persona se expone a las infecciones si se encuentra en un punto ciego de las campañas de información de las autoridades sanitarias. Esto implica que en Finlandia, en Suecia y en otros países, los inmigrantes tienen más probabilidades de contagiarse de coronavirus. Esto está relacionado, sencillamente, con la escasez de información en su idioma, la falta de confianza en las autoridades y la dinámica de contagios de un pequeño mundo. Si un grupo expuesto tiene mucho contacto entre sí, como suele suceder en las comunidades de inmigrantes, los riesgos de contagio aumentan.

En todo el mundo, los más débiles han sufrido de primera mano la propagación de la enfermedad. En Singapur, el virus se ha propagado en las angostas viviendas de los trabajadores extranjeros, aunque los casos entre los propios singapurenses son relativamente escasos. En China, el virus se transmitió, principalmente, entre los trabajadores de los concurridos mercados. Las residencias de ancianos y las cárceles de todo el mundo han sido los lugares más afectados. En Alemania y en Estados Unidos, los mataderos han sido importantes lugares de contagio. Los mataderos son lugares óptimos para la propagación de los virus: las personas pasan horas unas al lado de otras en espacios fríos en los que el virus se conserva durante mucho tiempo en las superficies y en el aire. Además, el trabajo en el matadero es físicamente duro, por lo que, con el aire de las exhalaciones, se emiten significativamente más virus.

Una situación desfavorable no implica únicamente pobreza, sino también una posición más débil en la sociedad. En Corea del Sur, el comportamiento hacia los homosexuales supuso un problema. A principios de mayo de 2020, se descubrió en Seúl una cadena de contagios que habían surgido de un hombre portador del virus que, durante una misma noche, había estado en varios bares homosexuales en la zona de Itaewon. Miles de personas estuvieron expuestas al contagio en esos bares y hubo decenas de infectados. Sin embargo, a las autoridades les resultó complicado localizar a las personas expuestas porque, en la conservadora Corea del Sur, existe un comportamiento condenatorio hacia la homosexualidad. Si una persona que ha estado en un bar homosexual fuera a hacerse la prueba, se confirmase que ha sido infectada y fuera puesta en aislamiento, en la práctica esto supondría obligar a esa persona a salir del armario para su empleador. A raíz de esto, la solución de las autoridades surcoreanas fue posibilitar la realización de la prueba de forma anónima, de modo que, por lo menos, las personas no dejaran de hacérsela.

En varias ocasiones durante la pandemia, me he alegrado de la amplia envergadura de la legislación finlandesa sobre enfermedades infecciosas. Uno de los factores más importantes para los desfavorecidos con mayor riesgo es que no solicitan con la misma facilidad las pruebas ni el tratamiento por miedo al aislamiento y la cuarentena, que pueden tener consecuencias económicas importantes. Sin embargo, la ley finlandesa sobre enfermedades infecciosas garantiza a todos los aislados (es decir, a todos los infectados) o personas en cuarentena obligatoria (es decir, aquellas expuestas a las que no se les ha confirmado el contagio) una compensación completa por la pérdida de ingresos. Esto hace, especialmente, que el umbral de solicitud de pruebas sea más bajo y reduce el riesgo producido por las pruebas y el aislamiento.

Por supuesto, el problema de los desfavorecidos se ve, además de en cada país de forma interna, también entre diferentes países. Los países prósperos tienen mejores recursos para pasar al trabajo a distancia a gran escala o suspender los viajes. Además, en los países en los que una parte significativa del trabajo es especializado, el trabajo a distancia no supone necesariamente un problema.

En los países más pobres, en los que la mayoría de las personas trabaja en producción primaria, en todo tipo de trabajos físicamente exigentes o en fábricas en las que apenas existe protección contra los contagios, la propagación de la epidemia es bastante más complicada de evitar. En ese caso, sencillamente, no es posible establecer un toque de queda, como se ha hecho en algunos países europeos.

La crisis económica se suele ver reflejada de forma directa en los ingresos de los países más pobres o, por ejemplo, en los proyectos de desarrollo. La peor brecha se puede formar, simplemente, con el cese repentino de los viajes. En muchos países, como Madagascar, el cese del turismo supone un enorme problema. Las zonas de protección de Madagascar prácticamente funcionan gracias al dinero que aportan los turistas: cuando el turismo cesa, el flujo de dinero a las zonas cercanas a los parques nacionales también se estanca. Un turista puede proporcionar el sustento de varios prestadores de servicios locales. Cuando el trabajo desaparece de forma repentina, la caza furtiva, la tala de bosques para crear campos de arroz y la búsqueda de oro pueden empezar a resultar mucho más interesantes.

Las enfermedades infecciosas golpean en todo el mundo a los más desfavorecidos y eso ha sucedido también con el coronavirus.

Es difícil frenar una pandemia

El SARS-2 ha sido la peor pandemia causada por un virus de las vías respiratorias en los últimos cien años. Después de esto, seguramente se lleven a cabo muchos estudios e investigaciones sobre cómo la humanidad logró superar esta prueba y cómo podemos prepararnos mejor para las siguientes pandemias. Por supuesto, la forma más sencilla de sobrevivir sería evitando por completo el surgimiento de pandemias. Lo más fácil sería que los agentes patógenos ya no pasaran de los animales a las personas, o que las epidemias pudieran detenerse justo al principio, antes de que los agentes patógenos se propagasen por todo el mundo. La pregunta fundamental es si somos capaces de prevenir que surjan.

En la prevención de una pandemia hay dos elementos que es importante distinguir. Por una parte, queremos reducir al máximo posible el riesgo de que los agentes patógenos pasen de los animales a las personas. Cuantos menos saltos de enfermedades se produzcan, menor será la probabilidad de que surja una pandemia. Por otra parte, queremos detener las epidemias emergentes lo más rápido posible, antes de que se conviertan en pandemias. En los siguientes capítulos regresaremos al problema anterior, es decir, cómo podemos prevenir el nacimiento de enfermedades infecciosas y su paso de los animales a las personas. Conocemos la respuesta al problema, si bien cambiar nuestras formas de vida de forma acorde resulta más complicado. Por otra parte, impedir la propagación de las pandemias es una cuestión más complicada en la medida en que no sabemos a ciencia cierta qué deberíamos hacer. En cualquier caso, no es por falta de intentos.

Una manera fundamental de intentar evitar el avance de las pandemias es estudiar los virus del mundo y reconocer los lugares con riesgo específico. Sin embargo, el problema de la gestión de riesgos es que no somos capaces de calcular la peligrosidad de los nuevos agentes patógenos. Aunque lográsemos determinar todos los virus que existen en las vidas del mundo, no seríamos capaces de calcular cuáles de ellos podrían provocar una pandemia.

Durante los últimos veinte años, también se han iniciado varios proyectos más amplios cuyo objetivo es analizar nuevos virus y actuar como un sistema de monitorización. Su funcionalidad ha sido, en el mejor de los casos, cuestionable. Durante un periodo de diez años, el programa estadounidense PREDICT empleó un total de doscientos millones de dólares en la búsqueda de nuevos virus y logró encontrar 931 especies. Sin embargo, el hecho de encontrar y describir un virus queda lejos de lograr determinar su funcionamiento. Se han aislado 1.933 virus de la gripe, 1.947 zikavirus y, en los últimos veinte años, se ha multiplicado la cantidad de especies de coronavirus descritos científicamente. Esto no ha impedido que ninguno de esos virus provocase una pandemia.

El problema principal es que no sabemos qué agente patógeno puede provocar una pandemia o una epidemia extensa. El interés se ha centrado, especialmente, en la gripe, porque se sabe que causa pandemias. Probablemente, el seguimiento de la aparición del virus de la gripe haya logrado reducir el riesgo de una nueva pandemia: por ejemplo, las cepas de gripe presentes en las aves se siguen detenidamente y su propagación en las granjas de pollos de engorde suele llevar a acciones mediante las que se intenta limitar la propagación del virus. En la práctica, esto significa una matanza masiva de pollos. También en varios países de Europa se detectó gripe aviar en aves salvajes, lo que llevó a un toque de queda del ganado avícola.

Una fase importante para la prevención del nacimiento de pandemias es compartir la información de forma rápida y eficaz cuando el virus empieza a propagarse entre las personas. El problema es que muchos países tardan en actuar y en notificar una situación peligrosa a través de los canales gubernamentales. Por este motivo, los medios de comunicación o la comunidad investigadora son formas eficaces de propagar la información. Por ejemplo, la primera advertencia al mundo sobre el coronavirus SARS-2 salió de la lista de correo electrónico ProMED, utilizada por investigadores y autoridades de la sanidad pública. Los redactores de contenido chinos de la lista de correo habían visto una breve noticia en la página web de un periódico local y la tradujeron al inglés. La OMS, por ejemplo, recibió información sobre la epidemia de coronavirus a través de este medio y solicitó más información a China.

En el mundo actual se produce continuamente información mediante la cual podemos evaluar la aparición de nuevas posibles enfermedades infecciosas o hacer un seguimiento de las ya existentes y conocidas. Cuando en una zona aumentan las búsquedas de Google relativas a algún síntoma como «fiebre» o «diarrea», podemos determinar que en esa zona se está propagando alguna enfermedad. Las fuentes de información antiguas también nos proporcionan datos importantes: si llega mucha carne de pollo barata a los mercados, sabemos que el granjero de pollos ha tenido que sacrificar a una gran cantidad de animales al mismo tiempo. Esto puede ser una señal de advertencia sobre una posible enfermedad. Los mercados son indicadores clásicos del estado de la comunidad: en Madagascar, se sabe que la hambruna se ha vuelto especialmente horrible cuando en los mercados se empiezan a vender sartenes y cazuelas usadas. Se trata de objetos que se utilizan hasta el final, por lo que son lo último que se vende cuando se necesita dinero para comida. Igualmente, el hecho de que, a partir del 28 de diciembre de 2019 fueran grupos de desinfección cada tarde al mercado húmedo de Wuhan para tratar las superficies y que el mercado se cerrase la mañana del 1 de enero de 2020 nos dice que las autoridades sanitarias sabían (o sospechaban) algo de lo que todavía no habían hablado.

Cuando existe información sobre la realización de un riesgo, es necesaria la determinación política para prevenir la pandemia. En China, por ejemplo, la reacción se vio frenada por una demora a escala local: el virus ya había empezado a propagarse fuera del país cuando comenzaron a tomarse acciones decisivas. Por otra parte, el resto del mundo tardó en comprender lo que estaba sucediendo. Los más avispados fueron de gran ayuda: a principios de enero, las autoridades sanitarias taiwanesas oyeron decir a sus colegas chinos que no podían excluir la hipótesis de que el virus se propagara de unas personas a otras. Los taiwaneses interpretaron estas palabras de inmediato como que el virus se propaga de unas personas a otras. Igualmente, las autoridades sanitarias de

Hong Kong, Vietnam y Singapur eran mucho más conscientes de lo que estaba sucediendo que las autoridades europeas o estadounidenses.

Los sistemas de seguimiento eficaces pueden claramente intensificar el control de la pandemia. Siempre que exista el riesgo de que los agentes patógenos salten de los animales a las personas, también existe el riesgo de una nueva pandemia. El coronavirus desveló que la capacidad de los sistemas sanitarios para hacerse cargo de las personas es un factor importante.

Hacia un desarrollo sostenible de las enfermedades infecciosas

Maria ha venido a Madagascar a hacer prácticas y acaba de regresar de la estación de investigación en el bosque después de dos semanas de viaje para recolectar muestras. Está un poco cansada, pero eso es algo normal tras un largo viaje de campo. Sin embargo, pronto desarrolla una fiebre alta. Cuando analizamos la causa, nos damos cuenta de que tiene una herida terriblemente inflamada en la palma de la mano. Una sanguijuela la ha mordido en algún momento y la herida no se ha limpiado adecuadamente.

En la selva no se pueden evitar las heridas. Uno aprende con bastante rapidez qué tipo de ramas o árboles no conviene utilizar como apoyo a la hora de subir o bajar (es sorprendente la cantidad de árboles que tienen pinchos en el tronco), pero los arañazos son inevitables en el trabajo de campo. En última instancia, las sanguijuelas se hacen cargo de las perforaciones. Las heridas son el camino de los agentes patógenos al interior del ser humano.

Durante el seguimiento de un nematomorfo tuve un momento de fascinación muy fuerte al ver en vivo algo de lo que solo había oído historias o visto vídeos. Maria y su herida inflamada ofrecen el mismo tipo de fascinación. Al igual que con el nematomorfo, se trata de una cuestión de vida o muerte.

Desde el punto de la herida, en el interior de la mano surge una raya oscura que crece medio centímetro cada hora. Por la noche, metemos a Maria en un coche para llevarla al médico a Antananarivo. Allí le dan antibióticos y salimos de esta con un mero susto. Salimos de esta con un susto, pero también recibimos un importante recordatorio de que siempre hay que mantener limpias las heridas.

He hablado con frecuencia sobre parásitos y enfermedades infecciosas con los estudiantes que se van a Madagascar. Siempre es una buena ocasión para asustar a los estudiantes, ya que no cabe duda de que todos los biólogos que han hecho trabajo de campo en el trópico tienen su propio surtido de historias desagradables sobre parásitos y enfermedades. En este libro he sacado a la luz una gran parte de mis historias. Además de la ya mencionada limpieza de heridas, quiero resaltar otros dos factores mediante los cuales los estudiantes pueden cuidar su salud en la selva: ser prudentes con las borracheras y utilizar preservativo. De todos los accidentes que he presenciado, estas medidas habrían podido evitar nueve de cada diez.

Por supuesto, a algunos agentes patógenos también les gusta estar en la superficie exterior del cuerpo humano. Quien desee tener una experiencia desagradable, que no limpie adecuadamente la superficie de su herida, de modo que pueda aparecer en ella una infección purulenta. En el peor de los casos, eso puede tener como consecuencia una fascitis necrosante, es decir, una bacteria carnívora.

Una parte gratificante (y farragosa) del trabajo en la montaña selvática es que hay muchas cuestas empinadas y barrancos. Las cuestas empinadas y los barrancos ya son peligrosos de por sí y, en particular, no son buenos compañeros del alcohol. Cada año, algún estudiante americano borracho ha caído por una colina y se ha roto algún hueso.

El último punto de la lista, los preservativos, no es necesario explicarlo. La aparición de VIH en Madagascar es relativamente baja, pero no existe el sexo desprotegido sin riesgo. La sífilis, la gonorrea y la clamidia son comunes en la zona. Digamos también que encontrar la píldora del día después en las zonas rurales de Madagascar no es precisamente fácil.

La aparición de enfermedades infecciosas es una obviedad evolutiva. Las enfermedades existen y han existido siempre porque el parasitismo es una solución evolutiva muy práctica. Si tenemos en cuenta la vida común entre animales, plantas y parásitos, la realidad de Una Sola Salud nos abre una nueva perspectiva, emocionante y temible al mismo tiempo: el ser humano es partícipe del nacimiento de las enfermedades. Con nuestras acciones, somos capaces de influir en la probabilidad de que nuevas enfermedades lleguen a los humanos y, sobre todo, en la rapidez con la que somos capaces de detener su propagación.

El sarampión llegó a los humanos porque nuestras ciudades crecieron en tamaño y, al mismo tiempo, empezamos a criar vacas. Ahora la enfermedad está desapareciendo porque desarrollamos una vacuna contra ella. En la misma medida en que las epidemias de cólera fueron una consecuencia de que muchas personas vivieran en el mismo lugar sin saneamiento adecuado y sin acceso al agua potable, detrás del ébola hay una destrucción de los hábitats naturales. Las enfermedades no se propagan en el vacío, sino en una determinada sociedad humana que está rodeada por una determinada naturaleza.

Conviene reflexionar sobre las enfermedades infecciosas y los parásitos especialmente desde el punto de vista del desarrollo sostenible. Un mundo en el que, cada vez más, nuevos agentes patógenos pasan a los humanos, en el que nuestros propios agentes patógenos destrozan poblaciones de animales salvajes y en el que los antibióticos han dejado de funcionar no es sostenible desde el punto de vista del desarrollo. El control de los parásitos requiere una acción política más amplia y grandes cambios en la economía mundial, pero también cada persona, de forma individual, puede hacer su parte por el desarrollo sostenible de las enfermedades infecciosas.

Espero que este libro, por su parte, deje claro que el desarrollo sostenible en relación con las enfermedades no solo es posible, sino también inevitable. Al igual que muchos otros problemas de desarrollo sostenible, los parásitos y las enfermedades infecciosas siempre golpean más fuerte a los más pobres. Sin embargo, la riqueza tampoco protege de las enfermedades: cuando se propague la siguiente pandemia, los ricos no estarán protegidos de ella; simplemente, tendrán mayores probabilidades de sobrevivir.

Entonces, ¿cómo podemos conseguir un futuro sostenible?

En relación con la resistencia antibiótica, es importante minimizar sus posibilidades de desarrollo. Esto no significa otra cosa que la reducción en el uso de antibióticos. Los antibióticos no deberían recetarse innecesariamente a las personas... ni a los animales. Los finlandeses podemos estar orgullosos en este sentido, pues eso es algo que se nos da muy bien. En la Unión Europea no se pueden suministrar antibióticos a los animales domésticos con otro objetivo que no sea el tratamiento de enfermedades. A pesar de eso, hay grandes diferencias en su uso: mientras que en Noruega, Suecia y Finlandia se utilizan poco los antibióticos, en Francia, por ejemplo, la cantidad de antibióticos empleados es mucho mayor. En Finlandia, el SARM es relativamente escaso, pero, por ejemplo, en Dinamarca está presente en dos de cada tres granjas de cerdos.

Si existe una gran amenaza de que se desarrolle resistencia a los antibióticos, estos deberán utilizarse como medicamentos combinados. Además, debería conservarse una parte de los antibióticos como recurso de emergencia de última instancia. Se debería limitar la prescripción de antibióticos «por si acaso» a situaciones en las que el riesgo para la salud sea realmente grande.

Las vacunas evitan la propagación de muchas enfermedades

e, incluso, facilitan su erradicación total. Siempre que el uso de una vacuna sea razonable, conviene usarla. Son una forma eficaz en relación con su coste de prevenir la propagación de enfermedades y, en muchas ocasiones, la única forma de erradicar las enfermedades por completo. En Finlandia existe un sistema en funcionamiento mediante el cual el Instituto Finlandés de Salud y Bienestar evalúa los beneficios y los daños del uso de cada vacuna. Cuando una vacuna es suficientemente rentable económicamente, es decir, el precio de prevención de la enfermedad es menor al costo que supondría tratar a todas las personas, la vacuna se incluye en el programa nacional de vacunación por resolución del Ministerio de Salud y Asuntos Sociales. Sin embargo, muchas personas no pueden recibir la vacuna porque son alérgicas a algún componente o porque su sistema inmunitario es tan débil que podría resultar peligrosa para ellos. En ese caso, es responsabilidad de los demás hacerse cargo de que su vacuna proteja también a las personas en posición más débil mediante la inmunidad de rebaño.

Muchas enfermedades se propagan mediante el sexo: esta propagación también se puede evitar con medidas sencillas, como el uso del preservativo. Sin embargo, el preservativo tampoco es un medio de prevención tan maravilloso como se piensa. El VPH y el virus del herpes, entre otros, se propagan con facilidad a pesar del preservativo. Además, las personas tienen la costumbre de mantener relaciones sexuales en un momento de calentón, borrachas o bajo los efectos de otras sustancias, por lo que es probable que se olviden del preservativo por un motivo u otro. Por eso, también es importante hacerse pruebas con regularidad para detectar posibles enfermedades de transmisión sexual. El mayor problema en la transmisión de enfermedades son las personas que portan agentes patógenos sin saberlo, puesto que son las peores propagadoras. Un comportamiento sexual responsable incluye también el conocimiento de la situación personal respecto a estas enfermedades.

En la producción de alimentos, también deberíamos tener en cuenta la diversidad, tanto entre especies como dentro de ellas. Esto significa que deberían utilizarse varias especies diferentes en los cultivos, de modo que una de ellas no se vuelva demasiado importante y, así, poder evitar el riesgo de destruir gran parte de la producción alimentaria cuando se propague una enfermedad. *Too big to fail*, «demasiado grande para quebrar», es una tendencia indeseable en la producción de alimentos, ya que el predominio, precisamente, aumenta las posibilidades de que una enfermedad afecte a la especie. Por otra parte, hay que mantener una diversidad suficiente dentro de la especie para que también haya variación en las acciones contra los agentes patógenos. Aquí, los consumidores también pueden influir optando, según sus posibilidades, por una producción alimentaria diversificada, que incluya las variedades autóctonas. En el mejor de los casos, los horticultores caseros, en su propio jardín o parcela de cultivo, pueden participar en el mantenimiento de especies y variedades de cultivo escasas.

No obstante, el factor más importante es el nivel de vida. Como ya he recalcado varias veces, las enfermedades infecciosas son, en muchos sentidos, enfermedades del nivel de vida; ya se trate de la densidad de población, la ventilación, el acceso a tratamiento o la higiene, el nivel de vida ofrece protección. Por tanto, el crecimiento económico (si todas las demás circunstancias se mantienen iguales) lleva a una reducción de la cantidad de enfermedades. Sin embargo, también es importante que el nivel de vida se reparta de forma uniforme. Siempre que existan personas en el planeta que no puedan permitirse agua corriente, tratamiento de residuos, alimento suficiente y asistencia sanitaria, los parásitos tendrán lugares magníficos para vivir. Desde allí, las enfermedades también pueden propagarse a las zonas más prósperas. Como también he mencionado, muchas enfermedades no se presentan en Finlandia de forma endémica, sino que llegan, principalmente, desde el extranjero. El sarampión y la tuberculosis son este tipo de enfermedades. En relación con la igualdad global, a una persona individual le resulta más difícil actuar, pero no será por falta de posibilidades: puede elegir el comercio justo, donar a la cooperación para el desarrollo y votar a partidos políticos que promuevan la igualdad.

CAPÍTULO 9

¿Hay personas sin enfermedades infecciosas?

En varias ocasiones he comprobado que hay más enfermedades que nunca y que estas siguen llegando con más rapidez. A pesar de eso, la realidad en Finlandia es que contraemos notablemente menos enfermedades infecciosas que nunca en la historia de la humanidad. Esto es algo bueno, ya que ha causado un aumento de la esperanza de vida del ser humano y, especialmente, un desplome de la mortalidad infantil.

Un cambio tan grande como este no es insignificante para nuestras especies acompañantes. Como individuos humanos, estamos ante una situación completamente nueva. Si anteriormente era probable que los humanos tuvieran siempre varios parásitos intestinales como acompañantes, ¿qué significaría entonces la ausencia de parásitos intestinales? La evolución humana siempre ha incluido a nuestras especies acompañantes. Nos hemos adaptado a que viva un gusano en nuestro intestino.

Demasiada limpieza

Las alergias y las hipersensibilidades se han multiplicado en los países occidentales desde principios del siglo XX. A medida que ha ido aumentando el nivel de vida, también se han generalizado más las alergias: primero en los países occidentales, después en los de Asia y América del Sur en proceso de industrialización y, en los últimos tiempos, en los países más ricos de África. Durante las últimas décadas, muchas otras enfermedades autoinmunes, como la enfermedad de Crohn, la diabetes tipo 1 y la leucemia linfocítica aguda, también se han generalizado en los países occidentales.

Las enfermedades autoinmunes son un funcionamiento anormal del sistema inmunitario en el que las células inmunes empiezan a atacar los tejidos del propio cuerpo. Esto significa, sencillamente, que cuando el polen del abedul llega a las vías respiratorias y a los ojos de una persona alérgica al abedul, su cuerpo cree que está siendo atacado por parásitos. Por consiguiente, el cuerpo pone en marcha la reacción general de defensa, que implica tanto una infección como otras reacciones de los glóbulos blancos. Esto produce un aumento del flujo sanguíneo superficial, secreción de mucosidad y, en el peor de los casos, cambios en todo el cuerpo, como fiebre, reacción de estrés o dificultad para respirar. De forma correspondiente, en las enfermedades autoinmunes reales, los glóbulos blancos del organismo humano atacan a las propias células de la persona: por ejemplo, en el síndrome del intestino irritable, los glóbulos blancos destruyen sus propias células en la superficie del intestino porque consideran que son parásitos invasores.

En el año 1989, el médico británico David Strachan presentó la llamada *hipótesis de la higiene*, según la cual nuestras alergias se deben a que tenemos menos parásitos. Strachan observó que en las familias más grandes se dan menos alergias y planteó que en las familias más grandes hay más enfermedades infecciosas que protegen de las alergias. La idea es sencilla: el hecho de habernos convertido en un mundo más higiénico significa que nuestro sistema inmunitario tiene menos trabajo. Como el sistema inmunitario necesita hacer algo, ataca a nuestro propio cuerpo. Cuando el sistema inmunitario no tiene un gusano acumulándose en el intestino, empieza a considerar el polen de abedul o las células del propio organismo como enemigos. Sin embargo, esta hipótesis tiene un problema: la mera exposición a las enfermedades comunes de la infancia tampoco previene claramente el desarrollo de alergias, ya que, en la práctica, los niños se siguen exponiendo en la actualidad a las mismas enfermedades que antes. En Finlandia, los niños también reciben su buena serie de vacunas para estimular el sistema inmunitario, pero es obvio que eso tampoco es suficiente para prevenir la frustración del sistema inmunitario.

Una versión de la hipótesis de la higiene refinada de un modo más evolutivo es la llamada *hipótesis de los viejos amigos*. Según esta teoría, los seres humanos se han adaptado durante su evolución a soportar determinados parásitos. Los parásitos que llevan mucho tiempo en nuestra compañía tienen un efecto especialmente importante en la actividad de nuestro cuerpo. Debido a que muchas enfermedades generales durante la infancia son acompañantes relativamente nuevos para nosotros y no se generalizaron hasta después del inicio de la agricultura, en realidad no nos hemos adaptado a ellas. Por este motivo, las enfermedades de la infancia no afectan a la generalización de las enfermedades autoinmunes. Nuestro sistema inmunitario necesita desafíos de nuestros viejos acompañantes, como los gusanos intestinales. Debido a que, en los países occidentales, los gusanos intestinales ya no están tan generalizados como antes, el sistema inmunitario tampoco sabe actuar. Como resultado, sufrimos alergias.

La última hipótesis de esta serie es la *hipótesis de la biodiversidad*, según la cual el factor principal en el desarrollo de un sistema inmunitario sano es la diversidad de las especies bacterianas de las membranas mucosas. Las especies bacterianas de una persona occidental, especialmente si vive en la ciudad sin mascotas, son notablemente menos diversas que las de una persona que vive en el campo o en un país en vías de desarrollo. Entre otras, las investigaciones del fallecido académico Ilkka Hanski han supuesto un apoyo significativo a la hipótesis de la biodiversidad. Su grupo de investigación explicó que, a uno y otro lado de la frontera entre Finlandia y Rusia, existen grandes diferencias tanto en el número de alergias como en la diversidad de especies bacterianas. Los investigadores han propuesto que un contacto lo más diverso posible con distintos entornos naturales y, por ejemplo, con mascotas en la primera infancia, protegería del desarrollo de alergias y enfermedades autoinmunes en fases posteriores del desarrollo. La investigación todavía no ha logrado explicar qué bacteria o bacterias son significativas o si la influencia depende más de la cantidad de especies o de la interacción entre determinadas especies.

Todavía no sabemos qué promueve la generalización de las enfermedades autoinmunes, pero tiene que haber algún factor de fondo. El tiempo dirá si se trata de los agentes patógenos, de los parásitos más grandes o de una menor variedad de especies bacterianas o, como suele suceder en estos casos, de un efecto conjunto entre algunos de esos factores. Sin embargo, lo que parece seguro es que se trata de algún tipo de «estado de carencia» biológico. Probablemente, con el tiempo lograremos averiguar cómo tratar un estado de carencia de este tipo, pero ahora ya sabemos algo. El contacto con la naturaleza parece reducir el riesgo de tener alergias. Crecer en la misma casa con una mascota peluda, especialmente un perro, parece diversificar la cepa bifidobacteriana del cuerpo y, de este modo, evitar el desarrollo de alergias. Las personas que viven en granjas tienen menos alergias. Según los primeros resultados, las guarderías en la naturaleza, en las que los ninos pasan la mayor parte del tiempo en el exterior, protegen de las alergias.

Con frecuencia se escribe sobre la evolución y la capacidad de adaptación del ser humano con un tono nostálgico que idealiza nuestra prehistoria. Somos criaturas creadas en las sabanas para las que el mundo actual, con sus sillas de oficina y sus ángulos rectos, supone un entorno antinatural y peligroso. Los problemas del intestino, los dolores de espalda y la miopía son las plagas de la vida moderna. Las mejores historias suelen ser verdades a medias. Sin embargo, conviene recordar que sabemos muy poco de lo que sucedió antes del inicio de la agricultura. Existen muy pocas pruebas sobre la forma de vida de los humanos, por no hablar de su salud.

La historia de la evolución humana es, sobre todo, un elogio a la adaptabilidad. Nos hemos adaptado a la vida en entornos muy diferentes y en distintas comunidades. Ahora vivimos una vida muy distinta de la de nuestros antepasados de hace veinte mil años. Hay muchas varas de medir para la calidad de vida, pero si comparamos los indicadores de salud, ahora vivimos nuestra mejor época. Por eso, es bueno poner en perspectiva los problemas de salud que surgen en un entorno higiénico: es mejor una enfermedad causada por la ausencia de parásitos que ser constantemente portadores del propio parásito.

La evolución humana también es más rápida de lo que muchos piensan. Tras el inicio de la agricultura, nos hemos adaptado a una nueva dieta, que incluye la leche y los cereales. Por otra parte, nuestros predecesores tampoco estaban perfectamente adaptados al entorno, ya que el mundo está en constante cambio. Cuanto mejor conocemos la prehistoria humana, mejor sabemos cómo nos hemos convertido en la especie que somos ahora. Los descubrimientos más importantes de los últimos años son que estamos cruzados con los neandertales y que parte de nuestro genoma procede de esos cruces. Sin embargo, el recuerdo que nos dejaron los neandertales no es casualidad.

Los neandertales nos mandan recuerdos

En este libro se ha hablado mucho de los humanos, como si todos los humanos fueran una pandilla uniforme y semejante. Sin embargo, no lo somos, aunque la humanidad sea bastante uniforme genéticamente. En el pasado, hemos atravesado un cuello de botella genético relativamente estrecho. Cuando el grupo de personas que se reproducen es pequeño, se reduce la diversidad genética de la población. Sin embargo, una variación a este genoma uniforme la aporta, por ejemplo, la parte del material genético que hemos heredado del hombre de Neandertal.

Cuando el humano moderno dejó África y llegó a la zona de Eurasia, se encontró con la especie más estrechamente emparentada, el hombre de Neandertal. No se sabe nada sobre las relaciones entre el hombre moderno y el hombre de Neandertal; no sabemos cómo las dos especies se comportaban la una con la otra ni si había mucho trato social entre ellas. Sin embargo, hay dos hechos que nos aportan mucha información: cuando el humano moderno avanzó por Europa, el hombre de Neandertal desapareció por completo, es decir, se extinguió y, en la actualidad, aproximadamente un 1 % del genoma humano de los no africanos procede del hombre de Neandertal.

Por tanto, el genoma humano contiene una cantidad significativa de genoma neandertal, si bien, principalmente, en las zonas externas a África. Los neandertales vivían fuera de África y el cruce sucedió entre los humanos que se movían desde África por el resto del mundo. Debido a este cruce, todavía tenemos huellas de los genes de los neandertales. Sin embargo, los humanos que se quedaron en África nunca se encontraron con neandertales y los genes de estos no llegaron a sus líneas de parentesco. Por el contrario, todos los demás humanos tienen en su genoma la prueba de esta íntima relación social.

Solo una de las especies ha sobrevivido a nuestro encuentro con los neandertales: nosotros. La extinción del hombre de Neandertal indica que el humano moderno es, claramente, un mejor competidor. El porqué, no lo sabemos. Ha podido tratarse de una lucha violenta o de una ventaja competitiva más discreta, por ejemplo, una mejor capacidad para reproducirnos y recoger alimento. Como razones se han considerado, entre otras, que el humano moderno ha domesticado al perro para que le ayudara a cazar o que un cerebro más grande hizo posible tener mejores habilidades sociales y, gracias a ellas, un rebaño de mayor tamaño. Puede ser que la investigación nunca consiga explicar por qué justo nosotros sobrevivimos y los otros humanos se extinguieron. Seguramente, la verdadera razón sea algún tipo de combinación entre todas esas teorías.

En cualquier caso, nosotros conservamos huellas de otra especie humana en nuestro genoma. Es especialmente significativo que los genes neandertales que nos han quedado no sean una selección aleatoria, sino un conjunto probado por la selección natural. Después de este apareamiento, mil generaciones han estado a merced de la selección natural, y solo las mejores y más adaptadas combinaciones de genes han permanecido. Los descendientes de la reproducción entre los humanos y los neandertales tienen, a grandes rasgos, la mitad del genoma de cada especie. Sin embargo, en las siguientes generaciones sería de esperar que el genoma neandertal se repartiese entre los humanos de forma aleatoria. El patrón de apareamiento contrario, es decir, que una parte de los genes neandertales haya desaparecido por completo y la otra haya permanecido, nos dice que la selección natural ha favorecido determinados genes recién llegados y ha eliminado otros.

También es interesante que una gran parte del genotipo neandertal lo tengamos en nuestros genes inmunes. Esto significa que la selección natural ha favorecido la parte que regula el sistema inmunitario que hemos recibido de los neandertales, lo que puede tener una explicación sencilla, relacionada con los parásitos. En comparación con los humanos modernos más meridionales, los neandertales eran muy dependientes de la carne como alimento. Mientras que en África había suficiente alimento vegetal durante todo el año, en las condiciones más duras de Europa, por ejemplo, en invierno era necesario alimentarse casi exclusivamente de carne de caza para vivir. Por su parte, la carne expone más a los parásitos y, posiblemente, ese sea el motivo por el que los neandertales también tenían un sistema inmunitario más eficaz que nuestros propios antepasados. Cómo resultado del cruce, el ser humano cogió de su pariente cercano los eficaces genes inmunes, por lo que logró adaptarse más fácilmente a las frías condiciones del norte y al cambio en la dieta. Al trasladarse al lugar de vida de los neandertales y utilizar el mismo alimento, los humanos modernos también recibieron la gama de especies parasitarias de estos. Los neandertales se extinguieron, pero, con sus genes, ayudaron al humano moderno a adaptarse a un nuevo entorno de una forma muy íntima.

La historia se volvió especialmente interesante cuando los investigadores estadounidenses compararon la generalización de las formas de los genes neandertales y las alergias en la población. Las personas que contaban con un legado neandertal especialmente grande en los genes inmunes tenían más probabilidades de sufrir alergias. La hipótesis de los viejos amigos se encuentra con los neandertales: cuando hablamos de parásitos a los que nos hemos adaptado, también nos referimos a los parásitos de los neandertales. Además de sus parásitos, hemos heredado de ellos su gen inmunitario. Aunque esos genes también son beneficiosos para el humano moderno que se extiende por el mundo, se han vuelto perjudiciales ahora que en nuestro entorno no hay tantos parásitos.

En conjunto, nace una magnífica historia evolutiva. Al principio, cogíamos de nuestros parientes cercanos los genes que nos ayudaban a adaptarnos a nuestras especies acompañantes, pero la desaparición de las especies acompañantes lleva a nuevos problemas.

El microbioma está de moda

Si has seguido las noticias sobre ciencia en los últimos tiempos, no habrás podido evitar fijarte en la nueva tendencia en investigación, el microbioma. Una vez que hemos comprendido lo entrelazadas que están nuestras vidas con las de nuestras especies acompañantes, también hemos empezado a valorar la importancia que tienen en nuestra salud. Lo que sucede en nuestro intestino está dictado tanto por nuestras bacterias intestinales como por nosotros mismos. El cuerpo humano está cubierto de bacterias: nuestra piel, nuestras mucosas y nuestro intestino están llenos de especies bacterianas con una cantidad de células mayor a la nuestra. En particular, la diversidad de los genes de nuestras especies acompañantes es totalmente diferente a la nuestra.

Hace tiempo que sabemos que las bacterias afectan a nuestro metabolismo: influyen en cómo nuestro intestino descompone las sustancias y cómo estas se recuperan en el organismo. Recientemente hemos empezado a valorar también el efecto de las bacterias en nuestro desarrollo individual y en el nacimiento de enfermedades. Ya la hipótesis de la higiene proponía que nuestros acompañantes y nuestra salud van de la mano. Inspirados por esta hipótesis, los investigadores han empezado a buscar la conexión entre las enfermedades y nuestras especies bacterianas.

El estudio de las especies bacterianas del intestino es sencillo. Los investigadores solo tienen que aclarar la secuencia de bases del gen 16S rRNA y, en función de esto, las bacterias de los excrementos pueden dividirse en diferentes especies (o, más correctamente, en unidades taxonómicas operativas, pues la secuencia de bases por sí misma no puede calificarse de especie). Mediante los nuevos procedimientos de secuenciación, a partir de una muestra es posible leer miles de secuencias de bases, por lo que resulta sencillo aclarar la composición bacteriana de toda la muestra. Solo es necesario recoger un excremento (se hace en un abrir y cerrar de ojos), aislar el ADN (un par de horas), preparar las muestras para la secuenciación (varias horas), realizar la secuenciación en sí (veinticuatro horas) y, finalmente, analizar los resultados (un par de horas). Una vez hecho todo esto, sabemos exactamente de qué tipo de especies se trata.

Como una investigación de este tipo es relativamente fácil de llevar a cabo y la técnica es bastante nueva, los investigadores, entusiasmados, han empezado a realizar pruebas clínicas en personas partiendo de las mismas ideas de base: comparación de grupos de especies en humanos sanos y en humanos que han contraído una enfermedad. También suelen encontrarse diferencias. Por otra parte, esta tradición investigadora todavía es reciente y los investigadores aún no tienen una buena percepción sobre cómo la toma de muestras, el procedimiento de investigación o los modos de secuenciación afectan a los resultados. Lo cierto es que sabemos que hay muchos factores diferentes que influyen en los resultados finales y que la comparación entre diferentes investigaciones es complicada. Esta área de investigación todavía tardará años en madurar hasta convertirse en una disciplina científica de confianza.

Si se quiere llevar la investigación un paso más allá, en las pruebas de laboratorio se utilizan ratas o ratones adecuados para la investigación de la enfermedad que interesa. Lo bueno de las pruebas de laboratorio es que en ellas se pueden hacer configuraciones experimentales: realizar algún tipo de tratamiento a una parte de los ratones y comparar los resultados con aquellos ratones que no han sido sometidos a ningún tratamiento, es decir, las muestras de control. Además, en los laboratorios se pueden criar ratas en condiciones estériles. Esto significa que podemos criarlas con un conjunto de especies bacterianas muy pobre. Es imposible criar una rata completamente libre de bacterias, pero podemos acercarnos bastante.

Por lo tanto, sabemos varias cosas: el conjunto de especies de las ratas gordas es diferentes al de las ratas delgadas. Si a las ratas delgadas se les proporcionan bacterias intestinales de ratas gordas, engordarán. El experimento también funciona a la inversa: las bacterias de las ratas delgadas hacen que las ratas gordas adelgacen. Además, el conjunto de especies bacterianas de las ratas gordas y el de las ratas delgadas se distinguen muy bien el uno del otro, del mismo modo que los de los humanos gordos y delgados.

En algunos casos, la pobreza de las especies bacterianas provoca problemas de salud, pero en otros casos los reduce. Si, por ejemplo, se eliminan del intestino de las ratas la mayor parte de las bacterias, esto llevará a la reducción de la capacidad de formación de grasa y las debilitará. Sabemos que algunas especies bacterianas son más saludables; por ejemplo, las bacterias del ácido láctico y las bifidobacterias parecen ir de la mano de la ausencia de agentes patógenos. No obstante, centrarnos en especies bacterianas individuales no parece muy razonable. Los efectos de las bacterias en la salud dependen de una interacción compleja con otras especies de bacterias y con el propio cuerpo. El conjunto es mucho más que la suma de las partes.

Como suele suceder en la investigación básica, todavía estamos lejos de las aplicaciones prácticas. No sabemos si los cambios en las especies bacterianas son la causa de las enfermedades o una consecuencia de estas. No sabemos qué provocan en nuestro cuerpo las distintas especies bacterianas. No sabemos tratar la obesidad ni la enfermedad de Alzheimer modificando las especies bacterianas. Seguramente, nunca llegaremos a saberlo, ya que nuestras especies bacterianas cambian constantemente, en distintas partes de nuestro cuerpo y, sobre todo, de forma muy compleja. Y es que no es sencillo hurgar en un sistema tan complejo.

Sin embargo, algunas veces la modificación de nuestras especies acompañantes ha demostrado ser beneficiosa. En realidad, llevamos mucho tiempo realizando trasplantes de heces tanto en animales como en humanos. Los trasplantes han sido beneficiosos y pueden efectuarse mediante trucos caseros.

Modificación del conjunto de especies acompañantes

Ya sabemos bastante acerca de cómo se ha homogeneizado nuestra especie acompañante y tenemos varias ideas dignas de consideración sobre las consecuencias que eso ha tenido. En cualquier caso, ¿tiene alguna importancia para el cuidado de la salud humana real? ¿Tendrías que preocuparte por este tema?

Los humanos han modificado sus especies acompañantes desde hace mucho tiempo: eso no es nada nuevo. *Probiótico* fue el término de moda a finales del siglo XX. Denominamos *probióticos* a nuestras especies acompañantes, en la mayoría de los casos, bacterias del ácido láctico, cuya ingestión se considera que promueve la digestión. Aunque el término y el bombo publicitario eran nuevos, la idea en sí no lo era. La fermentación del ácido láctico se ha usado durante miles de años como modo de conservación de la comida, gracias al cual el ser humano obtiene bacterias que equilibran y aumentan la eficiencia de la actividad del intestino. Imitando esa misma idea, en los últimos años se han desarrollado nuevos productos alimenticios que contienen determinadas cepas bacterianas controladas. De este modo, podemos asegurar que el producto causa exactamente los efectos en la salud que creemos que tiene.

También existen medidas más drásticas que los probióticos. Los cuidadores de animales domésticos han sabido desde hace tiempo que las especies bacterianas saltan desde un individuo o incluso desde una especie a otra. Por ejemplo, en Suecia existe evidencia centenaria de cómo los ganaderos han alimentado a animales no rumiantes con bolos alimenticios (es decir, material vegetal rumiado que ya ha pasado por el rumen-retículo) de animales rumiantes para mejorar su digestión. A partir de la década de los cincuenta, se ha investigado bastante esta transfaunación, es decir, la transferencia de especies microbianas de un animal a otro. En el cuidado de caballos era normal coger excrementos de caballos sanos, mezclarlos con agua y darles esta solución a beber a los caballos que sufrían problemas digestivos.

En los últimos tiempos, esta técnica ha empezado a denominarse *trasplante de heces* y a practicarse también con las personas. En realidad, para algunas dolencias, como la diarrea antibiótica prolongada, el trasplante de heces es el tratamiento más eficaz. El trasplante de heces es sencillo: se obtienen excrementos sanos y se colocan en el intestino del paciente, por ejemplo, mediante una colonoscopia, un tubo nasogástrico o un enema. En internet pueden encontrarse muchas indicaciones en las que se aconseja cómo hacer uno mismo un trasplante de heces; para ello, no se necesita un equipo más complejo que una batidora.*

En Finlandia, los trasplantes de heces todavía son escasos, prácticamente casos aislados, pero en Estados Unidos, por ejemplo, el procedimiento ya se está estabilizando. El trasplante de heces tiene su riesgo y, por ese motivo, las autoridades farmacéuticas son precavidas a la hora de regular su uso. Por lo general, se comprueba que en las heces trasplantadas no haya agentes patógenos, pues de lo contrario existiría el riesgo de que el receptor salte del fuego para caer en las brasas.

La diarrea por antibióticos es una diarrea larga y grave, provocada por *Clostridium difficile*, que debe su nombre a que con frecuencia sigue a tratamientos prolongados de antibióticos. Cuando la ingesta de antibióticos mata las especies nativas del intestino, *C. difficile* empieza a reproducirse. *C. difficile* pertenece a las especies normales del intestino, pero, por lo general, las demás bacterias la mantienen bajo control y constituye menos de un 1 % de las bacterias intestinales. Cuando las demás bacterias ya no están, *C. difficile* puede ocupar el intestino, lo que hace que a las demás especies les resulte complicado volver a sus antiguas posiciones. La abundancia de *C. difficile*, por su parte, causa una diarrea que, en el caso de la diarrea por antibióticos, puede durar semanas o meses. Esta diarrea se trata con antibióticos, que pueden cortarla o llevar a una caída en picado final. Actualmente, se ha detectado que el trasplante de heces de una persona sana es un tratamiento especialmente bueno para una persona que sufre diarrea por antibióticos, ya que devuelve las especies sanas al intestino.

* No obstante, no recomiendo a nadie que pruebe a hacer esto en casa sin instrucciones médicas competentes.

En Estados Unidos ya hay empresas que ofrecen servicios de congelación de heces. Lo cierto es que se trata de una idea ingeniosamente sencilla: cuando el intestino humano va viento en popa, se recoge un excremento, que se congela y se seca. Cuando al intestino le dé por hacer tonterías, el paciente puede echar mano de una pastilla que actúa como un trasplante de heces y, de hecho, como un viaje al pasado, hacia tiempos mejores de las bacterias intestinales. Una forma un poco más sofisticada es hacer píldoras con las heces que no contienen el excremento real, sino una selección de bacterias generales y supuestamente beneficiosas del excremento. La verdad es que este procedimiento todavía no ha pasado experimentos clínicos, por lo que no se convertirá a corto plazo en una solución a los problemas intestinales.

Seguramente, la forma de progreso más probable sea comparar la masa fecal con los trasplantes de órganos. En varios países ya se han creado bancos de heces en los que las muestras cuentan con garantía de calidad. El trasplante de heces no requiere grandes cantidades de excrementos, por lo que una donación de caca es suficiente para varias tandas de tratamiento. Cuando se ha verificado la seguridad del excremento, es decir, que no contenga parásitos, agentes patógenos ni cepas bacterianas con resistencia antibiótica, puede conservarse y congelarse. Cuando se planifica un trasplante en el hospital, se solicitan excrementos congelados al banco de heces y estos excrementos se trasplantan al paciente.

También se pueden suplementar especies acompañantes más grandes mediante procedimientos médicos. En Estados Unidos se ofrecen píldoras de parásitos a aquellos que quieran probar esta forma de tratamiento. El procedimiento se remonta a una observación realizada tiempo atrás: durante mucho tiempo, la incidencia de la enfermedad de Crohn fue mucho más alta entre la población judía ortodoxa de Nueva York que entre el resto de la población. Sin embargo, a partir de la década de 1930, la frecuencia de la enfermedad de Crohn entre el resto de la población empezó lentamente a alcanzar los niveles de la población judía. Los investigadores consideran que el motivo podrían ser los preceptos *kosher*: como los judíos, por ejemplo, no comen cerdo, no han contraído los parásitos comunes en los cerdos, a diferencia del resto de la población. Cuando los niveles de higiene empezaron a aumentar lentamente y cada vez menos parásitos de los cerdos infectaban a los humanos, estos tampoco contraían parásitos. La enfermedad de Crohn es una enfermedad autoinmune, por lo que la idea de que la ausencia de parásitos podría provocarla cae dentro de la hipótesis de los viejos amigos. Entonces, ¿la actividad normal de nuestro intestino requiere ayuda de los parásitos?

Una investigación realizada con macacos en la Universidad de California ilustra esta situación. Los macacos son simios asiáticos de tamaño medio. Algunos padecían una dolencia que se asemeja a la enfermedad inflamatoria intestinal en los seres humanos. Durante la enfermedad, las propias células inmunes del cuerpo del macaco atacan a las células de la pared intestinal y producen una reacción inflamatoria permanente en el intestino. Los investigadores alimentaron a los macacos con tricocéfalos y observaron su efecto en el intestino, en las especies bacterianas de este y en la inflamación intestinal. Algunos macacos mejoraron al obtener los tricocéfalos. Los investigadores pudieron seguir toda la cadena de acontecimientos: el tricocéfalo modificó las especies bacterianas del intestino, lo que, a su vez, produjo metabolitos que consiguieron tranquilizar al sistema inmunitario y, de este modo, reparar la pared intestinal. Los resultados también fueron problemáticos: cuando los tricocéfalos morían y los macacos dejaban de estar infectados, la enfermedad regresaba.

También se han efectuado tratamientos experimentales con parásitos grandes en humanos. Para la enfermedad de Crohn y otras inflamaciones del intestino se ha utilizado, por ejemplo, el tricocéfalo de los cerdos *(Trichuris suis)*. Este parásito del cerdo crece en el ser humano, pero no se reproduce, es decir, no se queda de forma permanente como parásito. Por lo tanto, si alguna vez acaba utilizándose como tratamiento médico, habría que coger más parásitos en intervalos de dos meses. Hasta ahora, los resultados de los experimentos han sido contradictorios: en algunas investigaciones, los gusanos alivian los síntomas, mientras que en otras no. Por tanto, durante algún tiempo, los gusanos todavía no suponen un alivio para quienes sufren problemas intestinales.

El intestino se agrupa a sí mismo

La adquisición de un conjunto de especies bacterianas diverso y evolutivamente natural podría mejorar nuestra salud. Para ello, solo deberíamos saber de dónde obtiene el ser humano su conjunto de especies bacterianas. Según una investigación, el conjunto de especies bacterianas del ser humano se forma, aproximadamente, a los dos años de edad y permanece de forma relativamente estable durante toda la vida. Los eventos que suponen un trastorno para el intestino, como cambios radicales en la dieta o la diarrea, pueden modificar la composición de la comunidad intestinal de forma permanente y llevarla a un nuevo nivel. Sin embargo, es extraño que nuestro genoma no parezca tener una especial importancia en la formación del microbioma. Cuando en la investigación se compararon gemelos idénticos y mellizos, tenían especies de microbioma bastante similares entre ellos. Parece ser que obtenemos los microbios del entorno y que nuestros genes no tienen voz ni voto en el asunto. Sería necesario profundizar más en la investigación, pero apuesto a que nuestro genoma contribuye en gran medida a la lucha contra agentes patógenos y parásitos, pero no a la formación de un conjunto de especies beneficiosas o de influencia neutral.

El nacimiento es uno de los momentos más importantes en la vida de una persona, también en relación con la formación del microbioma. Los bebés tienen su primer contacto con las bacterias, precisamente, de las membranas mucosas de su madre. Después del nacimiento, se deposita al bebé de forma casi inmediata sobre la piel de la madre. Además de ayudar a la formación de vínculos emocionales entre la madre y el niño, esto contribuye al nacimiento de un contacto biológico. La piel de la madre también es fundamental para el primer contacto del bebé con las bacterias. Después de esto, la mayor parte del conjunto de bacterias se transmiten al nuevo ser humano a través de las personas que cogen al bebé.

Hace tiempo que se piensa que la cesárea expone al ser humano a las alergias. A través de la cirugía, el bebé nace de forma relativamente estéril, sin contacto con las bacterias de la madre. Se considera que esto hace que el conjunto de bacterias del bebé sea tan poco diverso que, posiblemente, ni siquiera con el tiempo logre recuperarse por completo si no ha experimentado los canales de parto de la madre. Hay varias investigaciones en marcha en las que se prueba a cubrir al bebé con las bacterias de su madre inmediatamente después de la cirugía, para que también los nacidos por cesárea puedan obtener un conjunto de especies importante.

Durante los primeros años de vida, las personas con las que se relaciona el niño y el entorno en el que vive son los factores principales que conforman su conjunto de especies microbianas. Una parte de esas especies nos viene de forma directa: cuando el niño juega en el parque y se lleva a la boca la mano llena de barro, junto con ese barro se trasladan organismos y una parte de ellos puede que se queden de forma permanente en su intestino. Una parte significativa también se contagia de forma indirecta, por ejemplo, a través del tacto. Además, el niño obtiene muchas cepas bacterianas de la leche materna. En el intestino del niño se produce un cambio lento en el que la composición cada vez se desplaza más desde las bacterias facultativas, es decir, las que son capaces de vivir tanto con oxígeno como sin él, a las bacterias anaeróbicas, es decir, las que únicamente viven en condiciones libres de oxígeno. Al mismo tiempo, aumenta la cantidad total de especies del intestino. A medida que aumenta, la comunidad intestinal se vuelve más estable y, con ello, la aparición de nuevas especies se vuelve cada vez más complicada.

La higiene del entorno parece ser un factor significativo: en las condiciones de los países en vías de desarrollo, la comunidad intestinal de los bebés se diversifica con más rapidez y adquiere antes el estado de estabilidad. Sin embargo, la falta de higiene también tiene su parte negativa: las comunidades intestinales de los niños en los países en vías de desarrollo son menos estables durante los primeros meses de vida, por lo que la diarrea, por ejemplo, está más generalizada. Un hecho interesante es que los hermanos mayores influyen en el desarrollo de los microbios intestinales del mismo modo que el entorno en los países en vías de desarrollo: cuantos más hermanos tiene un niño, más rápido «madura» su intestino.

Los tratamientos con antibióticos que se siguen en la infancia son importantes modificadores del conjunto de especies. En especial, los niños que han tenido que seguir largos tratamientos durante sus primeros años de vida desarrollan con más frecuencia alergias y distintos problemas autoinmunes, como enfermedades inflamatorias del intestino. El motivo parece ser que los antibióticos causan el caos durante mucho tiempo justo en el periodo más crítico del desarrollo del microbioma.

Se sabe desde hace tiempo que los habitantes de las granjas portan un conjunto de especies bacterianas más diverso si en la granja se crían animales. Siempre que haya algún animal doméstico, las especies de estos animales no tienen mucha importancia y su diversidad tampoco afecta necesariamente al conjunto de especies bacterianas del ser humano. Más adelante, el interés se ha ido trasladando, cada vez más, al efecto que tienen las mascotas en el microbioma humano. Mientras que, anteriormente, las mascotas se consideraban una fuente de alérgenos (es decir, sustancias que producen alergias), la investigación actual ha desvelado que, en realidad, las mascotas pueden reducir el riesgo de desarrollarlas. La investigación se ha centrado en los perros, pues se ha observado que son importantes fuentes de bacterias. Para el desarrollo del microbioma tiene especial importancia si el niño, durante sus primeros años de vida, ha crecido en un hogar en el que había un perro como mascota. En relación con los gatos, los resultados son contradictorios: no parece que aporten tanto beneficio microbiológico como los perros. Para consuelo de los amantes de los gatos, esto puede deberse más a los hábitos de comportamiento entre especies que a las diferencias de diversidad en su microbioma básico; los gatos suelen relacionarse menos con las personas y en las investigaciones, por ejemplo, no se ha diferenciado cuánto tiempo pasan las personas en contacto cercano con sus mascotas. Si el gato pasa la mayor parte del tiempo fuera de casa y los perros corretean entre las piernas de sus dueños, esto podría explicar por qué los perros contagian más microbios a los humanos.

El entorno también tiene su impacto. El conjunto de bacterias del ser humano es significativamente más diverso en el campo que en las ciudades. En las condiciones de la ciudad, el hogar de una persona no es una fuente importante de bacterias, sino que la corriente fluye en otra dirección. El microbioma del hogar se adapta de forma tan precisa al conjunto de especies de sus habitantes que, en principio, se puede asociar al propietario de una vivienda en función de su conjunto de especies bacterianas. El cambio también es rápido: durante las investigaciones se ha detectado que el microbioma de una vivienda puede adaptarse a la llegada de un nuevo habitante en una semana. Esto también puede causar problemas si el conjunto de especies de una persona está desequilibrado. En ese caso, para una persona que sufre problemas intestinales, la vivienda propia puede convertirse en una cámara de resonancia que contribuye al mantenimiento del desmadre de sus especies intestinales. Un ejemplo extremo es el microbioma de los hospitales: las especies varían de forma extremadamente rápida porque las personas no paran de ir y venir. En los hospitales se utilizan muchos antibióticos, lo que propicia que las llamadas bacterias de hospital, agentes patógenos con resistencia antibiótica, se encuentren allí a sus anchas. Debido a que en los hospitales hay, sobre todo, personas enfermas, el fenómeno de cámara de resonancia puede ser especialmente perjudicial en ellos.

Entonces, ¿existen medios para hacer que los hospitales sean un entorno más saludable? La investigación no está tan avanzada como para que se puedan añadir bacterias más saludables al conjunto de especies bacterianas de un hospital. Sin embargo, tenemos modos eficaces de deshacernos de las bacterias perjudiciales. Este procedimiento se llama *desinfección*. En investigaciones estadounidenses se ha observado que una habilidad profesional suficiente de los limpiadores es la forma más eficaz de prevenir la propagación de las bacterias de hospital. En principio, los limpiadores son un grupo profesional cuyo objetivo es reconocer los lugares sucios y limpiarlos. Sin embargo, el problema ha sido que, en los últimos tiempos, la profesión de limpiador cada vez está menos valorada y los salarios se han quedado a un nivel bajo, lo que ha propiciado un gran movimiento de personal, escasez de formación y desatención de la instrucción en el trabajo. Los investigadores compararon el movimiento de personal de limpieza en los hospitales estadounidenses con la calidad de la limpieza. Los resultados fueron claros: el personal de limpieza cualificado y satisfecho con sus condiciones limpiaba de forma claramente más eficaz los focos más típicos de bacterias, y esos hospitales tenían las cantidades más bajas de bacterias de hospital.

La evaluación de la composición microbiana de las viviendas y su significado es un punto de interés relativamente nuevo. Los hongos se llevan investigando más tiempo porque se ha detectado que el moho tiene muchos tipos de efectos perjudiciales. Sin embargo, en los últimos tiempos también se ha empezado a considerar si se podría modificar el microbioma de las viviendas para mejorarlo, de modo que tuviera efectos en la salud. Algunas descabelladas visiones han considerado, entre otras cosas, dispositivos que propagarían bacterias beneficiosas en el aire de la vivienda. Una cuestión más realista es, principalmente, de qué forma deberían construirse, climatizarse y calentarse los edificios para que, al menos, no perjudiquen al conjunto de especies acompañantes del ser humano.

NO EXISTE UN CONJUNTO NORMAL DE ESPECIES ACOMPAÑANTES

En la investigación del microbioma se suele hablar del *principio de Anna Karenina*: todos los microbiomas enfermos son diferentes. El principio procede del inicio de la famosa novela de León Tolstói *Anna Karenina*, en el que se declara que todas las familias felices se parecen unas a otras, pero cada familia infeliz lo es a su manera. A los biólogos les encanta recurrir a referencias literarias para nombrar sus teorías. No existe ninguna especie bacteriana o población en la flora normal humana que pueda producir o estar estrechamente relacionada con una determinada enfermedad. Sin embargo, es posible que las familias de *Anna Karenina* no sean el mejor punto de comparación. La característica principal del microbioma humano es que el microbioma de cada ser humano se diferencia significativamente de los demás. Mientras que el conjunto de especies se mantiene de forma sorprendentemente estable durante la vida de una persona, varía mucho de unas personas a otras. Por tanto, todos los microbiomas sanos también son sanos a su manera.

Esto hace que sea complicado conectar el microbioma con las enfermedades o con cualquier otra característica. Sin embargo, por cada resultado de investigación claro y hermoso (aquel en el que se demuestra que la aparición de una enfermedad está relacionada con una determinada modificación del conjunto de especies bacterianas), hay al menos diez investigaciones en las que no se encuentra ninguna conexión. Parece que el microbioma, a veces, también varía mucho sin consecuencias visibles. Si encontramos un conjunto de especies bacterianas que parecen predecir el brote de una enfermedad, seguramente también encontremos la excepción a la regla. La genética humana, por ejemplo, se ha topado con este mismo problema: cuando se encuentran mutaciones genéticas que pueden predecir de forma fiable el brote de una enfermedad, también se encontrarán rápidamente humanos cuyas modificaciones genéticas no provocan enfermedades.

Esto dificulta el desarrollo del tratamiento. No conocemos soluciones fáciles para mejorar la salud de una persona. Las pastillas de bacterias del ácido láctico pueden proporcionar cierta protección contra la diarrea del turista, pero la ingestión de bacterias para tratar enfermedades sigue siendo mera fantasía. Los tratamientos relativamente directos, como el trasplante de heces de una persona sana a una persona que sufre diarrea antibiótica, tampoco funcionan siempre. Lo más problemático es que no sabemos el porqué.

Para un ecólogo, esto no es ninguna sorpresa: sabemos que las biocenosis son complicadas y singulares, y no es fácil predecir su actividad. Durante miles de millones de años, el ser humano ha ido cobrando forma como ecosistema de cientos o de miles de especies diferentes. Como individuo, un ser humano tampoco es siempre el mismo conjunto, sino que cambiamos a lo largo de toda nuestra vida. Las especies que se encuentran a nuestro alrededor no solo nos afectan en este preciso momento: también influyen en la dirección y en el progreso de nuestro desarrollo individual. El ser humano ya no puede considerarse el culmen de la creación, pero la comprensión del desarrollo de las especies y del desarrollo individual es el reto más complicado de la biología como disciplina científica y requiere la colaboración entre las distintas ramas de la biología. Hay un largo camino. Sin embargo, hemos llegado lejos, ya que estamos empezando a percibir la complejidad del conjunto.

Si hay un rasgo que describe al ser humano como especie es la adaptabilidad. En la actualidad, se habla mucho de la resiliencia de los ecosistemas, es decir, lo bien que los ecosistemas resisten los trastornos y consiguen mantener su actividad. Como ecosistema, el ser humano seguramente sea uno de los más resilientes; hemos sufrido cambios como especie y nuestro hábitat también ha cambiado, por no hablar de nuestra dieta, pero, a pesar de ello, nuestra digestión supuestamente funciona tan bien como antes y sufrimos menos enfermedades. No obstante, puede que las alergias y las enfermedades autoinmunes indiquen que los límites de la resiliencia humana también son visibles.

El ser humano ya ha modificado su conjunto de especies acompañantes en gran medida, tanto de forma intencionada como involuntaria. La pauta de desarrollo de la medicina ha sido la erradicación de nuestras especies acompañantes perjudiciales. Lo cierto es que tenemos notablemente pocos parásitos intestinales porque los hemos erradicado con medicamentos y hemos impedido su propagación. Sin embargo, sabemos bastante menos acerca de las especies beneficiosas, principalmente, porque el beneficio es mucho más difícil de medir. Mientras que un parásito o un agente patógeno provoca una enfermedad que suele ser claramente visible, diagnosticable y tratable, los beneficios de nuestras especies acompañantes beneficiosas suelen ser mucho más ambiguos. Esta ambigüedad quizá explique por qué hemos erradicado intencionadamente las especies perjudiciales, pero también hemos erradicado muchas de nuestras especies beneficiosas de forma no intencionada. Aunque nuestros enemigos suelen ser fáciles de reconocer, simplemente, no sabemos quiénes son nuestros amigos.

Más que nuestro propio mundo interior, hemos modificado el mundo exterior. Sin embargo, nuestros mundos exterior e interior están sorprendentemente relacionados entre sí. Obtenemos nuestras especies intestinales del entorno y muchas nuevas enfermedades proceden de nuestras especies cercanas. La salud del entorno es nuestra salud y la salud de nuestros animales domésticos es nuestra salud. Una vez más: la necesidad de un amplio ángulo de toma no es ninguna sorpresa para los ecólogos. A pesar de ello, no existen soluciones sencillas. El enfoque de Una Sola Salud es complejo y, según la opinión de aquellos acostumbrados al tratamiento directo de enfermedades, también puede parecer desesperado, pero es inevitable. La otra cara de la moneda es que, cuando a nuestros animales domésticos y a nuestro planeta les va bien, esto tiene buenos efectos multiplicadores también para nosotros. Por lo tanto, el bienestar del entorno y de nuestros animales domésticos no es un mero fin en sí mismo ni solo un intento éticamente valioso, sino que también nos produce un beneficio tangible en forma de una cantidad menor de parásitos y enfermedades infecciosas.

El nuevo entusiasmo de los servicios sanitarios, la medicina personalizada, promete que en el futuro conoceremos el genoma de cada individuo y seremos capaces de adaptar los tratamientos a cualquier paciente. Del mismo modo, seremos capaces de determinar el conjunto de especies acompañantes de un ser humano y quizá podamos modificarlo en la dirección adecuada para que funcione lo mejor posible y perfeccione nuestro bienestar. Se trata de un sueño que describe bien la expresión anglófona *moonshot*, es decir, un viaje a la Luna. En el año 1962, John F. Kennedy informó de que, a finales de la década, los estadounidenses irían a la Luna; en esos momentos, la operación todavía no era posible. En realidad, apenas era seguro que fuera posible siquiera el intento con la tecnología de la época. Sin embargo, Kennedy pensaba que un viaje a la Luna era importante, ante todo como inspiración para los humanos. La búsqueda de un objetivo mayor hace que las personas actúen con más eficacia y entusiasmo.

Se ha intentado repetir el éxito espectacular del primer viaje a la Luna. Los siguientes «viajes a la Luna» de Estados Unidos han sido tanto la guerra contra las drogas como la cura del cáncer, pero no han tenido tanto éxito. Por su parte, los mayores «viajes a la Luna» de la ciencia en Europa han sido proyectos de investigación de miles de millones de euros para explotar el uso del grafeno y modelar el funcionamiento del cerebro humano. Al menos el proyecto del cerebro ha tenido grandes problemas desde el principio. Los grandes proyectos de investigación raramente funcionan, o no cumplen lo que habían prometido de antemano.

Queda por ver en qué medida y con qué precisión podremos predecir o mejorar la salud humana en función del genoma o de las especies acompañantes. Aunque sabemos mucho sobre el funcionamiento humano, todavía estamos lejos de formarnos una imagen general del ser humano como ecosistema o como resultado de sus genes. En cualquier caso, lo importante es que, finalmente, se está investigando el tema. Sin embargo, hay que mantener la cabeza fría, ya que el camino a las aplicaciones prácticas puede ser largo..., o puede que estén a la vuelta de la esquina.

La composición de nuestro microbioma y su efecto son muy individuales. No somos meros individuos, sino que también somos, de entrada, ecosistemas diferentes. Aún queda un largo camino por recorrer desde la comprensión de la estructura del ecosistema a la comprensión de la actividad del ecosistema. Es un primer paso inmenso, pero su valor en relación con el diseño de aplicaciones es escaso.

La formación de nuestro conjunto de especies acompañantes se ve afectada por dos lapsos de tiempo: el de la ecología y el de la evolución. Durante la vida de un ser humano, su conjunto de especies acompañantes se va componiendo a partir de todos sus contactos sociales, de cómo ha interactuado con otras especies y con el suelo, incluso con el aire interior de su vivienda. Este desarrollo no va en un solo sentido: nuestro conjunto específico de especies acompañantes también afecta a cómo nos desarrollamos como seres humanos. Nuestras bacterias intestinales afectan a nuestro metabolismo y a la eficacia con la que aprovechamos los alimentos. Nuestros acompañantes mantienen un sistema inmunitario funcional y pueden prevenir, por ejemplo, el desarrollo de alergias y otras enfermedades autoinmunes.

Como especie, nos hemos adaptado unos a otros junto con nuestras especies acompañantes durante millones de años. Sin embargo, esta relación es desproporcionada en muchos sentidos.

Durante una de nuestras generaciones, nuestras especies acompañantes pasan por varias generaciones, puede que incluso miles. Debido a esto, pueden adaptarse de forma rápida y astuta. No tienen una tendencia específica, sino que, en el duro juego de la evolución, los que más se reproducen son los que sobreviven. A veces, nuestras especies acompañantes se benefician al perjudicarnos a nosotros, mientras que otras veces funciona mejor la colaboración.

Nunca hemos sido individuos, sino que nuestra vida y nuestra salud se entrelazan con nuestras especies acompañantes. La investigación evolutiva de los parásitos es importante porque, gracias a ella, podemos predecir el tipo de condiciones que propician las especies que son perjudiciales para nosotros y el tipo de entorno que sería bueno para las especies que son beneficiosas para nosotros.

Observo a Napolean. Lo he observado muchas veces, ya que, de las más de seiscientas muestras de excrementos que conforman el núcleo de mi tesis, él ha donado unas sesenta. Cuando empecé a escribir el plan de investigación de mi tesis, en el año 2009, Napolean era un lémur ratón de tres años que acudía cada noche a la trampa de los investigadores que me precedieron. Cuando defendí mi tesis, en el año 2015, Napolean era un lémur ratón de nueve años que acudía a la trampa que yo compartía con otros investigadores de lémures ratón.

Durante esos seis años, la tecnología de investigación se ha desarrollado de forma vertiginosa. Cuando empecé, ni siquiera pensaba que recopilaría muestras de excrementos de lémures ratón con las que podría determinar sus bacterias intestinales en un periquete. Mi propia percepción sobre el ser humano, los lémures ratón, los parásitos y las bacterias cambió enormemente.

Napolean ha permanecido igual.

Nadie lo ha visto nunca enfermo. Algunas veces, tiene más

parásitos, y otras veces tiene menos. El conjunto de especies de bacterias intestinales de Napolean también varía de forma significativa, más que en los humanos. Lo cierto es que no sé absolutamente nada de él. No sé cuántos pequeños Napoleans merodean por esta selva. De las comidas favoritas de Napolean, solo conozco el plátano. No sé lo que hace durante toda la estación seca, cuando no acude a mis trampas.

Napolean es una maldición y una fuente de alegría al mismo tiempo: cada dato individual que logro esclarecer sobre su vida da lugar a más nuevas preguntas que respuestas. En el mundo no dejará de haber lugar para la investigación mientras los Napoleans sigan viniendo a mis trampas en busca de plátano y se queden observando a los investigadores con sus ojos de botón mientras estos les miden la cola o el bíceps.

Escribir este libro ha sido el mismo tipo de experiencia que observar a Napolean. A cada respuesta o idea seguía una bandada de preguntas para las que todavía no existe respuesta. Sabemos muy poco porque sabemos mucho. Pido perdón si al lector le queda una sensación de frustración por la cantidad de preguntas abiertas y las pocas respuestas seguras que existen.

A mí me ha quedado la sensación de que no estoy más que empezando.

AGRADECIMIENTOS

Este libro no existiría sin la presión que recibí durante mucho tiempo de mi pareja, Teemu Leminen. Laura Haapala contribuyó al nacimiento de este escrito y me puso en contacto con mi editorial. Con frecuencia se dice que entre investigadores no se valora lo suficiente la comunicación científica. Sin embargo, a menudo he recibido comentarios positivos de mis colegas por mis esfuerzos de poner los datos de investigación en un formato fácilmente digerible.

Hannu Pietiäinen, profesor de Ecología en la universidad, comentó detalladamente el primer borrador del libro. Además, Lotta Aarikka, Mari Huupponen, Inkeri Lokki, Jukka Ruukki y Emma Vitikainen han leído las fases de borrador y les agradezco sus comentarios y su apoyo. Para este libro he leído muchas noticias científicas, cientos de investigaciones y he hecho montones de preguntas a investigadores. Gracias a Jani Anttila, Mikael Fortelius, Heikki Henttonen, Marja Isomursu, Tuomas Kankaanpää, Anu Kantola, Heidi Kinnunen, Osmo Kontula, Hanna Nohynekki y Barbara Tschirren.

Sin lugar a duda, mi trabajo de campo en Madagascar ha sido uno de los puntos culminantes de mi vida y doy las gracias al Centre ValBio de investigación y a su personal por esta experiencia.

En este momento, trabajo como investigador en la Universidad de Zúrich, donde investigo la dinámica de la borrelia y otros agentes patógenos en los topillos rojos y en las garrapatas. He tenido muchas conversaciones sobre los temas de este libro con los miembros de mi grupo de investigación y he obtenido muchas buenas ideas. Suomen Kulttuurirahasto (una fundación cultural finlandesa) ha apoyado mi trabajo a través del fondo Post Doc Pool y su financiación también ha hecho en parte posible la escritura de este libro.

Además, recibí apoyo económico para escribir este libro por parte de Tiedonjulkistamisen neuvottelukunta (el Comité de Información Pública de Finlandia) y de la fundación Alfred Kordelin. El apoyo hizo posible dedicarme a tiempo completo a la escritura de este libro. Una parte significativa de este libro ha sido escrita en el espacio de trabajo Nessling Nestin de la fundación Maj y Tor Nessling. Durante el periodo de escritura del libro, me familiaricé con la organización reciente One Health Finland, que apoyó la mejora de las ideas sobre Una Sola Salud que aparecen en este libro.

Mientras que mi tesis supuso, sobre todo, una muestra de amor a los lémures ratón, los animales más monos del mundo, el centro y la fuente de energía de este libro ha sido Madagascar en su sentido más amplio. Madagascar es el país en el que he comprendido la amplitud del cambio medioambiental, he visto su efecto en los animales salvajes y he sentido cómo todo esto se ve en la rutina de las personas que viven en la orilla del bosque. Madagascar es, desafortunadamente, un inmenso experimento de campo sobre cómo cambiará la carga de enfermedades humanas a medida que el entorno y las comunidades humanas sigan cambiando. En algunos lugares, la inexistente asistencia sanitaria, la inmensa pobreza y la vulnerabilidad de la población humana significan que los malgaches sufrirán este experimento de campo (detrás del cual estamos todos nosotros) en su propia piel. Por tanto, desearía que los lectores de este libro también le dedicaran algún pensamiento, y ojalá algún céntimo, a Madagascar. En Finlandia, por ejemplo, los proyectos Manondroala y Torotorofotsy, de Suomen luonnonsuojeluliitto (Asociación Finlandesa de Defensa de la Naturaleza), así como el proyecto Tany Maitso, de la organización Dodo ry, realizan trabajos de desarrollo en Madagascar. Entre las organizaciones internacionales, recomiendo Madagascar Fauna and Flora Group y al Groupe d'Étude et de Recherche sur les Primates de Madagascar (GERP).

INFORMACIÓN ADICIONAL Y OBSERVACIONES SOBRE CADA CAPÍTULO

Observaciones generales

En Finlandia se ha escrito relativamente poco sobre parásitos y enfermedades. Mi director de tesis, Juha Laakkonen, escribió el libro *Ekologinen parasitologia [Parasitología ecológica]* (Helsinki, Gaudeamus, 2008), que repasa los conceptos clave del sector. El historiador médico Heikki S. Vuorinen ha escrito el libro *Tauti(n)en historia [La historia de las enfermedades]* (Tampere, Vastapaino, 2002), que estudia la historia de las enfermedades también desde un punto de vista finlandés. Los dos libros han sido materiales de referencia importantes, especialmente en relación con la terminología y la historia de las enfermedades en Finlandia.

De nuestros populares libros sobre parásitos y especies acompañantes escritos en inglés, recomiendo encarecidamente *Parasite Rex* (*Parásitos*, Madrid, Capitán Swing, 2001), de Carl Zimmer, y *I Contain Multitudesia* (*Yo contengo multitudes*, Barcelona, Debate, 2016).

Por indicación de Kielitoimisto (Instituto de las Lenguas de Finlandia), los nombres de las enfermedades se escriben en minúscula, excepto aquellos que contienen nombres propios de personas o lugares. Sin embargo, esto no es completamente aplicable a los virus, ya que, según las indicaciones, se pueden escribir con minúscula inicial los nombres de aquellos virus cuya «primera parte no es un nombre propio reconocido desde un punto de vista finlandés». Por tanto, según las indicaciones, se escribe «virus Puumala», pero «virus del dengue».* De forma internacional, se intenta evitar designar a los agentes patógenos con nombres de lugares, por lo que, cada vez con más frecuencia, los nombres de los virus son largos y suelen utilizarse abreviaturas. Las abreviaturas pueden escribirse en mayúscula o en minúscula, es decir, «coronavirus sars» o «coronavirus SARS». Sin embargo, la ortografía finlandesa es bastante incompatible con la práctica científica del nombramiento de virus. He escrito sobre el tema en mi blog, precisamente en relación con el virus del Ébola: <http://www.tiede.fi/blogit/kaiken_takana_on_loinen/ebolaviruksia_on_viisi_eri_lajia>.

La nomenclatura de este libro coincide con la lista de nombres finlandeses para aves de Birdlife Finland (<http://nimisto.birdlife.fi>) y la propuesta de Nisäkäsnimistötoimikunta (Comisión de Nomenclatura de Mamíferos finlandesa) para los nombres de mamíferos del mundo (<http://koivu.luomus.fi/nisakkaat/>). Los lémures ratón son una excepción, ya que como base del trabajo había al menos tres especies de lémur ratón que se denominaron en finés lémur rata *(Microcebus coquereli)*, gran lémur ratón (lémur ratón gris o *M. murinus*) y mi propia especie de investigación,

* En esta traducción, se han seguido las indicaciones de la Real Academia Española: «Este tipo de denominaciones [de virus] se escriben en minúscula, salvo los nombres propios que contengan, de modo que es *virus del papiloma humano* o *virus del dengue*, todo en minúscula por aludir a los nombres comunes de las enfermedades que provocan, pero *virus del Ébola* y *virus del Zika*, con mayúscula [...] por ser los nombres propios de un río y un bosque, respectivamente» (<https://www.fundeu.es/recomendacion/virus-claves-de-escritura/>). Las enfermedades, por su parte, se escriben en minúscula, salvo aquellas que incluyen un nombre propio (enfermedad de Parkinson, mal de Alzheimer, enfermedad del Ébola..., pero *el* párkinson, el alzhéimer, el ébola). Véase <https://www.fundeu.es/recomendacion/ebola-escritura-adecuada/>. *[N. de la T.]*

el pequeño lémur ratón (lémur ratón rojizo o *M. rufus*). La solución no fue muy duradera, ya que en la actualidad se conocen veintitrés especies de lémur ratón y las tres anteriormente mencionadas son todas de tamaño medio. Por tanto, he traducido *M. rufus* directamente con el nombre de lémur ratón rojizo. Se puede leer más información sobre las relaciones de parentesco de los lémures ratón, por ejemplo, en el libro de Shawn Lehman, Ute Radespiel y Elke Zimmermann *The Dwarf and Mouse Lemurs of Madagascar [Los lémures enanos y los ratones de Madagascar]* (Cambridge, Cambridge University Press, 2016).

Perspectiva de la biología evolutiva sobre las enfermedades infecciosas y los parásitos

Tres factores han dado forma a la historia natural de Madagascar: el ser humano, el aislamiento del resto del mundo y un tiempo muy difícil de predecir. Mientras que, en otros lugares del mundo, la temporada de lluvias se da con precisión de calendario, en Madagascar tanto el inicio de la temporada de lluvias como la cantidad de precipitaciones varían enormemente. Esto ha exigido la adaptación tanto de los animales como de las personas. También en la actualidad hay, de vez en cuando, años de hambruna cuando las lluvias anuales no llegan.

El aislamiento de África continental posibilitó el desarrollo de un diverso conjunto de especies endémicas en Madagascar. Madagascar se separó del continente africano antes del nacimiento de los mamíferos, por lo que los cuatro grupos de mamíferos endémicos de Madagascar (que no se encuentran en ninguna otra parte) probablemente llegaran flotando en algún tronco de árbol: en primer lugar, hace 50 millones de años, los primates de los que descienden los lémures; después, hace 35 millones de años, los insectívoros a los que ahora representan los tenrécidos; y, por último, aproximadamente en la misma época, hace 25 millones de años, los vivérridos, de los que también desciende su propio grupo de mangostas malgaches, y los roedores, cuyo grupo malgache se denomina rata malgache. Por su parte, los humanos no llegaron a la isla hasta hace dos mil años. Las raíces del idioma malgache, la lengua que habla la mayor parte del pueblo y de la isla, están en Asia, más concretamente, en Taiwán. Al parecer, también los primeros habitantes de Madagascar procedían de Asia, ya que la corriente marina en el canal de Mozambique es tan fuerte que no es posible superarla sin un barco de vela en condiciones.

Sobre la historia natural de Madagascar se ha escrito *The Natural History of Madagascar [Historia natural de Madagascar]* (Chicago, University of Chicago Press, 2004), una obra de peso de Steven Goodman y Jonathan Benstead (comps.), que también ha supuesto un importante apoyo en la redacción de este libro. Los biólogos también han escrito muchas memorias y textos de divulgación científica sobre Madagascar. Algunos de mis preferidos son *Lords and lemurs [Lores y lémures]* (Nueva York, Houghton Miffin Harcourt, 2004), de Alison Jolly, y *The Eight Continent [Los ocho continentes]* (Nueva York, William Morrow, 2000), de Peter Tyson. El investigador finlandés Ilkka Hanski ha escrito acerca de sus viajes a Madagascar en sus libros *Viestejä saarilta [Mensajes desde las islas]* (Helsinki, Gaudeamus, 2011) y *Tutkimusmatkoja saarille [Viajes de investigación a las islas]* (Helsinki, Gaudeamus, 2016).

1. ¿Por qué existen las enfermedades infecciosas?

La afición de los biólogos megalómanos es calcular la cantidad de especies de organismos del mundo. Del mismo modo, los investigadores de parásitos megalómanos quieren calcular la cantidad de especies parasitarias del mundo. Donald Windsor fue el primero en afirmar abiertamente que más de la mitad de las especies del mundo son parásitos en su artículo «Most of the Species on the Earth Are Parasites» (*Intl J Parasitology*, 28, 1998, págs. 828-830). Un ejemplo de una estimación más reciente se encuentra en el artículo «Homage to Linnaeus: How Many Parasites? How Many Hosts?» (Dobson, Lafferty, Kuris, Hechinger y Jetz, *PNAS*, 105, 2008, págs. 11482-11489).

La cita de Jonathan Swift es del poema *On Poetry: A Rhapsody (Sobre la poesía: una rapsodia)*, del año 1733.

Los ciclos vitales de la doncella punteada de Ahvenanmaa y de sus parásitos son bien conocidos gracias a los extensos estudios del grupo de investigación de Ilkka Hanski. Dos buenas introducciones a las cadenas de parásitos son la tesis de Maaria Kankare *Phylogeny and Host Associations of Cotesia Parasitoids Attacking Checkerspot Butterflies [Filogenia y asociaciones de huéspedes de parasitoides de* Cotesia *que atacan a las mariposas Checkerspot]*, del año 2004, y la tesis de Christelle Couchoux *Parasitoid Foraging Behaviour in a Competitive Environment [Comportamiento de parasitoides en búsqueda de alimento en un entorno competitivo]* del año 2013.

Algunos virus se denominan virófagos, es decir, son virus que parasitan a otros virus. Sin embargo, esto no se corresponde realmente con el parasitismo de los organismos, ya que un virófago, además de un virus hospedante para reproducirse, necesita una célula viva en la que poder introducirse con su virus hospedante. En cierto modo, se trata de parasitismo, puesto que una parte de los virófagos impiden la reproducción de su virus hospedante. Se puede encontrar más información sobre los virófagos en el artículo «A Classification System for Virophages and Satellite Viruses» (*Arch Virol*, 161, 2016, págs. 233-247).

Parasitismo

Se ha escrito relativamente poco sobre los lémures ratón, pero Sylvia Atsalis ha recopilado las investigaciones realizadas hasta el año 2007 en el libro *A Natural History of Brown Mouse Lemur [Una historia natural del lémur ratón marrón]* (Upper Saddle River, Pearson Education).

Ha habido largos debates científicos sobre cómo nombrar a los animales de investigación. Los investigadores deberíamos ser objetivos y, con frecuencia, se nos ha acusado de abandonar dicha objetividad en la denominación de especímenes. Poner nombre a los animales de investigación puede dar lugar fácilmente a «antropomorfismo», es decir, a la humanización de los animales. Sin embargo, este debate empieza a llegar a su fin: yo mismo nunca he recibido críticas sobre el nombre de mis lémures. No me ha supuesto ningún problema poner nombre a mis animales de investigación, ya que pienso que facilita la distinción entre personalidades potenciales. En cualquier caso, mi investigación se basa en las mediciones y el nombre de mis animales de investigación no influye en el peso de un excremento, en la circunferencia de la cola o en la secuencia que proporciona mi equipo de investigación a partir de sus gusanos. O eso espero.

Sobre las relaciones ecológicas se ha escrito bien en el ya algo anticuado libro *Ekologia [La ecología]* (Ilkka Hanski [comp.], Helsinki, WSOY, 2003).

Un ecosistema dentro del ser humano

Calcular la cantidad de bacterias que viven dentro de un ser humano es un desafío continuo. Se ha hablado mucho de que podría haber diez veces más células bacterianas que células humanas, pero la estimación no se basa en datos de investigación razonables. La estimación más reciente y creíble se expone en el artículo «Revised Estimates for the Number of Human and Bacteria Cells in the Body» (Sender *et al.*, *Plos Biology*, 14, 2016, e1002533).

La escala de Bristol para determinar la composición de los excrementos se describe en la publicación «Stool Form Scale As a Useful Guide to Intestinal Transit Time» (Lewis y Heaton, *Scand J Gastroenterol*, 32, 1997, págs. 920-924).

Para la frecuencia de los distintos parásitos, en este libro se han utilizado, por regla general, las estimaciones de la OMS. Se pueden consultar en la dirección <http://www.who.int/gho/en/>.

En el caso de los microbios de la boca, la fuente regularmente utilizada en el libro es el portal *Terveyskirjasto [Biblioteca de la salud]* (<www.terveyskirjasto.fi>), publicada por Duodecim (una sociedad médica de Finlandia).

Para un biólogo que se quiera familiarizar con la investigación parasitaria, el artículo de Scott Gilbert «We Have Never Been Individuals» (*Q Rev Biol*, 87, 2012, págs. 325-341) es una experiencia de lectura alucinante.

En las clases de Biología del colegio en Finlandia, durante mucho tiempo, se ha usado la simbiosis para describir una relación cercana entre dos especies beneficiosa para ambas. Sin embargo, en la actualidad, en ecología se ha pasado a utilizar la simbiosis como término para describir cualquier relación entre dos especies, porque ahora sabemos que pocas especies son únicamente beneficiosas. En relación con la evolución, las especies simbióticas siguen distinguiéndose de las especies que tienen una relación más lejana en que suelen coevolucionar, es decir, desarrollarse juntas. Para la relación de beneficio mutuo entre dos especies se utiliza el término *mutualismo*.

Existe muy poco material de estudio en finés sobre la genética básica, pero a través del sitio web educativo de la Universidad de Utah se puede aprender, por ejemplo, acerca de la secuenciación. El sitio web se encuentra en la dirección <http://learn.genetics.utah.edu>.

Beneficio perjudicial

Los fundamentos de la teoría evolutiva están bien descritos en el libro de Ernst Mayr *What Evolution Is [Qué es la evolución]* (Nueva York, Basic Books, 2002) y, con el uso de ejemplos, en el libro de Hanna Kokko y Katja Bargum *Kutistuva turska* [*El bacalao menguante*] (Helsinki, WSOY, 2008).

La cantidad de copias del gen de la amilasa en distintas partes del globo están explicadas en el artículo de George Perry *et al.* «Diet and the Evolution of Human Amylase Gene Copy Number Variation» (*Nat Genet.*, 39, 2007, págs. 1256-1260). En resumen: cuanto más almidón hay en la dieta de una persona en una determinada zona, más copias del gen pueden existir. En los norteamericanos de origen europeo puede haber hasta quince.

La evolución de la tolerancia a la lactosa es un fenómeno muy investigado. Una buena presentación general puede encontrarse en el artículo «Archaelogy: The Milk Revolution» (*Nature*, 500, 2013, págs. 20-22).

Sobre las limitaciones de la evolución *(constraints)* se puede obtener una mejor percepción familiarizándose con la biología evolutiva del desarrollo o evo-devo. Este ámbito fue popularizado por el libro de Sean Carroll *Endless Forms Most Beautiful [Las formas infinitas más bellas]* (Nueva York, W. W. Norton, 2005).

El nombre científico del piojo de la paloma migratoria y, actualmente, de la paloma de collar, es *Columbicola extinctus*. Una nueva descripción de la especie se encuentra en el artículo «Taxonomy of New World Columbicola» (Clayton y Price, *Ann Ent Soc Am*, 92, 1999, págs. 675-685).

Parece que el volcán de Toba fue un cuello de botella bastante insignificante en la historia de la humanidad. Probablemente tuvieran mayor importancia la fragmentación de los hábitats y el aislamiento de las poblaciones humanas durante los periodos glaciales. Buenas introducciones a la historia humana (y a la investigación de la evolución humana) son *Lone Survivors: How*

We Came to Be the Only Humans on Earth [Supervivientes solitarios: cómo llegamos a ser los únicos seres humanos de la tierra] (Nueva York, Times Books, 2012), de Chris Stringer, y *El hombre de Neandertal* (Madrid, Alianza Editorial, 2015), de Svante Pääbo.

Los refugios son un fenómeno importante que ha modificado la distribución de las especies europeas. Después de la era glacial, casi todas las especies de Europa se distribuyeron a través del continente bien por la vía occidental, desde España, bien por la vía central, desde Italia, a lo largo de ambos bordes de los Alpes, bien por vía oriental, a través de la península de los Balcanes. Se puede leer más sobre el tema desde el punto de vista de los humanos en el artículo «The Genetic History of Ice Age Europe» (Quiaomei Fu *et al.*, *Nature*, 534, 2016, págs. 200-205).

La evolución de la patogenicidad es un tema muy investigado que trato continuamente en este libro. Se puede conocer el tema de una forma amplia en el libro de Paul Schmid-Hempel *Evolutionary Parasitology [Parasitología evolutiva]* (Oxford, Oxford University Press, 2011).

La evolución entre las bacterias y sus especies hospedantes está bien analizada en el artículo de Joel Sachs *et al.* «Evolutionary Transitions in Bacterial Symbiosis» (*PNAS*, 108, 2011, págs. 10800-10807).

Viene la enfermedad... o no

La historia de la epidemiología se ha descrito ampliamente en la obra de Susser y Stein *Eras in Epidemiology [Eras en epidemiología]* (Oxford University Press, Nueva York, 2009). Se puede leer en finés acerca de la historia de la medicina en el libro de Heikki S. Vuorinen *Taudit, parantajat ja parannettavat [Enfermedades, sanadores y enfermos]* (Tampere, Vastapaino, 2010). La investigación inicial de John Snow *On the Mode of Communication of*

Chlolera [Sobre los modos de transmisión del cólera] (Londres, J. Churcill, 1849) se encuentra disponible en la red (<https://collections.nlm.nih.gov/ext/ cholera/PDF/0050707.pdf>).

Virpi Lumma ha llevado a cabo una amplia investigación en relación con el nivel de vida y la reproducción. Su investigación se centra, principalmente, en Finlandia, pero el análisis de los efectos del aumento del nivel de vida en un periodo de tiempo más rápido se llevó a cabo en Gambia. Se puede leer al respecto en el artículo «The Demographic Transition Influences Variance in Fitness and Selection on Height and BMI in Rural Gambia» (Courtiol *et al.*, *Curr Biol*, 23, 2013, págs. 1-6).

El análisis más dramático sobre el impacto de las cantidades de alimentos ingeridas es un estudio neerlandés a largo plazo sobre los efectos de la hambruna durante la Segunda Guerra Mundial. Tras el desembarco de Normandía, cada vez llegaban menos suministros de alimentos a los Países Bajos y, además, los nazis que ocuparon el país bloquearon el transporte de alimentos a las zonas occidentales del país como venganza por la huelga del ferrocarril organizada por los neerlandeses en otoño de 1944. A esto siguió un invierno especialmente frío, lo que impidió el transporte de comida también por vía acuática. El suministro de alimentos no volvió a recuperar la normalidad hasta que los aliados expulsaron a los nazis en la primavera de 1945. Se estima que 4,5 millones de personas sufrieron hambruna. En las investigaciones de seguimiento, se ha detectado que los hijos de las mujeres que estaban embarazadas entonces han sufrido mucho más de lo normal las llamadas «enfermedades de la civilización», como obesidad, diabetes y enfermedades cardiovasculares. Se puede encontrar más información sobre la investigación en el artículo «Prenatal Undernutrition and Cognitive Function in Late Adulthood» (Rooji *et al.*, *PNAS*, 107, 2010, págs. 16881-16886).

Las hambrunas también pueden afectar a distintas generaciones: los óvulos de cada mujer nacen ya durante el embarazo de la madre. Dicho de otra manera, el óvulo del que procedes inició su trayectoria dentro de tu abuela. Los llamados cambios epigenéticos son un mecanismo mediante el cual la vida de tu abuela puede afectar a tu desarrollo individual.

Una buena presentación científica sobre el principio de funcionamiento del cólera y de las bacterias del cólera es «Cholera» (Harris *et al.*, Lancet, 379, 2012, págs. 2466-2476); en el artículo de Arkkila *et al.* «Ulosteensiirto *Clostridium difficile* infektion hoitona» [«Trasplante de heces como tratamiento para la infección por *Clostridium difficile*»] (*Duodecim*, 129, 2013, págs. 1671-1679) se encuentra más información sobre el trasplante de heces (con imágenes muy gráficas).

Nuestro cuerpo nos protege de los parásitos

Los lémures son el único grupo de primates en el que las hembras son dominantes sobre los machos. Esto significa que, en la lucha por la comida, el apareamiento o la anidación, los machos siempre se someten a las hembras. La incertidumbre climática de Madagascar puede estar detrás de este fenómeno (Wright, «Lemur Traits and Madagascar Ecology: Coping with an Island Environment», *Am J Phys Anthropol*, 29, 1999, págs. 31-72).

La fiebre es un fenómeno interesante cuyas causas son muy poco conocidas. Sin embargo, en general, parece ser un mecanismo común de los organismos y los animales de sangre fría, como las moscas, que parece que intentan provocarse fiebre a sí mismas cuando contraen una enfermedad infecciosa. Una buena introducción al tema, aunque algo anticuada, se encuentra en el artículo «The Role of Fever in the Infected Host» (Hasday *et al.*, *Micr Infect*, 2, 2000, págs. 1891-1904.)

Una interminable carrera armamentística

Leigh van Valen presentó la Reina Roja en el artículo «A New Evolutionary Law» (*Evolutionary Theory*, 1, 1973, págs. 1-30). La hipótesis de la Reina Negra la formularon Morris *et al.* en el artículo «The Black Queen Hypothesis: Evolution of Dependencies through Adaptive Gene Loss» (*mBio*, 2, 2013, e00036-12).

Se necesitan dos para una enfermedad

Yo no le puse el nombre a Napolean, por lo que no tengo ni idea de por qué se escribe con *a*. Sin embargo, aunque causa problemas cada vez que intento que se imprima su nombre en un artículo o un libro, me he mantenido fiel a su nombre original. Los editores, por regla general, siempre corrigen el nombre por «Napoleón».

Las cuatro preguntas de Nikolaas Tinbergen describen distintas cuestiones biológicas. Se pueden dividir en preguntas evolucionistas (cómo ha nacido una determinada propiedad y qué beneficio tiene) y preguntas proximales (cómo funciona una determinada propiedad y cómo se desarrolla dicha propiedad durante el periodo de desarrollo del individuo). La división de Tinbergen no está exenta de problemas y todavía más ambigua es la división de Ernst Mayr en causas próximas y últimas, pero ayudan a comprender que en biología puede haber varias respuestas para una misma pregunta. Las preguntas de Tinbergen están formuladas en el artículo «On Aims and Methods of Ethology» (*Zeitschritt fur Tierpsychologie*, 20, 1963, págs. 410-433). Sobre la interpretación de Ernst Mayr de la filosofía biológica, se puede leer, por ejemplo, en el libro *Así es la biología* (Barcelona, Debate, 2016). Mayr dividió la biología en preguntas últimas y próximas más por motivos políticos (derivados de la institución universitaria) que en función de la realidad. Un buen conjunto de críticas lo constituye el artículo de David Haig «Proximate and Ultimate Causes: How Come and What for?» (*BiolPhilos*, 28, 2013, págs. 781-786).

2. ¿De dónde proceden las enfermedades infecciosas?

La clasificación de especies es uno de los problemas constantes de la biología evolutiva. Una buena lectura adicional sobre la dificultad de la clasificación de especies es la obra anteriormente mencionada de Mayr, *Así es la biología*, si bien es cierto que, al leerla, es necesario recordar que la clasificación biológica de las especies es obra del propio Mayr. Sobre la esperanza de vida de los mamíferos se puede leer más información en el artículo de Liow *et al.* «Higher Origination and Extinction Rates in Larger Mammals» (*PNAS*, 105, 2008, págs. 6097-6102).

La clasificación de especies por parte de la investigación de la evolución humana no solo es difícil, sino, en muchos aspectos, infructuosa. Es razonable clasificar distintos fósiles en distintos tipos según su estructura, pero la separación de especies biológica real es complicada. Por ejemplo, el grupo del genético evolutivo Svante Pääbo no habla siquiera de especies humanas, sino de poblaciones.

El camino del parásito al ser humano

Se puede leer acerca de los ciclos vitales de los parásitos en el sitio web de los Centros para el Control y la Prevención de Enfermedades (CDC) de Estados Unidos, que contiene muchas imágenes claras sobre los ciclos de vida (<www.cdc.gov/parasites>).

Debido al ciclo vital del parásito, la enfermedad producida por la duela pequeña del hígado es poco frecuente. Sin embargo, en Finlandia también hay casos en los que personas que han comido hormigas crudas han contraído la enfermedad.

La importancia de la cocción de la comida para la evolución humana es un tema controvertido. Richard Wrangham, en su libro de 2009 *En llamas: cómo la comida nos hizo humanos* (Madrid, Capitán Swing, 2019), argumenta que el invento de la cocción de la comida posibilitó el desarrollo del humano moderno, puesto que la comida se volvió mucho más nutritiva.

Por supuesto, el ser humano tiene también muchas especies acompañantes que no son perjudiciales. Las bacterias beneficiosas suelen llegar al ser humano desde su madre en el momento del parto, por lo que el contagio vertical es notablemente más importante para la formación de una población microbiana equilibrada de la piel, las mucosas y el intestino.

Confianza mutua

El inconveniente de la biopelícula en relación con los antibióticos se describe en el artículo «Antibiotic Resistance of Bacterial Biofilms» (Høiby *et al.*, *Intl J Antimicr Agents*, 35, 2010, págs. 322-332).

La malaria es una enfermedad más tradicional que el sida en el sentido de que mata, en primer lugar, a los niños. La morbilidad (es decir, la carga producida por la enfermedad) provocada por el VIH en el Sáhara, al sur de África, afecta principalmente a las mujeres de entre veinticinco y cincuenta años, cuya muerte modifica la sociedad de forma significativa. Las abuelas portan la mayor parte de la carga de la enfermedad que provoca el VIH: si mueren los padres jóvenes, los niños suelen quedarse al cuidado de los abuelos. Se puede leer más al respecto en el artículo «Grandmothers' Productivity and the HIV/AIDS Pandemic in Sub-Saharan Africa» (Bock y Johnson, *J Cross-Cult Gerontol*, 23, 2008, págs. 131-145).

La carga provocada por las enfermedades puede compararse de muchas maneras: por lo general, se compara la mortalidad, que se da a conocer como una estimación de la cantidad de personas que mueren anualmente. Sin embargo, una enfermedad no siempre necesita causar la muerte para provocar una carga. Muchas enfermedades infecciosas, como la elefantiasis o la borreliosis avanzada, pueden dejar inválido al paciente. Además, muchas enfermedades de las que, por lo general, es posible recuperarse por completo, pueden suponer una carga en el sentido de que la persona pasa mucho tiempo enferma. Por ejemplo, la gripe es una importante causa de muerte, pero resulta especialmente significativa para las personas en edad laboral, puesto que produce pérdidas económicas debido a las bajas laborales. La unidad DALY intenta tener en cuenta las diferentes formas de la carga contando el tiempo «perdido». En tal caso, lo más costoso es, desde luego, la muerte de los niños pequeños.

Markus Rantala fue el primero en demostrar la relación entre la ausencia de vello y los piojos. Pekka Nuorteva escribió un magnífico artículo en 2002 sobre el tema para el número 6 de la revista *Tieteessä tapahtuu*: «Turkki ja hyönteiset ihmisen historiassa».

La agricultura lo cambia todo

Conviene tener en cuenta que, al fin y al cabo, sabemos muy poco sobre las comunidades humanas prehistóricas. La investigación demuestra, principalmente, que los humanos son seres diversos y se adaptan de forma eficaz a todo tipo de situaciones.

Se creía que los cazadores recolectores se evitaban unos a otros, cosa que demuestran, al menos, las observaciones de la expedición de Lewis y Clark: entre las zonas de los pueblos indígenas en guerra había un conjunto de especies de caza notablemente más abundante, lo que seguramente se debía a que no se atrevían a cazar en esa zona. Se puede profundizar en el tema en el artículo «War Zones and Game Sinks in Lewis and Clark's West» (Martin y Szuter, *Cons Biol*, 13, 1999, págs. 36-45).

La rata trae la enfermedad

La identidad del agente patógeno que provocó la peste negra fue un misterio durante mucho tiempo. La primera identificación segura se presentó en el artículo «Molecular Identification by "Suicide PCR" of *Yersinia pestis* As the Agent of Medieval Black Death» (Raoult *et al.*, *PNAS*, 97, 2000, págs. 12800-12803).

La dinámica de la peste en Madagascar se describe en el artículo «Understanding the Persistence of Plague Foci in Madagascar» (Andrianaivoarimanana *et al.*, *Plos Negl Trop Dis*, 7, 2013, e2382).

Un hombre que perdió los dedos contó su historia a *The Guardian* («I Caught the Plague from My Cat», 31 de enero de 2014).

3. ¿Por qué el ser humano tiene tantas enfermedades infecciosas?

Larga edad, gran tamaño

Los conceptos de *sangre fría* y *sangre caliente* son ambiguos. En el colegio nos enseñan que las aves y los mamíferos son de sangre caliente y que los demás animales son de sangre fría. La realidad no es una cuestión de blanco o negro, ni mucho menos: muchos mamíferos y aves son capaces de regular su temperatura en función del entorno. Por ejemplo, los colibrís y los murciélagos, además de los lémures ratón, pueden reducir temporalmente su temperatura corporal. Durante el invierno en Finlandia, muchos animales de sangre caliente reducen su temperatura corporal para la hibernación. Por otra parte, muchos animales de sangre fría tienen una temperatura muy estable: por ejemplo, un pez de las profundidades del mar vive de forma relativamente constante a una temperatura de cuatro grados. Muchos animales de sangre fría también pueden regular su temperatura: los insectos y los reptiles se calientan bajo el sol, mientras que los abejorros y los atunes pueden aumentar su temperatura central mediante sus músculos.

Bullicio en la ciudad

Diez años después de mi rudimentaria investigación, me di cuenta de que un grupo belga de investigadores había hecho exactamente el mismo estudio, exactamente con la misma especie de hormiga: «Who Brings Out the Dead? Necrophoresis in the Red Ant, *Myrmica rubra*» (Diez *et al.*, *Anim Behav*, 86, 2013, págs. 1259-1264).

La historia de las enfermedades chinas se ha investigado menos que la de las enfermedades europeas, lo cual es una lástima, porque muchas enfermedades han podido nacer en las grandes ciudades de China y, desde allí, llegar a Europa con los contactos comerciales. Sin embargo, la investigación está tomando impulso. Por ejemplo, el artículo «Early Evidence for Travel with Infectious Diseases along the Silk Road» (Yeh *et al.*, *J Arch Sci Rep*, 9, 2016, págs. 758-764) describe cómo vestigios de hace dos mil años de un retrete de la Ruta de la Seda contienen varios parásitos no locales.

No existen pruebas directas sobre el papel del garo como propagador del gusano ancho de los peces. El garo es muy salado y los huevos de cestodos no aguantan entornos muy salados, por lo que es posible que los gusanos no pudieran mantenerse con vida en él. Sin embargo, la composición del garo varía enormemente, así que puede que, por ejemplo, las salsas garo más baratas tengan tan poco contenido en sal que los huevos puedan sobrevivir en ellas.

Se puede encontrar más información sobre la especiación del sarampión en el artículo «Origin of Measles Virus: Divergence from Rinderpest Virus between the 11th and 12th Centuries» (Furuse *et al.*, *Virology Journal*, 7, 2010, pág. 52).

El cólera es un tema popular en la literatura. Los ejemplos más conocidos son *Muerte en Venecia*, de Thomas Mann, y *El amor en los tiempos del cólera*, de Gabriel García Márquez. Sin embargo, durante la época victoriana, cuando las epidemias causaban sus peores estragos, el cólera no estuvo tan presente en la literatura. El cólera se consideraba una enfermedad antiestética, al contrario que la tuberculosis, que estaba notablemente más de moda en aquella época.

El problema de las ciudades no era únicamente las enfermedades. Por ejemplo, en el siglo XVIII, la mortalidad en Londres estaba causada por la llamada «locura de la ginebra», cuando el alcoholismo causado por la ginebra barata llegó a alcanzar dimensiones catastróficas. Se puede leer más al respecto en el magnífico artículo de Pekka Heikura «Halpa gini ja sosiaalinen katastrofi 1700-luvun alun Lontoossa» (*Tieteessä tapahtuu*, 21 de mayo de 2003).

El artículo «Host Association Drives Genetic Divergence in the Bed Bug, *Cimex lecturalius*» (Booth *et al.*, *Molecular Ecology*, 24, 2016, págs. 980-992) habla sobre la historia de la evolución de las chinches.

Sobre la relación entre la urbanización y las enfermedades se han escrito varias obras. Recomiendo especialmente *The Gospel of Germs [El evangelio de los gérmenes]* (Cambridge, Harvard University Press, 1999), de Nancy Tomes, donde se analiza la carga de enfermedades del siglo XIX y cómo el concepto de las bacterias como agentes patógenos produjo un cambio a mejor.

Es difícil determinar cuándo hizo Wendy Orent una comparación de fábricas de enfermedades por primera vez, pero al menos ha explicado la idea en el artículo «The Big, Overlooked Factor in the Rise of Pandemics: The Human Vector» (*Discover*, 26 de abril de 2012).

NUESTRAS ENFERMEDADES AVANZAN DANDO BRINCOS

La especiación de los parásitos es una cuestión muy investigada (véase, por ejemplo, «Speciation in Parasites: A Population Genetics Approach» [Huyse *et al.*, *Trends Parasitol*, 21, 2005, págs. 469-475]). Anteriormente, se pensaba que el modo de especiación principal de los parásitos era el seguimiento de la especie hospedante: cuando se especia la especie hospedante, los parásitos también se separan en sus propias especies. Muchos ectoparásitos funcionan de esta manera. Ahora sabemos que muchos parásitos también se desvían «por error» hacia nuevos animales hospedantes y los árboles genealógicos de los huéspedes y los parásitos no siempre se corresponden.

Sobre los orígenes del VIH se pueden leer los artículos «Direct Evidence of Extensive Diversity of HIV-1 in Kinshasa by 1960» (Worobey *et al.*, *Nature*, 455, 2008, págs. 661-664) y «The Early Spread and Epidemic Ignition of HIV-1 in Human Populations» (Faria *et al.*, *Science*, 346, 2014, págs. 56-61).

Las poblaciones fuente y las poblaciones sumidero en conjunto conforman la metapoblación. Ilkka Hanski escribió al respecto en su libro *Metapopulation Ecology [Ecología de metapoblaciones]* (Oxford, Oxford University Press, 1999), que abarca los orígenes del concepto de *metapoblación* y el concepto básico sobre el funcionamiento de los sumideros y las fuentes.

Las investigaciones sobre la gripe del hurón que han sido motivo de debate fueron «Experimental Adaptation of an Influenza H5 HA Confers Respiratory Droplet Transmission to a Reassortant H5 HA/H1N1 Virus in Ferrets» (Imai *et al.*, *Nature*, 486, 2012, págs. 420-428) y «Airborne Transmission of Influenza A/H5N1 Virus between Ferrets» (Herfst *et al.*, *Science*, 336, 2012, págs. 1534-1541). El fondo histórico del debate se abrió con el artículo «Gain-of-Function Research and the Relevance to Clinical Practice» (Kilianski *et al.*, *J Infect Dis*, 213, 2016, págs. 1364-1369). Estos artículos proporcionan una buena imagen sobre la investigación pública, pero, desde luego, no sabemos qué tipo de investigación se realiza en los laboratorios de armas biológicas de las superpotencias.

Los laboratorios en los que se manipulan posibles agentes patógenos se clasifican en cuatro categorías, según sus medidas de seguridad, de BSL-1 a BSL-4. En los laboratorios BSL-4 se investigan las especies más peligrosas, como las fiebres hemorrágicas virales del Ébola y de Lassa. En Finlandia no existen laboratorios BSL-4; el más cercano se encuentra en Solna, cerca de Estocolmo, en las instalaciones del Instituto Nacional de la Salud sueco. El libro de 2012 de Davir Quammen *Spillover* (*Contagio*, Barcelona, Debate, 2020) describe de forma especialmente vívida la actividad y la seguridad en un laboratorio BSL-4 en el que se investiga el ébola.

Las eternas molestias del ser humano

Los gorilas son un medio de investigación de enfermedades que se propagan entre humanos y primates, ya que se relacionan continuamente con los humanos. La primera prueba sólida de la propagación de enfermedades de los humanos a los gorilas se presentó en el artículo «Human Metapneumovirus Infection in Wild Mountain Gorillas, Rwanda» (Palacios *et al.*, *Emer Infect Dis*, 17, 2011, págs. 711-713). Sobre los puntos dañinos del turismo de primates se ha escrito también en el libro de Anne Russon y Janette Wallis (comps.), *Primate Tourism [Turismo de primates]* (Cambridge, Cambridge University Press, 2014); en este libro también hay un capítulo sobre la propagación de agentes patógenos en ambas direcciones.

La competencia entre especies por las necesidades básicas de la vida, como el alimento, el espacio vital o la pareja de apareamiento, se llama, generalmente, *competencia por los recursos*. La competencia por acoso también se ha denominado *competencia por intimidación*, pero, en mi opinión, *acoso* describe mejor el concepto.

Comportamiento humano y diversidad parasitaria

Sobre la especiación de los piojos humanos se puede leer el artículo de Natalie Leo y Stephen Barker «Unravelling the Evolution of the Head Lice and body Lice of Humans» (*Parasitol Res*, 98, 2005, págs. 44-47).

El Instituto Finlandés de Salud y Bienestar (THL, por sus siglas en finés) mantiene un registro nacional de enfermedades infecciosas. En este registro se recogen los datos de las enfermedades que suponen un peligro para la sociedad y sobre las que hay que informar. Estas enfermedades están listadas en el decreto de enfermedades infecciosas (786/1986). Asimismo, el THL mantiene un registro nacional de vacunas en el que se recoge información sobre la cobertura de vacunación nacional y regional.

Tanto en Finlandia como en Estados Unidos se ha observado una generalización del sexo oral. Todavía no existe ninguna investigación que haya relacionado el sexo oral y la mezcla de cepas de HSV, pero hay mucho material de investigación anecdótico tanto sobre la generalización del sexo oral como sobre la dinámica del HSV. Por ejemplo, sobre el HSV se ha escrito en Finlandia «Trends in Herpes Simple Virus Type 1 and 2 Infection among Patients Diagnosed with Genital Herpes in a Finnish Sexually Transmitted Disease Clinic, 1994-2002» (Kortekangas-Savolainen y Vuorinen, *Sex Transm Dis*, 34, 2007, págs. 37-40) y sobre las costumbres sexuales, el libro de Osmo Kontula *Between Sexual Desire and Reality [Entre el deseo sexual y la realidad]* (Helsinki, Publications of the Population Research Institute D49, 2009), cuyo capítulo 4 es especialmente importante. El libro de Kontula también es una buena introducción al cambio de las costumbres sexuales en Finlandia.

Un nuevo punto de vista sobre la pubertad prematura se encuentra en el artículo de Hochberg y Belsky «Evo-Devo of Human Adolescence: Beyond Disease Models of Early Puberty» (*BMC Medicine*, 11, 2013, pág. 113), en el que se sitúa la pubertad prematura en el contexto de la evolución y la biología del desarrollo.

4. ¿Por qué algunas enfermedades son más peligrosas que otras?

La fuente de información más extensa sobre la epidemia de ébola entre 2014 y 2016 se encuentra en el sitio web de los Centros para el Control y la Prevención de Enfermedades de Estados Unidos (<https://www.cdc.gov/vhf/ebola/outbreaks/2014-west-africa/>).

Las nuevas enfermedades matan

Irving Rouse escribió sobre la historia de los taínos en su libro *The Tainos: Rise and Decline of the People Who Greeted Columbus [Los taínos: auge y decadencia del pueblo que saludó a Colón]* (New Haven, Yale University Press, 1992). Sobre la fecha de la primera epidemia de viruela del Nuevo Mundo existen diferentes teorías. Bartolomé de las Casas propuso el año 1518. Se puede leer al respecto el artículo de Cook «Disease and the Depopulation of Hispaniola, 1492-1518» (*Col Latin Amer Rev*, 2, 1993, págs. 213-245). La presentación más extensa sobre las consecuencias del «descubrimiento» del Nuevo Mundo es la obra de Alfred Crosby *Columbian Exchange: Biological and Cultural Consequences of 1492 [Intercambio colombino: consecuencias biológicas y culturales de 1492]* (Westport, Praeger, 2003). Las pruebas de que la sífilis pasó del Nuevo Mundo al Viejo Mundo se analizan en el artículo de Harper *et al.*, «The Origin and Antiquity of Syphilis Revisited:

An Appraisal of Old World Pre-Columbian Evidence for Treponemal Infection» (*Am J Phys Anthr*, 146, 2011, págs. 99-133).

La primera epidemia de una enfermedad que ha pasado a la población humana se denomina en inglés *virgin soil epidemic* («epidemia de suelo virgen»). El término fue acuñado por Alfred Crosby. Crosby también acuñó un término más acusador, *imperialismo ecológico*, en el libro de 1986 *Ecological Imperialism: The Biological Expansion of Europe, 900-1900* (*Imperialismo ecológico: la expansión biológica de Europa, 900-1900*, Barcelona, Debate, 1999), que hace referencia a que el trasfondo de las conquistas mundiales de los europeos es, antes que nada, una ventaja biológica (como la adaptación a las enfermedades infecciosas), y no respuesta a una ventaja tecnológica específica.

Una nueva especulación sobre el causante del cocoliztli es la *Salmonella enterica*, subespecie *Paratyphi C*, que produce la fiebre paratifoidea. La fiebre paratifoidea es una enfermedad similar al tifus, pero no tan peligrosa. Sobre los hallazgos del ADN bacteriano se puede leer más en el manuscrito de los investigadores Vågene *et al.*, *Salmonella Enterica Genomes Recovered from Victims of a Major 16th Century Epidemic in Mexico* (2017) en el archivo bior-Xiv (<https://doi.org/10.1101/106740>).

No muerdas la mano que te da de comer

Para proteger su privacidad, se ha cambiado el nombre de Mikael.

El retrato más famoso de Louis Pasteur lo pintó Albert Edelfelt. La pintura pertenece a la colección del Museo de Orsay de París, pero también existe un boceto en el museo de arte Ateneum de Helsinki. Edelfelt quiso pintar a Pasteur sujetando una botella microbiana; sin embargo, por deseo del modelo, este tiene en la mano la médula espinal de un perro dentro de un vaso. Pasteur utilizó la médula espinal de un perro en su investigación sobre el funcionamiento de la rabia y logró desarrollar la primera vacuna contra esta enfermedad.

Plan de eliminación del parásito

El libro de Hope Jahren *Lab Girl [Chica de laboratorio]* (Nueva York, Alfred A. Knopf, 2016) es una de las mejores autobiografías que he leído escritas por un investigador. De forma casi furtiva, Jahren también ofrece una clara presentación sobre los mecanismos de la evolución.

Una buena introducción a los ritmos circadianos y otros ritmos de los parásitos la ofrece el artículo «The Influence of Biological Rhythms on Host-Parasite Interactions» (Martinez-Bakker y Helm, *Trends Ecol Evol*, 30, 2015, págs. 314-326).

Con uno es suficiente

Sobre la dosis infecciosa se puede encontrar una buena introducción en el artículo «Mechanisms of Pathogenesis, Infective Dose and Virulence in Human Parasites» (Leggett *et al.*, *Plos Pathog*, 8, 2012, e1002512).

Freya Harrison ha escrito acerca de la sociabilidad y la colaboración de los agentes patógenos en su artículo «Bacterial Cooperation in the Wild and in the Clinic: Are Pathogen Social Behaviours Relevant Outside the Laboratory?» (*Bioessays*, 35, 2013, págs. 108-112).

El parásito actúa de forma razonable

El gusano ancho de los peces es uno de los parásitos intestinales más célebres. Podemos dar las gracias a Alli Vaittinen-Kuikka, más conocida como Mato-Alli (Gusano-Alli) por su trabajo realizado en las décadas de 1950 y 1960. Sobre las fases de Mato-Alli, desgraciadamente, se han escrito pocos textos de divulgación, pero se puede leer acerca de la importancia etnográfica del gusano ancho de los peces en las fuentes en los textos de Mervi Naakka-Korhonen «Kansain totuus ja tiedeyhteisön — lapamatoinfektiosta ja vähän terapiastakin» (*Duodecim*, 116, 2000, págs. 2690-2696) y *Vaivasta taudiksi — lapamatoon liittyvä kansanparannus erityisesti pohjoiskarja-laisen aineiston valossa [Del problema a la enfermedad: medicina tradicional en relación con la tenia, especialmente a la luz del material de Karelia del Norte]* (Helsinki, Suomalaisen Kirjallisuuden Seura, 1997).

Las enfermedades modifican a su huésped

Tomé por costumbre nombrar con el calificativo *malgache* a todas las especies de aves que tenían pinta de estar como en casa en Madagascar. En el primer borrador de este libro había quedado la indicación «comprobar el nombre real de la lavandera malgache». Lo cierto es que había acertado y ese era su nombre correcto. El nombre científico de la lavandera malgache es *Motacilla flaviventris.*

Los nematomorfos también se conocen como gordiáceos. El nombre hace referencia a la leyenda del nudo gordiano, que cuenta que aquel que lograse desatar el complejo nudo de Gordias en el templo de Zeus sería coronado rey de Asia. Según la leyenda, Alejandro Magno resolvió el problema cortando el nudo con la espada.

Sobre la actividad de los nematomorfos se sospecha que no provocan directamente que el saltamontes salte al agua, sino más bien hacen que salte de un lado para otro, con lo cual el saltamontes tiene altas probabilidades de acabar en el agua. Sin embargo, esto no explica por qué los saltamontes parasitados buscan la luz.

Las investigaciones más recientes, si bien anecdóticas, han

propuesto que el toxoplasma también puede modificar el comportamiento humano. Las personas con toxoplasmosis, entre otras cosas, están sobrerrepresentadas en los accidentes de tráfico en Alemania. Todavía faltan pruebas concluyentes, pero tampoco se puede descartar la posibilidad de que algunos parásitos puedan modificar nuestro comportamiento.

Competición por un lugar bajo el sol

William Forster Lloyd fue el primero en presentar la idea de la tragedia de los bienes comunales en su ponencia de 1833 *Two Lectures on the Checks to Population [Dos conferencias sobre el control de la población]* en la Universidad de Oxford. Garrett Hardin popularizó el nombre en su artículo «The Tragedy of the Commons» (*Science*, 162, 1968, págs. 1243-1248; trad. cast. en <https://www.eumed.net/cursecon/textos/hardin-tragedia.htm>).

La reseña de Dieter Ebert sobre la evolución experimental de los parásitos, relativamente antigua pero útil, habla también del procedimiento del pase seriado *(serial passage experiment):* «Experimental Evolution of Parasites» (*Science*, 282, 1998, págs. 1432-1436).

Sobre el virus NHV se puede leer en el artículo «Large Shifts in Pathogen Virulence Relate to Host Population Structure» (Boots *et al.*, *Science*, 303, 2004, págs. 842-844) y sobre el *Myxoma virus* en «Evolutionary History and Attenuation of Myxomavirus on Two Continents» (Kerr *et al.*, *Plos Pathog*, 8, 2012, e1002950). En el sitio web de Evira (autoridad finlandesa de seguridad alimenticia) se puede encontrar más información sobre la epidemia de NHV en Helsinki.

La investigación sobre el *Theileria parva* está publicada en el artículo «Co-infections Determine Patterns of Mortality in a Population Exposed to Parasite Infection» (Woolhouse *et al.*, *Science Adv*, 1, 2015, e1400026).

5. Cómo erradicar las enfermedades infecciosas

Internet es un lugar magnífico para encontrar investigaciones clásicas en su publicación original. Por ejemplo, el experimento pionero de Francesco Redi se encuentra como obra original tanto en italiano *(Esperienze intorno alla generazione degl'insetti)* como traducido al inglés *(Experiments on the Generation of Insects)*, disponible en la biblioteca Biodiversity Heritage (<www.biodiversitylibrary.org>).

Louis Pasteur cuenta con una posición firme en Francia y está considerado uno de los mayores investigadores del país. Conviene examinar de forma crítica las biografías de los investigadores a los que se ha puesto en un pedestal. Se puede leer sobre la actividad de Pasteur y su naturaleza humana en la biografía crítica de Gerald Geison *The Private Science of Louis Pasteur [La ciencia privada de Louis Pasteur]* (Nueva York, Random House, 1965).

Pirjo Mäkelä ofrece una breve introducción a la vida científica de Robert Koch en su artículo «Muutakin kuin Kochin postulaatit» (*Duodecim*, 109, 1993, págs. 2137).

El nivel de vida

Lena Huldén ha investigado especialmente la historia de la malaria en Finlandia. En su tesis *The Decline of Northern Malaria and Population Dynamics of 'Plasmodium vivax' [La disminución de la malaria en el norte y la dinámica de la población de 'Plasmodium vivax']* (Universidad de Helsinki, 2009) trata, precisamente, la relación entre el tamaño de la familia y la aparición de la malaria en Finlandia.

La relación entre el nivel de vida y las enfermedades está bien resumida, entre otros, en el popular artículo «Disease: Poverty and Pathogens» (Eisenstein, *Nature*, 531, 2016, págs. S61-S63).

En África central sigue habiendo una estrecha relación entre la anemia drepanocítica y la evolución. Sobre esto han escrito, entre otros, Eric Elguero *et al.* en su artículo de investigación «Malaria Continues to Select for Sickle Cell Trait in Central Africa» (*PNAS*, 112, 2015, págs. 7051-7054).

Las vacunas como salvavidas

Stefan Riedel ha profundizado en la vida y obras de Edward Jenner. El artículo «Edward Jenner and the History of Smallpox and Vaccination» (*Proc Bayl Univ Med Cent*, 18, 2005, págs. 21-25) constituye un buen resumen.

La inmunidad de rebaño

En Finlandia, el movimiento antivacunas se ha concentrado, hasta ahora, en la zona de habla sueca de Ostrobotnia. Sin embargo, también existen otras zonas con una cobertura de vacunación más baja. Esto va de la mano de las observaciones internacionales de que, aunque la oposición a las vacunas no es ningún fenómeno aislado, los grupos antivacunas suelen estar apartados unos de otros. Estos grupos incluyen teóricos de la conspiración, defensores de la medicina alternativa, comunidades religiosas como los amish, o antroposofistas, es decir, seguidores del pensamiento de Rudolf Steiner. En el mundo germanoparlante, la cobertura de vacunación es notablemente más débil, puesto que allí los antroposofistas están en auge. En el mundo anglosajón, la investigación fraudulenta de Andrew Wakefield en la década de 1990 hizo desplomar de forma pasajera la cobertura de vacunación, aunque finalmente se están recuperando las cifras de vacunación anteriores.

Los superpropagadores

El principio de Pareto, por lo general, es una regla razonable. Originalmente, se desarrolló para estudiar la distribución de la riqueza, pero se ha adaptado también tanto a la lingüística como a la informática.

La epidemia del instituto de Honkajoki se describe en el artículo «Explosive School-Based Measles Outbreak» (Paunio *et al.*, *Am J Epidem*, 148, 1998, págs. 1103-1110).

Anthony Bourdain ha escrito un libro sobre la vida de Mary Mallon, *Typhoid Mary: An Urban Historical [María la Tifosa: historia urbana]* (Nueva York, Bloomsbury, 2001).

En Suiza, el país en el que vivo actualmente, una prueba de enfermedades de transmisión sexual cuesta casi cien euros. Es algo desconcertante, puesto que las pruebas son relativamente baratas en comparación con el tratamiento de las enfermedades. En Finlandia se puede realizar la prueba de enfermedades de transmisión sexual de forma gratuita en el centro de salud.

La dinámica de la bacteria *Borrelia* es interesante, si bien bastante compleja. El riesgo de que una persona contraiga borreliosis depende, *grosso modo*, de dos factores: la cantidad de ácaros que porten la bacteria *Borrelia* y la cantidad de ácaros que haya. Una gran cantidad de animales hospedantes que no son competidores, como las cabras, reduce la proporción relativa de ácaros infectados con la bacteria *Borrelia*. Por otra parte, una gran cantidad de cualquier especie de mamífero aumenta la cantidad de ácaros. En la práctica, una mayor cantidad de cabras puede tanto reducir como aumentar el riesgo de borreliosis, dependiendo de si el factor más importante es el aumento de la cantidad de ácaros y la reducción de la prevalencia de la borrelia. En Finlandia, parece que el anterior es el factor más importante y que la reproducción de huéspedes no competentes lleva, ante todo, a un aumento del riesgo de borreliosis. Lo cierto es que todavía faltan investigaciones exhaustivas.

Una viruela ejemplar

Sobre la peste bovina es fácil encontrar más información si se busca mediante el nombre anglosajón (o alemán) de *Rinderpest*. Se puede leer sobre la historia natural de la peste bovina en el libro de Clive Spinage *Cattle Plague: A History [La peste bovina: una historia]* (Nueva York, Springer, 2003).

En su artículo «Infectious Diseases: Smallpox Watch» (*Nature*, 509, 2014, págs. 122-124), Sara Reardon habla sobre el peligro de la viruela en Queens y la peligrosidad de los restos de las personas fallecidas por viruela en general.

El concepto de *coextinción* hace referencia a la extinción conjunta de los animales y sus parásitos; se ha convertido en un tema de debate creciente de la biología de conservación de la naturaleza. En la práctica, la cuestión está en si las especies en gran peligro de extinción con un número pequeño de individuos, que puede que estén todos en cautividad, deberá tratarse de tal forma que sus parásitos se mantengan con vida. Una buena introducción al problema se encuentra en el artículo «Co-Extinct and Critically Co-Endangered Species of Parasitic Lice, and Conservation-Induced Extinction: Should Lice Be Reintroduced to their Hosts?» (Rozsa *et al.*, *Oryx*, 47, 2015, págs. 107-110).

La investigación de los parásitos extintos lleva prácticamente a los mismos problemas que la biología de conservación de los parásitos: los parásitos siempre pueden encontrarse junto con sus especies hospedantes. En cierto modo, esto es un alivio: un parásito siempre puede relacionarse con sus especies hospedantes en una fecha y en un lugar determinados. En la práctica, la investigación es engorrosa, ya que existen pocos fósiles y muy raramente pueden encontrarse también parásitos en ellos, aunque tampoco es imposible: por ejemplo, existe mucha evidencia sobre los parásitos de los dinosaurios. Por lo general, los parásitos se han conservado en coprolitos, es decir, en excrementos fosilizados. Se puede leer al respecto en la investigación «Evidence of Intestinal

Parasites in Dinosaurs» (Poinar *et al.*, *Parasitology*, 133, 2006, págs. 245-249).

La siguiente captura

En el sitio web del Carter Center se pueden seguir las últimas novedades sobre el programa de erradicación del gusano de Guinea (<www.cartercenter.org>). Por su parte, la OMS hace un seguimiento de la situación de la polio (<www.polioeradication.org>).

National Geographic publicó un reportaje sobre la situación de la polio en Siria. El amplio reportaje de Jason Motlagh «Fighting Polio amid the Chaos of Syria's Civil War», de marzo de 2015, ofrece una buena imagen sobre los riesgos para la salud de las zonas de guerra (<http://news.nationalgeographic.com/2015/03/150305-polio-syria-iraq-islamic-state-refugeesvaccination-virus-jihad/>).

6. ¿Por qué nunca lograremos erradicar algunas enfermedades infecciosas?

El parásito protege el animal o el suelo

Lance Durdenin *et al.* describen el conjunto de especies de ectoparásitos de los lémures ratón en el artículo «Lice and Ticks of the Eastern Rufous Mouse Lemur, *Microcebus Rufus*, with Descriptions of the Male and Third Instar Nymph of *Lemurpediculus Verruculosus* (Phthiraptera: Anoplura)» (*J Parasitol*, 96, 2010, págs. 874-8787).

La metamorfosis de una larva en mariposa adulta es un sencillo y hermoso experimento de ciencias naturales que recomiendo encarecidamente a los niños. A veces, este experimento «fracasa» porque la larva de mariposa también está parasitada y, en lugar de una mariposa, de la larva nacen uno o varios himenópteros. Este es un fenómeno de la naturaleza aún más espectacular de observar. He probado a criar larvas de mariposa varias veces para poder ver un himenóptero parásito, pero nunca lo he logrado.

En Finlandia, la situación de las garrapatas y las enfermedades causadas por garrapatas se sigue, en particular, mediante un proyecto de investigación de la Universidad de Turku. Se puede leer sobre la situación actual finlandesa de las enfermedades transmitidas por ácaros en el artículo de Hytönen *et al.* «Kuka pelkää punkkia?» (*Duodecim*, 2015, kpp00001).

La epidemia de cólera que siguió al terremoto de 2010 en Haití está bien descrita en el libro del investigador del cólera Ralph Frerichs *Deadly River: Cholera and Cover-Up in Post-Earthquake Haiti [Río mortal: cólera y encubrimiento en el Haití posterior al terremoto]* (Ithaca, Cornell University Press, 2016).

Cada vez surgen más enfermedades

Kirsty Duncan, ministra de Ciencias de Canadá (2015-2019), se hizo famosa por intentar explicar el origen y el genoma de la gripe española. Descubrió que en el pueblo de Longyearbyen, en el archipiélago Svalbard, había enterradas siete personas que habían muerto por la enfermedad. Había buenas posibilidades de aislar de ellas al virus de la gripe, que entonces tenía ochenta años, ya que los cuerpos se habían conservado en el frío. Sin embargo, al final el aislamiento del virus de la gripe no tuvo éxito porque los cuerpos no se habían mantenido congelados. La aventura está descrita en el libro de Duncan *Hunting the 1918 Flu: One Scientist' Search for a Killer Virus [A la caza de la gripe de 1918: la búsqueda de un científico por un virus asesino]* (Toronto, University of Toronto Press, 2003).

Se han hecho muchas investigaciones sobre la gripe española.

Un buen punto de partida puede ser la edición en línea de la revista científica *Nature* del año 2007 (<http://www.nature.com/nature/focus1918flu/index.html>).

Colección gripal de primavera y otoño

Con ayuda de la modelización moderna ya es posible, a cierto nivel, predecir cómo mutará el virus de la gripe en el futuro. El artículo «A Predictive Fitness Model for Influenza» (Luksza *et al.*, *Nature*, 507, 2014, págs. 57-61) presenta un modelo mediante el cual se puede predecir la evolución del virus.

La mejor fuente de información actualizada sobre el zika es el sitio web de los Centros para el Control y la Prevención de Enfermedades de Estados Unidos (<https://www.cdc.gov/zika>). Las comparaciones genéticas más amplias entre las distintas cepas del virus del Zika, procedentes de investigaciones preliminares, se encuentran en los siguientes artículos: Enfissi *et al.*, «Zika Virus Genome from the Americas» (*Lancet*, 387, 2016, págs. 227-228); Lanciotti *et al.*, «Phylogeny of Zika Virus in Western Hemisphere, 2015» (*Em Inf Dis*, 22, 2016, págs. 933-935); y Faria *et al.*, «Zika virus in the Americas: Early Epidemiological and Genetic Findings» (*Science*, 352, 2016, págs. 345- 349).

Adaptación a los venenos

En Finlandia, los detergentes antimicrobianos no son demasiado frecuentes, pero el detergente del ejemplo se ha visto en las estanterías de la cadena Tesco, en Inglaterra.

Una buena introducción general a la evolución de la inmunidad en conexión con la agricultura se encuentra en el artículo de revisión «Pathogen Evolution across the Agro-Ecological Interface: Implications for Disease Management» (Burdon *et al.*, *Evol*

Appl, 1, 2008, págs. 57-65). Sobre la tolerancia de *D. barber* a la rotación de cultivos se puede leer, en particular, en el artículo de French *et al.*, «Inheritance of an Extended Diapause Trait in the Northern Corn Rootworm, *Diabrotica Barberi* (Coleoptera: Chrysomelidae)» (*J Appl Entomol*, 138, 2011, págs. 213-221).

La OMS mantiene desde 2014 una base de datos sobre la inmunidad de los mosquitos a los insecticidas (Global Insecticide Resistance Database).

La autoridad de seguridad alimentaria de Finlandia se hace cargo del seguimiento del escarabajo de la patata. En los años 2011 y 2012, aparecieron escarabajos de la patata en la zona que comprende desde Ostrobotnia del Sur hasta Carelia del Sur, pero en los años siguientes los escarabajos han estado, principalmente, en Finlandia Sudoriental. En 2016 se encontraron escarabajos de la patata únicamente en una granja de Kymenlaakso y, en 2017, no hubo ningún caso en Finlandia.

La tolerancia hacia los pesticidas no es un problema nuevo. En 1914, A. L. Melander publicó el artículo «Can Insects become Resistant to Sprays?» (*J Econ Entomol*, 7, 1014, págs. 167-173), en el que sigue el efecto del polisulfuro de calcio en los insectos de la familia *Coccidae*. Cuando en la misma población se utilizó polisulfuro de calcio, la mortalidad se redujo de un año para otro. Por consiguiente, la tolerancia se puede desarrollar tanto contra la materia orgánica como inorgánica o, incluso, contra la rotación de cultivos.

La amenaza de la resistencia antibiótica

En Finlandia, la tolerancia contra los antibióticos la supervisan el Instituto Finlandés de Salud y Bienestar (seguimiento Finres) y la autoridad de seguridad alimentaria Finres-VET. Una parte del seguimiento es obligatorio en la Unión Europea, mientras que otra parte se basa en un seguimiento nacional voluntario.

En 2017, una mujer estadounidense murió por una sepsis causada por una bacteria que es tolerante hacia todos los antibióticos disponibles. La mujer se había sometido a una cirugía de pie en la India y la herida se había infectado de forma terrible. Sobre el caso se escribió el informe «Notes from the Field: Panresistant New Delhi Metallo-Beta-Lactamase-Producing *Klebsiella Pneumoniae* — Washoe County, Nevada, 2016» (*Morb Mort Weekly Report*, 66, 2017, pág. 33). No es casualidad que el superparásito proceda, precisamente, de la India: el país es conocido por su consumo abundante e incontrolado de antibióticos y allí las cepas bacterianas con tolerancia antibiótica son muy comunes.

La tuberculosis es un asesino traicionero

En aras de la sinceridad, debo admitir que he solicitado financiación de la fundación de Sigrid Jusélius, pero nunca he recibido nada de ellos. Sin embargo, durante mis estudios de grado y posgrado, recibí el apoyo de Satakuntalainen Osakunta, cuyo edificio Satakuntatalo fue construido con los recursos recibidos de la venta del sanatorio para la tuberculosis de Satalinna.

La mayor parte de los casos de tuberculosis son tuberculosis de pulmón, pero aproximadamente una quinta parte de las infecciones sintomáticas también se extiende fuera de los pulmones hacia diferentes tejidos. Esto sucede de forma especialmente típica en pacientes con pérdida de inmunidad.

Finlandia tiene una larga historia con la tuberculosis y la enfermedad también ha dejado sus huellas en la literatura finlandesa. *Nuorena nukkunut* (titulado en castellano *Silja*, Barcelona, Planeta, 2010) de Frans Eemil Sillanpää, habla de la tuberculosis. De entre nuestros artistas, por ejemplo, Edith Södergran, Saima Harmaja, Katri Vala, Uuno Kailas y Kaarlo Sarkia murieron de tuberculosis. En la literatura europea, la tuberculosis está presente, entre otros, en *Nicholas Nickelby*, de Charles Dickens; *La mon-*

taña mágica, de Thomas Mann; y *La dama de las camelias*, de Alexandre Dumas. El sanatorio de tuberculosis que se describe en *La montaña mágica* y que está situado en Davos, Suiza, también era conocido por los escritores finlandeses: entre otros, Edith Södergran vivió allí durante varios meses.

El *Mycobacterium* está emparentado con agentes patógenos peligrosos. *Mycobacterium leprae*, que provoca lepra además de tuberculosis, y *Mycobacterium ulcerans*, que provoca heridas purulentas, pertenecen a esta familia. La característica general de las especies de esta familia es su rápida especialización en sus especies hospedantes y la simplificación del genoma ligada a ella. Por este motivo, resulta complicado cultivar, por ejemplo, bacterias de la lepra en un laboratorio y tienen que cultivarse en armadillos, que son uno de los portadores conocidos de esta bacteria. En las ardillas inglesas también se detectó la bacteria de la lepra, pero parece ser algo infrecuente, porque el primer caso no se detectó hasta el año 2016. Según el árbol genealógico de la bacteria, ambas especies hospedantes han obtenido dicha bacteria de los humanos. Se puede encontrar más información sobre el tema en el artículo de Stinear *et al.*, «Leprosy in Red Squirrels» (*Science*, 354, 2016, pág. 702).

Las cepas de tuberculosis en San Francisco se han estudiado ampliamente. La relación entre el origen inmigrante y la cepa de tuberculosis se desveló por primera vez en el artículo de Hirsh *et al.* «Stable Association between Strains of *Mycobacterium tuberculosis* and Their Human Host Populations» (*PNAS*, 101, 2004, págs. 4871-4876).

7. ¿Por qué surgen cada vez más enfermedades infecciosas?

Las cifras de nuevas enfermedades infecciosas se encuentran en el artículo de Jones *et al.* «Global Trends in Emerging Infectious

Diseases» (*Nature*, 451, 2009, págs. 990-993), en el que se explica la dinámica de las nuevas enfermedades infecciosas a partir de 1940. La investigación también modeliza las zonas en las que hay un mayor riesgo de surgimiento de nuevas enfermedades: las zonas tropicales y las poblaciones más densas de Europa.

Los hábitats se resquebrajan, los parásitos se propagan

La investigación sobre la fragmentación de los hábitats y el aumento del riesgo de enfermedades es relativamente escasa, ya que se trata de un tema de investigación bastante nuevo. La caza de animales salvajes o *bushmeat* es relevante en la importación de enfermedades. Sobre la magnitud del problema se puede leer en el artículo de Milne-Gullard *et al.* «Wild Meat: The Bigger Picture» (*TREE*, 18, 2002, págs. 351-357). Agustín Estrada-Peña *et al.* han escrito un artículo bastante completo sobre el efecto del cambio climático: «Effects of Environmental Change on Zoonotic Disease Risk: An Ecological Primer» (*Trends in Parasitology*, 30, 2014, págs. 205-214).

En el centro de investigación de enfermedades tropicales de Suiza se están realizando pruebas sobre las sospechas de la presencia de *Strongyloides stercoralis* en Finlandia. Conocí a los investigadores del centro cuando hablamos del diagnóstico de *Strongyloides*. Quizá habría tenido que pedirles que investigaran también una muestra propia.

Contagio (*Contagion* en su título original) es una película de Steven Soderbergh de 2011 que fue muy elogiada por su realismo.

Las cifras de contagios de los virus Nipah y Hendra se pueden consultar en el sitio web de la OMS. Buenas introducciones básicas a los virus son el artículo de Peter Daszak *et al.* «Interdisciplinary Approaches to Understanding Disease Emergence: The Past, Present, and Future Drivers of Nipah Virus Emergence» (*PNAS*, 110, 2013, págs. 3681-3688) y el de Raina Plowright *et al.*

«Urban Habituation, Ecological Connectivity and Epidemic Dampening: The Emergence of Hendra Virus from Flying Foxes *(Pteropus spp)*» (*Proc B Royal Soc*, 278, 2011, págs. 3703-3712). Los primeros pasos de la epidemia de ébola en los años 2014-2016 se describen en el artículo «Emergence of Zaire Ebola Virus Disease in Guinea» (Baize *et al.*, *NEJM*, 371, 2014, págs. 1418-1425).

Parásitos polizones

Que yo sepa, el rodaje que inicia el capítulo no se basa en ninguna película en particular.

La amenaza percibida raramente coincide con la realidad de la peligrosidad de las enfermedades. El ébola despierta un gran temor, pero el riesgo de morir por esta enfermedad es insignificante. Por el contrario, la gripe no da tanto miedo, a pesar de ser el asesino más importante. Por su parte, las enfermedades de la civilización, como las dolencias cardiovasculares, no son especialmente temidas. Una explicación puede ser la naturaleza infecciosa de las enfermedades: el ébola es una enfermedad infecciosa, por lo que temerla supone un beneficio evolutivo si eso hace que se evite a los infectados. Se puede leer más sobre la percepción de los riesgos y su efecto en el comportamiento humano en el libro de Paul Slovic, *The Perception of Risk [La percepción del riesgo]* (Londres, Earthscan, 2000).

La propagación de la gripe porcina por todo el mundo la modelaron, entre otros, Pajardi *et al.* en «Human Mobility Networks, Travel Restrictions, and the Global Spread of 2009 H1N1 Pandemic» (*Plos One*, 2011, 6, e16591); y Khan *et al.* en «Spread of a Novel Influenza A (H1N1) Virus Via Global Airline Transportation» (*NEJM*, 361, 2009, págs. 212-214). La propagación de la gripe porcina era fácil de explicar porque se recogieron muestras a escala mundial y se pudieron analizar casi en tiempo real. Por el contrario, la propagación del VIH se explicó analizando con posterioridad antiguas muestras norteamericanas y muestras africanas (por ejemplo, Worobey *et al.*, «1970s and 'Patient 0' HIV-1 Genomes Illuminate early HIV/AIDS History in North America», *Nature*, 539, 2016, págs. 98-101; y Faria *et al.*, «The Early Spread and Epidemic Ignition of HIV-i in Human Populations», *Science*, 346, 2014, págs. 56-61).

A bordo de los animales

Una *especie introducida* es una especie propagada por el ser humano. Algunas de ellas son perjudiciales, es decir, especies invasoras. Por el contrario, damos el nombre general de *especie no nativa* a cualquier especie propagada en una nueva zona, algo que ha podido suceder sin ayuda humana. Por ejemplo, la rata negra es una especie introducida en Finlandia, pero el cisne vulgar es una especie no nativa. En el portal Vieraslajit se encuentra más información sobre las especies introducidas (<www.vieraslajit.fi>).

Cuando hablamos de enfermedades infecciosas, es bueno distinguir entre una enfermedad endémica, es decir, propia del lugar, y otra alóctona, es decir, procedente de otro lugar. En Finlandia, la varicela es una enfermedad endémica que circula de forma continua en los humanos. Por el contrario, la malaria es una enfermedad infecciosa alóctona. En Finlandia se detectan cada año varios casos de malaria, pero los contagios se han producido fuera del país. Además, pueden existir enfermedades epidémicas, como el sarampión, que aunque vienen de fuera de Finlandia, en el peor de los casos pueden producir también aquí largas cadenas de contagio.

Una buena introducción general a la relación entre las especies introducidas y los parásitos es el artículo de Mark Torchin y Charles Mitchell «Parasites, Pathogens, and Invasions by Plants and Animals» (*Front Ecol Evol*, 2, 2004, págs. 183-190).

La epidemia de virus del Nilo Occidental en Nueva York se describe en el artículo «The Outbreak of West Nile Virus Infection in the New York City Area in 1999» (Nash *et al.*, *NEJM*, 344, 2001, págs. 1807-1814).

Los efectos del cambio climático

La propagación de los parásitos y las enfermedades infecciosas se ha tratado de modelar en varias investigaciones. Desde el punto de vista europeo, Jan Semenza y Bettina Menne escribieron el artículo de compilación «Climate Change and Infectious Diseases in Europe» (*Lancet Infectious Diseases*, 9, 2009, págs. 365-375).

Los datos más recientes sobre la distribución finlandesa de la garrapata y la garrapata de la taiga, así como de la borreliosis y la encefalitis transmitida por garrapatas, se encuentran en las publicaciones de los investigadores de garrapatas de la Universidad de Turku. Por ejemplo, en el artículo «Crowdsourcing-Based Nationwide Tick Collection Reveals the Distribution of *Ixodes Ricinus* and *I. Persulcatus* and Associated Pathogens in Finland» (Laaksonen *et al.*, *Emerg Micr Inf*, 6, 2017, e31).

8. ¿Cómo afecta el entorno a la propagación de enfermedades?

La entrevista a William Karesh «Africa's Apes Are Imperiled» se encuentra en el número del *Washington Post* del 7 de abril de 2003.

La peste avanza con la fuerza del clima

Muchos investigadores finlandeses de roedores también han participado en la investigación de la dinámica de la peste en Kazajistán. La relación entre la peste y el clima está descrita en el artículo de Boris Schmid *et al.* «Climate-Driven Introduction of the Black Death and Successive Plague Reintroductions into Europe» (*PNAS*, 112, 2015, págs. 3020-3025).

El tizón tardío causa estragos

De mis años de secundaria e instituto recuerdo el famoso vídeo de la patata que pedíamos continuamente al profesor de Historia que nos enseñara. Era una animación que presentaba la historia de la cultura de la patata, desde las laderas de los Andes hasta Europa. La animación es una producción del año 1985 del Instituto de Cine danés titulada *Eventyret om den vidunderlige kartoffel [Las aventuras de la patata maravillosa]*. Una presentación más científica sobre la hambruna en Irlanda se puede encontrar en la obra de James S. Donnelly *The Great Irish Potato Famine [La Gran Hambruna irlandesa de la patata]* (Stroud, The History Press, 2001). Una buena presentación histórica sobre la naturaleza del tizón tardío es «The Biology of Phytophthora Infestans at Its Center of Origin» (*An Rev Phytopath*, 43, 2005, págs. 171-190), de Niklaus Grunwald y Wilbert Flier.

La agricultura industrial busca problemas

La producción de carne de pollo es un gran negocio que está en las manos de unos cuantos productores. También ocultan celosamente la información sobre el uso de las distintas poblaciones de pollos de engorde, por lo que es difícil encontrar estadísticas. Mis cifras son las estimaciones del informe que Sipke Hiemstra y Jan Napel redactaron para el Parlamento Europeo en 2011: *Study of the Impact of Genetic Selection on the Welfare of Chickens Bred and Kept for Meat Production (Incidencia de la selección genética en el bienestar de los pollos destinados a la producción de carne)*. Mis datos sobre las especies de agricultura están extraídos de los informes de la Organización de las Naciones Unidas para la Alimentación y la Agricultura (FAO).

Sobre la historia natural del plátano se puede leer más en el artículo de Xavier Perrier *et al.*, «Multidisciplinary Perspective on Banana *(Musa Spp.)*» (*PNAS*, 108, 2011, págs. 11311-11318) y sobre las enfermedades del plátano, en el artículo de Nadia Ordóñez *et al.* «Worse Comes to Worst: Bananas and Panama Disease – When Plant and Pathogen Clones Meet» (*Plos Path*, 11, 2015, e1005197).

Amy Harmon escribió con mucho acierto sobre las amenazas de la agricultura de cítricos en su artículo «A Race to Save the Orange by Altering Its DNA» (*New York Times*, 28 de julio de 2013).

Sobre la peste del cangrejo, su historia y su investigación se ha escrito de forma extensa en Finlandia en la revista *Luonnon Tutkija* (Jussila *et al.*, 1/2016).

Del establo al hospital

En muchos lugares de Oriente Próximo, en las carreras de camellos se utilizan niños como *jockeys* con el fin de tener un jinete lo más pequeño posible. Esta mano de obra infantil suele vivir en un barrio marginal cerca de los establos. Por supuesto, esto aumenta aún más la eficacia de la cadena de contagios.

Sobre el MERS y el SARS se puede encontrar más información en el artículo de Emmie de Wit *et al.* «SARS and MERS: Recent Insights into Emerging Coronaviruses» (*Nature Rev Microbiol*, 14, 2016, págs. 523-534).

Hacia un desarrollo sostenible de las enfermedades infecciosas

Una vez más, he cambiado el nombre a mi ayudante.

Por supuesto, el alcohol, el sexo sin protección y las heridas suelen ir de la mano. Aconsejo seriamente tener cuidado en los viajes por el trópico.

La supervisión del desarrollo de la resistencia antibiótica es competencia de varias autoridades. En Finlandia, los principales responsables son el Instituto Finlandés de Salud y Bienestar, y la autoridad de seguridad alimentaria Evira, lo que describe bien el hecho de que la consecuencia del exceso de uso de antibióticos tanto en humanos como en animales sea desarrollar resistencia. El Ministerio de Salud y Asuntos Sociales es responsable de la ejecución de los programas de acción nacionales.

9. ¿Hay personas sin enfermedades infecciosas?

Demasiada limpieza

El artículo original de David Strachan es «Hay Fever, Hygiene and House Hold Size» (*BMJ*, 299, 1989, págs. 1259-1260). Sobre los viejos amigos hablaron Graham Rook *et al.* en su artículo «Innate Immune Responses to Mycobacteria and the Downregulation of Atopic Responses» (*Curr Opin Allergy Clin Immunol*, 3, 2003, págs. 337-342). Por su parte, la hipótesis de la biodiversidad se presentó en el artículo de Leena von Hertz «Natural Immunity: Biodiversity Loss and Inflammatory Diseases Are Two Global Megatrends That Might Be Related» (*EMBO Rep*, 12, 2011, págs. 1089-1093).

El ADN prehistórico es un objeto de investigación prometedor cuando tratamos de explicar el cambio en el conjunto de especies parasitarias humanas y el sistema inmunitario. Sin embargo, el ADN tiene un rasgo desafortunado: puede dañarse con relativa rapidez. En condiciones óptimas, es decir, en un lugar frío y seco, el ADN podría sobrevivir aproximadamente un millón de años. Por lo general, esto significa condiciones árticas y de permafrost. Claro que la mayor parte de los humanos ha vivido cerca del trópico, porque las muestras más antiguas de ADN son de hace algunos miles de años. El genoma humano completo africano más antiguo solo es de hace unos cuatro mil quinientos años (M. Gallego Llorente *et al.*, «Ancient Ethiopian Genome Reveals Extensive Eurasian Admixture in Eastern Africa», *Science*, 350, 2015, págs. 820-822).

Los neandertales nos mandan recuerdos

Basándonos en el ADN prehistórico, podemos explicar el tipo de genoma que tenían los neandertales originalmente; si lo comparamos con el genoma de los europeos modernos, podemos estimar la proporción de genoma europeo que procede de los neandertales. El genoma africano sin rastros de neandertales es un buen punto de control. Sobre el paso de los inmunógenos de los neandertales a los humanos se ha escrito en el artículo «Genetic Adaptation and Neandertal Admixtures Shaped the Immune System of Human Populations» (*Cell*, 167, 2016, págs. 643-656). Sobre la relación entre las alergias y el genoma de los neandertales escribieron Matthieu Deschamps *et al.* en su artículo «Genomic Signatures of Selective Pressures and Introgression from Archaic Hominins at Human Innate Immunity Genes» (*Am J Hum Genet*, 98, 2016, págs. 5) y Michael Dannemann *et al.* en su artículo «Introgression of Neandertal and Denisovan-Like Haplotypes Contributes to Adaptive Variation in Human Toll-Like Receptors» (*Am J Hum Genet*, 98, 2016, pág. 22).

Se sabe relativamente poco sobre los neandertales: por ejemplo, la información sobre cuántos existieron en realidad es muy ambigua. Aunque conocemos los genomas de varios neandertales, no sabemos con exactitud qué aspecto tenían.

El microbioma está de moda

En este punto, vuelvo a recomendar encarecidamente el libro de Ed Yong *Yo contengo multitudes*.

Conviene seguir cuestionando por el momento la relación entre el microbioma y la obesidad. Marc Sze y Patrick Schloss llevaron a cabo un metaanálisis de las investigaciones realizadas hasta la fecha y volvieron a analizar antiguos materiales. Resultado: se encontraron diferencias entre los conjuntos de especies bacterianas de las personas con peso normal y con obesidad, pero eran muy pequeñas («Looking for a Signal in the Noise: Revisiting Obesity and the Microbiome», *mBio*, 7, 2016, e01018-16).

Modificación del conjunto de especies acompañantes

Nuestro ecosistema ha contribuido durante mucho tiempo a controlar el peso corporal. Por ejemplo, se han utilizado cestodos para el control de peso: los humanos ingerían huevos de cestodo de los que, al cabo de unos meses, nacía un cestodo tan grande que consumía una cantidad importante de energía. Se dice que la estadounidense Maria Callas adelgazó cuarenta kilos con ayuda de un cestodo. Este planteamiento no está exento de problemas: los cestodos consumen, por lo general, otros nutrientes aparte de energía. Además, el cestodo puede provocar los quistes cerebrales humanos que describí anteriormente y que pueden ser mortalmente peligrosos.

La investigación de los macacos está descrita en el artículo de Mara Jana Broadhurst *et al.* «Therapeutic Helminth Infection of Macaques with Idiopathic Chronic Diarrhea Alters the Inflammatory Signature and Mucosal Microbiota of the Colon» (*Plos Pat-hog*, 8, 2012, e1003000).

La infección de tricocéfalos de los cerdos en humanos sigue siendo parcialmente cuestionable. Moisés Velasquez-Manoff escribió un artículo magnífico sobre los americanos que acudían a Tijuana, en México, en busca de tratamiento con gusanos («The Parasite Underground», *New York Times Magazine*, 16 de junio de 2016).

El intestino se agrupa a sí mismo

Los siguientes artículos son buenas presentaciones generales sobre el desarrollo del microbioma intestinal: Anders Bergström *et. al.*, «Establishment of Intestinal Microbiota During Early Life: A Longitudinal, Explorative Study of a Large Cohort of Danish Infants» (*Appl Environ Microbiol*, 80, 2014, págs. 2889-2900) y Juan Rodríguez *et al.*, «The Composition of the Gut Microbiota throughout Life, with an Emphasis on Early Life» (*Microb Ecol Health Dis*, 26, 2015, pág. 26050).

Los investigadores de la Universidad de Helsinki supervisan el desarrollo de la microbiota de los bebés mediante la investigación HELMI (<http://helmitutkimus.com>). La investigación incluye bebés nacidos en los años 2016 y 2017 y sus familias.

ÍNDICE ONOMÁSTICO Y DE MATERIAS

Impreso en España